高分子混凝剂及混凝技术

张鹏 著

化学工业出版社
·北京·

内 容 简 介

《高分子混凝剂及混凝技术》介绍了多种高分子混凝剂的制备、检测及混凝效果研究。主要包括阳离子聚丙烯酰胺类混凝剂及其对苯酚的去除；能够捕集重金属的有机混凝剂（包括壳聚糖-谷胱甘肽、聚丙烯酰胺-谷胱甘肽）；聚合硫酸铝钛、聚硅酸氯化铝钛、聚合氯化铝镁钛等的制备及水处理效果；高铁酸钾以及复合混凝剂聚钛氯化铝-阳离子聚丙烯酰胺、聚合硫酸铝铁及其与聚丙烯酰胺-谷胱甘肽复合后的形态分析及水处理效果研究。

《高分子混凝剂及混凝技术》可供从事混凝技术研究的科研人员参考。

图书在版编目（CIP）数据

高分子混凝剂及混凝技术/张鹏著. —北京：化学工业出版社，2020.8（2023.6重印）
ISBN 978-7-122-37038-9

Ⅰ.①高… Ⅱ.①张… Ⅲ.①高分子材料-复合混凝剂 Ⅳ.①X703.5

中国版本图书馆CIP数据核字（2020）第084031号

责任编辑：陶艳玲
责任校对：边 涛　　装帧设计：刘丽华

出版发行：化学工业出版社（北京市东城区青年湖南街13号 邮政编码100011）
印 装：北京建宏印刷有限公司
787mm×1092mm 1/16 印张9 字数217千字 2023年6月北京第1版第2次印刷

购书咨询：010-64518888　　售后服务：010-64518899
网 址：http://www.cip.com.cn
凡购买本书，如有缺损质量问题，本社销售中心负责调换。

定 价：49.00元

前言

混凝沉降法作为提高水处理效率和水质净化的一种最经济、简便的方法备受关注，混凝剂的种类和性质是混凝处理效果好坏的关键因素。与无机混凝剂相比，有机混凝剂具有用量小、混凝效率高、pH 适用范围宽、形成絮体快、絮体体积大且密实度高等优点。其中聚丙烯酰胺（PAM）混凝剂是一类被广泛应用于水处理和污泥脱水的有机高分子混凝剂，根据其所带电荷性质可以分为阳离子型、阴离子型、非离子型以及两性离子型，每一类聚丙烯酰胺混凝剂都有各自的优缺点和应用范围。大量科学研究与工程实践证明，由于合成方法的不同，聚丙烯酰胺所表现出来的性质差异较大，且其应用效果也不尽相同。不仅可以用作常规污泥脱水机，还能够对水体中有机物进行去除。

壳聚糖在自然界中含量仅次于纤维素，属生物多糖物质，是一种含游离氨基和羧基等活性基团的天然阳离子高分子聚合物，化学和生物学性质优良(生物活性、生物相容性、生物降解性等很强)，对重金属的络合与吸附能力强，因此被广泛用于制备混凝剂单体或直接作为混凝剂使用。

还原型谷胱甘肽广泛存在于动、植物及微生物细胞中，由谷氨酸、半胱氨酸及甘氨酸组成，含巯基、氨基等基团，对重金属的络合能力很强，可作为功能性水处理药剂的合成单体。将其与壳聚糖或聚丙烯酰胺进行聚合，能够合成新的功能性混凝剂。

常规无机混凝剂具有性能稳定、可靠等优点，但常规铝盐、铁盐混凝剂，例如硫酸铝、硫酸铁，在使用过程中存在药剂投加量大、污泥处理处置难度大、低温易结晶等缺点。钛盐作为一种新型混凝剂的研发受到了研究者的广泛关注，初步研究发现，将钛盐引入到铁基铝基混凝剂中，钛离子可以取代部分的铁离子、铝离子，并且钛离子具有水解聚合为多核高分子聚合产物的优势，能够和铁离子、铝离子一起产生良好的吸附电中和作用，改善单独铁基铝基混凝剂的不足，提高其混凝性能。据报道含钛混凝剂处理后水中钛的残留量极低，且无生物毒性，而且回收混凝过程中产生的污泥，通过高温煅烧能够制备具有优良光催化活性的纳米 TiO_2 材料，具有环境友好的优点。

本书是作者所在课题组近 6 年来和数位硕士研究生在混凝剂领域从基础理论研究到制备工艺探索的研究成果总结而成，愿本书的出版能够为混凝剂的发展起到促进作用，也希望能够为广大科研工作者开展相关工作提供参考。

全书共有 10 章，分别介绍了阳离子聚丙烯酰胺类混凝剂及其对苯酚的去除；能够捕集重金属的有机混凝剂（包括壳聚糖-谷胱甘肽、聚丙烯酰胺-谷胱甘肽）；聚合硫酸铝钛、聚硅酸氯化铝钛、聚合氯化铝镁钛等的制备及水处理效果；高铁酸钾以及复合混凝剂聚钛氯化铝-阳离子聚丙烯酰胺、聚合硫酸铝铁及其与聚丙烯酰胺-谷胱甘肽复合后的形态分析及水处理效果研究。

鉴于时间和精力有限，书中资料收集和写作过程中难免有所疏漏和不妥之处，敬请广大专家和读者多多批评指正。

著者

2020 年 4 月

目录

第1章　绪论 / 001

第2章　壳聚糖-谷胱甘肽 / 010

第3章　聚丙烯酰胺-谷胱甘肽 / 032

第4章　聚合硫酸铝钛 / 041

第5章　聚硅酸氯化铝钛 / 050

第6章　聚磷氯化铁镁钛 / 079

第7章　聚合氯化铝镁钛 / 091

第8章　聚钛氯化铝-阳离子聚丙烯酰胺 / 100

第9章　高铁酸钾 / 109

第10章　聚合硫酸铝铁 / 116

第1章

绪论

1.1 混凝剂分类及发展趋势

混凝是通过投加混凝剂（化学药剂）使水中胶体粒子和微小悬浮物聚集的过程，是水和废水处理工艺中一种基本操作单元，其理论基础是“聚并”理论，混凝剂主要是由带有正（负）电性的基团去中和一些水中带有负（正）电性难于分离的一些微粒，降低其电势，使其处于不稳定状态，并利用这些基团的聚合性质使水体中这些颗粒集中，并通过物理或者化学方法分离出来。通常将为达到这种目的而使用的药剂，称为混凝剂。

混凝剂的种类、品种很多，主要分为以下四类：无机混凝剂、有机混凝剂、生物混凝剂、复合混凝剂[1~8]。混凝剂种类不同以及水体性能不同都对处理效果有很大影响。地区不同、性质不同的原水与废水，水质差别较大，往往为了达到较好的混凝效果，必须选择相对应的混凝剂，以达到较好的处理效果。

无机混凝剂又包括两类：以前经常用到的无机低分子混凝剂和目前主要用到的无机高分子混凝剂。有机混凝剂包括：人工合成有机高分子混凝剂、天然有机高分子混凝剂，而人工合成的有机高分子混凝剂种类又分为很多，例如阴离子型聚丙烯酰胺、阳离子型聚丙烯酰胺、两性离子型聚丙烯酰胺、非离子型聚丙烯酰胺、二甲基二烯丙基氯化铵、聚二甲基二烯丙基氯化铵丙烯酰胺共聚物等。生物混凝剂包括直接利用微生物细胞的混凝剂、利用微生物细胞壁提取物的混凝剂、利用细胞代谢产物所得到的混凝剂、利用克隆技术而得的混凝剂[9,10]；复合混凝剂包括无机与无机复合、无机与有机复合、有机与有机复合、生物复合等。不同的混凝剂具有不同的物理性质、化学性质以及特定的应用范围，即使是同一类混凝剂，其性质、应用上差异也很大。当前社会技术进步日新月异，混凝剂的制备与应用技术亦在快速发展，各种不同水体需要各种作用不同的混凝剂才能获得良好的水处理效果。

当前技术发展日新月异，水中污染物的种类和成分趋于复杂，常规混凝剂已经不能很好地将其去除，达到净水目的，因此对混凝剂的性能要求也是越来越高，混凝剂的发展也达到了前所未有的进步。混凝剂的发展趋势逐渐由低分子量向高分子量发展，即由低聚合度向更高的聚合度发展，如铁系混凝剂已经由传统低分子量的氯化铁逐渐发展为聚合氯化铁以及向其中加入其他离子以提高其性能的聚合氯化铝铁、聚磷氯化铝铁等混凝剂；单一型向复合型发展，如以前的聚合氯化铝、聚磷硫酸铁混凝剂单独使用，现在是将它们和一些常用的有机混凝剂复合在一起使用，既发挥了无机混凝剂的强电中和作用，又能同时发挥有机混凝剂的吸附架桥作用，对水体中的污染物能够起到更好的混凝效果；单功能向多功能发展，以前的混凝剂大部分都是针对水体中某种单一的对象进行处理，如去除水体的浊度或是大颗粒的胶体物质，而现在的新型混凝剂是在去除浊度的同时可以将其中的氮、磷以及部分有机物除去，混凝剂的功能得到了很大的提高，达到了一种混凝剂多种功能的作用[11～16]。针对不同性质的水体必须选择合适的混凝剂，以求达到最佳的混凝处理效果。

1.1.1 无机混凝剂

无机混凝剂分为无机低分子混凝剂和无机高分子混凝剂两大类。

第一类无机低分子混凝剂主要以传统的铝盐和铁盐为主，主要包括氯化铁、硫酸铁、硫酸铝、氯化铝等[17]。通常无机混凝剂有价格低廉、货源较充足等优点，但是同时也存在分子量低，应用时有用量大，聚集速度慢、形成的絮体较小、处理效果较差、对容器的腐蚀性比较强等不足之处，因此在实际水处理中常常作为辅助混凝剂使用，用来降低处理成本[18]。

第二类无机高分子混凝剂，目前应用比较多的有聚合氯化铝、聚合氯化铁、聚合硫酸铁、聚合硫酸铝铁等[19,20]。大多是在传统铁盐、铝盐的基础上发展起来的高分子混凝剂，往往具有多功能性。

(1) 聚合氯化铝(PAC)

PAC是一种无机高分子混凝剂，又称碱式氯化铝，是20世纪60年代末开发出来的一种性质优良的混凝剂，主要是介于$AlCl_3$和$Al(OH)_3$之间由一系列中间水解产物聚合而成的高分子化合物。聚合氯化铝通过羟基架桥聚合，分子中带有数量不等的羟基，是一个多羟基多核配合物[21]。由于羟基的架桥作用和多价阴离子的聚合作用，使得该混凝剂分子量较大、电荷较高。在水处理当中可以发挥电中和作用与吸附作用将水体中的胶体颗粒去除，另外其水解产物能够与悬浮颗粒发生架桥作用从而达到净化水质的目的。常用的聚合氯化铝有粉状固体和液体两种状态，具有pH适用范围宽，受水温影响不大等优点。固体聚合氯化铝是淡黄色片状、块状、粒状颗粒；液体是淡黄色、棕褐色透明或半透明液体。

(2) 聚合氯化铁(PFC)

PFC是一种新型的无机高分子铁系混凝剂，固态产品为棕褐色、红褐色粉末，极易溶于水。产品中含有大量的阳离子，具有水解速度快、用药量少、处理效果好、形成的絮体较密实、絮体沉降速度快、受水温变化的影响较小等优点，适用范围比较广范，可用于生活饮用水、生活污水、工业用水、工业污水的处理等方面，所以，PFC在水处理中有广阔的应用前景[22]。

(3) 聚合硫酸铁(PFS)

PFS是20世纪80年代出现的一种优质、新型、高效铁盐类无机混凝剂，形态性状是淡黄色无定型粉状固体，极易溶于水，液体产品为透明红棕色溶液，具有水解速度快、混凝体密度大、适用pH范围较宽（4～10）、生产成本低、无残留等优点。在脱色、除浊、除臭、除菌、除藻、去除水中BOD、COD及金属离子等方面功效显著，而且生产工艺简单，原料来源充足，有利于实现工业化生产，可广泛地应用于水处理各行业当中，如水源水处理、工业废水处理、城市生活污水等方面。

(4) 聚合硫酸铝铁 (PAFS)

PAFS是在铝盐和铁盐水解机理的基础上开发出来的一种新型、高效无机高分子混凝剂，综合了聚合硫酸铝和聚合硫酸铁的优点，溶于水后生成多种高价多核络离子，具有沉降速度快、絮体脱水性能好、水处理成本低等优点。PAFS分子结构中含有更多的正电荷，可与水体中的可溶性有机物发生电中和作用，也可将胶体颗粒吸附去除。目前主要是用钛白粉和高岭土为原料来生产PAFS，主要用于含硫废水、油田废水、造纸废水、含磷废水等多个领域。

1.1.2 有机混凝剂

有机混凝剂主要分为天然有机高分子改性混凝剂和人工制备的高分子混凝剂两类，主要是指能产生混凝作用的人工合成的或天然的有机高分子物质。天然有机高分子混凝剂主要包括淀粉类、壳聚糖类、木质素类，具有来源广泛、价格低廉、产品毒副作用小等优点；人工合成的有机高分子混凝剂主要包括阳离子型、阴离子型、非离子型、两性型，主要产品有聚丙烯酰胺、聚丙烯酸钠、聚乙烯吡啶盐、聚乙烯亚胺等。有机高分子混凝剂大都是水溶性的，主要依据电离后基团的特性来判断属于哪一类混凝剂。这类混凝剂的价格较无机混凝剂要贵，主要用于高浓度、高浊度、高色度及特殊臭味的废水处理中。有机高分子混凝剂具有投加量少、絮体大、沉降速度快等优点，温度、共存盐类、pH值对其影响较小，用于污泥脱水时生成污泥量少，所以应用前景较为广阔。

(1) 天然有机高分子改性混凝剂

天然高分子混凝剂具有原料来源广泛、价格低廉、无毒、易于生物降解等特点，而且分子量分布广，活性基团多，结构多样化，是研制新型混凝剂的良好材料，具有良好的应用前景[23]。制备方法主要是以天然高分子链为主链，运用各种聚合方法接枝上丙烯酰胺类物质，然后进行改性，引入阳离子基团[24~26]。

1) 淀粉衍生物

自然界中淀粉的资源十分丰富，淀粉分子中含有很多羟基，通过对淀粉上的基团进行改性而达到改变淀粉性质的目的。通过羟基的醚化反应、酯化反应、氧化反应、交联反应等，可以与丙烯腈、丙烯酰胺等单体发生共聚合反应[27]。淀粉分子的醇羟基与含有二元或多元官能团的化学试剂反应，使不同淀粉分子的羟基间联合起来呈现多维空间网状结构的淀粉衍生物，以此来改变淀粉的性质，减少在水处理当中的投放量；交联淀粉以淀粉为原料，通过交联剂使两个或两个以上淀粉分子交联在一起，可同时加入引发剂、分散剂等对淀粉进行交联。交联后的淀粉透光率降低，耐酸碱性、耐机械加工、耐剪切性增强，凝胶性能提高；淀粉的接枝共聚物又称为接枝淀粉，是20世纪60年代末开发的一种新型的改性淀粉混凝剂，是利用物理化学方法引发产生自由基，使淀粉分子上的羟基与其他高分子的基团发生反应，生成的一种新型的聚合物。淀粉主要与丙烯酰胺、丙烯酸等单体进行接枝共聚。

2) 甲壳素、壳聚糖类

甲壳素是自然界中第二大产量的天然高分子化合物，其产量仅次于纤维素。甲壳素的化学结构和植物纤维素非常相似，都是六碳糖的多聚体，分子量都在100万以上。壳聚糖是甲壳素脱去乙酰基后的产物，其分子结构中含有很多醇羟基和氨基，由于这一特殊的分子结构因而使其具有一些特殊的物理化学性质，壳聚糖作为一个线性聚胺分子，分子上存在氨基、羟基，所以易溶解在酸性介质中，伴随着氨基的质子化，表现出阳离子混凝剂的性质，常常用于去除水中的重金属、腐殖酸等，以及水中其他带有负电荷的颗粒、胶体[28～34]。

目前壳聚糖以及壳聚糖的一些接枝共聚物不仅应用在制革废水中，而且被广泛应用于印染废水、造纸废水，还能有效去除水体中的浊度、COD、重金属离子，当壳聚糖和丙烯酰胺单体聚合以后还可以将其应用到污泥脱水中。

3）木质素

木质素是一种广泛存在于高等植物体细胞壁中的多聚酚类，由聚合的芳香醇构成。它主要存在于木质组织中，如农作物秸秆、林业废弃物、废纸。其来源广泛，近些年来，从花生壳、核桃壳中提取木质素的研究也较多。木质素的分子量范围分布很广，从几百到上百万，而且没有毒性，价格便宜。由于分子链上具有苯甲醇羟基、酚羟基、羰基和苯环等多种官能团，所以可以发生多种化学反应，以此来提高其性能与应用能力。目前，木质素在水处理方面已经有很多应用，在水处理领域可作为混凝剂、防锈剂、分散剂等使用。

木质素是具有三维网状结构、并且含有多种活性基团得有机高分子物质，所以其混凝机理与常规混凝剂相类似。它主要是通过电中和作用和氢键作用将水体中的胶体颗粒和悬浮物质吸附在一起或者使其脱稳，然后再利用吸附架桥作用和网捕卷扫作用将其混凝在一起，达到去除污染物的目的[35]。

周明松等[36]研究了木质素磺酸钠和改性磺化碱木质素钠盐作为水煤浆分散剂对大同煤表面的吸附量和动力学。综合研究了分散剂在大同煤表面的吸附量、吸附动力学、吸附作用力以及吸附膜厚度等性能，分析了不同分散剂分子结构特征对其吸附性能的影响，提出了分散剂在煤表面的吸附模型。还有学者将木质素与聚胺在碱性条件下反应，再将生成物与醛进行反应，生成水溶性的木质素-聚胺-醛聚合物，并将其用于再生纸厂的污泥处理中[35]。

（2）人工合成有机高分子混凝剂

人工合成的有机高分子混凝剂是将一种或几种有机单体在一定条件下通过化学反应达到聚合目的而得到的高聚物，一般为水溶性聚合物。常用的合成方法有水溶液聚合法、反相乳液聚合法、反相悬浮聚合法。由于是人工合成，可通过化学反应控制分子链的长短，也可以在碳氢链上引入不同的官能团，对其性能进行改变。主要包括聚丙烯酰胺、磺化聚乙烯苯、聚乙烯醚等系列，其中又以聚丙烯酰胺类物质的应用最为广泛。根据混凝剂电离后所带电荷电性的不同，可将其分为阳离子型混凝剂、阴离子型混凝剂、非离子型混凝剂以及两性离子型混凝剂。

1）阳离子型混凝剂

阳离子型主要包括阳离子单体与丙烯酰胺单体共聚得到的阳离子型聚合物，阳离子单体不同，就可以得到不同的聚合物，因此，可以根据需要合成阳离子聚合物。二甲基二烯丙基氯化铵（DMDAAC）均聚物由于其应用范围广泛、无毒等优点而被大量应用。阳离子混凝剂由于分子链上有带正电荷的阳离子，因而在处理有机废水和带负电荷的胶体具有很好的效果，对水体中带有负电荷的胶体颗粒具有很强的电中和作用和吸附作用[37～40]。目前污泥脱水最常用的仍然是通过投加阳离子混凝剂来达到改善污泥性状的目的。

随着现代化工产业的发展和人们生活水平的提高，进入水体中的有机物种类和含量越来越高，而被有机物污染的水体大部分是带有负电荷的，非离子混凝剂和阴离子混凝剂的处理效果都不是很理想，而阳离子混凝剂可以通过所带正电荷来中和水体中带负电的微粒以及将其吸附达到去除的目的。

通过研究水溶液聚合法和乳液聚合法对丙烯酰胺（AM）与2-甲基丙烯酰氧乙基三甲基氯化胺（MADQUAT）反应生成阳离子共聚物P(AM-MADQUAT)的影响，得到了乳液聚合法生成的聚合物分布均匀而且性能优良的结果[41]。还有研究采用无机-有机复合引发剂，通过水溶液聚合法合成了高分子量阳离子聚丙烯酰胺P(AM-DAC)，将其用于污泥脱水实验，结果表明，阳离子度为40%～80%的自制P(AM-DAC)能取得良好的污泥脱水效果，污泥脱水效果和处理成本优于国内一些污水处理厂常用混凝剂。

2）阴离子型混凝剂

阴离子型混凝剂主要以聚丙烯酰胺、聚苯乙烯磺酸钠、聚丙烯酸钠为主，其中聚丙烯酰胺类混凝剂用得最多。这类混凝剂研究较早，合成方法比较成熟（常用的合成方法有均聚后水解法、均聚共水解法、共聚法、反相乳液聚合法、沉淀聚合法、辐射聚合法和光聚合法等），但是由于应用范围较窄，极大地限制了其应用，主要用于一些工业废水的混凝沉降，沉淀澄清处理，也被用于污泥脱水。

3）非离子型混凝剂

非离子型有机高分子聚合物是经过特殊工艺合成的具有高分子量的低离子度的线性高聚物，不带电荷。其混凝作用主要是通过基团的质子化使其带有电荷，然后与胶体颗粒作用，达到去除污染物的目的。最常用的是非离子聚丙烯酰胺（PAM），其特点是分子链不带有电荷，其混凝作用主要是依靠所带基团的质子化作用和氢键作用。采矿工业中，非离子聚丙烯酰胺不仅可以用来回收采矿废水中的有用物质，还可促进固体的下沉；也可以与无机混凝剂复配使用处理常规废水。

4）两性离子型混凝剂

两性型有机高分子聚合物的分子链上有阴离子和阳离子两种基团，所以适用于各种不同性质的污废水处理，它对废水中所带正负电荷都有中和作用，而且能够快速使其脱稳，达到快速沉降的目的。用作污泥脱水时，不仅能够发挥电中和、吸附架桥作用，而且分子间还有缠绕包裹作用，因此具有较好的脱水性能[42]。

1.1.3 生物混凝剂

生物混凝剂是一类由微生物或其分泌物产生的代谢产物，它是利用微生物提取、发酵技术，由细菌、真菌等微生物得到，因此不仅具有安全性，而且还具有无毒、去除效率高、不会产生二次污染等优点。由于生物混凝剂可以克服无机高分子和合成有机高分子混凝剂本身固有的缺陷，最终实现无污染排放，因此生物混凝剂正成为当今世界混凝剂方面研究的重要课题。与传统无机、有机混凝剂相比，生物混凝剂广泛分布于自然界各种土壤、污水之中，可以通过培养而实现大规模生产。当前我国对生物混凝剂的研究还停留在初级阶段，主要集中在产生菌的筛选，生物混凝剂的结构、性质、混凝机理研究与应用方面[43]。

根据混凝剂物质组成不同，微生物混凝剂可以分为三类。

第一类是将微生物的细胞作为混凝剂，如一些霉菌、细菌和放线菌等，主要分布在土壤、污泥以及沉积物当中。

第二类是将微生物的细胞提取物作为混凝剂。

第三类是将微生物细胞代谢产物作为混凝剂，例如某些微生物细胞分泌的代谢产物，主要成分是细菌的黏液质和荚膜[44]。

有些学者侧重于研究混凝剂的培养，例如选择对煤炭具有良好混凝效果的球红假单胞菌作为煤炭微生物混凝剂产生菌进行培养与提纯，并采用紫外、红外、电镜扫描等对其成分与结构进行测试分析[45]。

复合型生物混凝剂对低温低浊水的处理也有效果。混凝剂的投加量、pH、阳离子混凝剂加入量等因素对混凝效果会产生影响，单独使用复合型微生物混凝剂，最佳投加量为7.5mg/L，最优pH为8.0，当加入聚合氯化铝铁时，混凝效果得到进一步的提高[46]。以稻草秸秆作碳源，采用两段式发酵工艺制取复合型生物混凝剂也是常用的方法，首先通过纤维素降解菌HIT-3对稻草秸秆进行生物降解，再使产絮菌F2-F6利用秸秆糖化液替代葡萄糖制备生物混凝剂，并定量分析了复合型生物混凝剂的产量[47]。

还有学者从土壤中筛选到一株产混凝剂的硅酸盐菌株B12。重点对其生长条件进行优化，得到性能优良的生物混凝剂，并将与其他混凝剂进行对比试验。该菌对熟化后的黄磷电尘混凝效果较好，在矿浆固液分离及矿物废水处理方面有着广阔的应用前景[48]。

1.1.4 复合混凝剂

复合混凝剂不仅具有单一混凝剂的优点，往往还表现出优于单一混凝剂的效果，因此被广泛应用。从组成上看基本可以分为无机-无机复合混凝剂、有机-有机复合混凝剂、无机-有机复合混凝剂以及生物复合混凝剂四大类。许多研究结果表明，复合型混凝剂的混凝效果较佳，有望成为新生代的高效混凝剂。

1.2 混凝机理

1.2.1 电中和作用

污染水体中带有相同电荷的微粒，也就是所说的胶体颗粒，由于这种胶体带有相同电性，因此以相互排斥状态悬浮于水体中，当投入带有异性电荷的离子、胶体粒子或带异电荷的高分子时，由于异性电荷之间的相互吸引而将胶体颗粒吸附在一起，胶体与胶体之间的排斥力也降低，原来的稳定状态也会被破坏，胶体颗粒会随着投加的混凝剂一起沉降下来。

1.2.2 架桥作用

高分子混凝剂大多是线性分子，分子链很长，上面带有不同基团，可以吸附中和水体中的胶体颗粒而将污染物去除。当某一胶体被高分子链的一端吸附，而同时高分子链的另一端也吸附了另一胶体，这种胶体和悬浮物通过混凝剂以架桥方式连接在一起的机理称为架桥混凝机理。如果混凝剂投加量过大，会使水中胶体颗粒或微粒被混凝剂所包裹，另一方面混凝剂相互间也会缠绕，所以混凝剂的投加量超过一定范围，混凝效果会随着投加量的增加而变差。所以，要找到一个最佳投加量，不仅使混凝剂快速将水体中的胶体和颗粒物混凝下来，还要让其稳定的混凝在一起，不易脱落，即找到一个最佳投加量。

当把有机高分子混凝剂投加到被处理水体中时，混凝剂迅速在水中分散开来，吸附在固体颗粒上，通常情况下有机高分子混凝剂有环式、尾式和列车式三种形态。环式：高分子混凝剂分子链伸向溶液中的部分形成环状的形式，且环的两端紧紧吸附在固体颗粒表面上。尾式：高分子链的两端部分或者支链部分大多呈尾式，其中一端吸附在固体颗粒表面上，另一端伸到溶液中。列车式：高分子完全被吸附在固体颗粒表面上，如图 1.1 所示，混凝剂的环式部分以及尾式部分能够比较容易地和固体颗粒发生架桥作用，所以混凝剂各种形态所占比例与混凝效果有密切关系[49]。

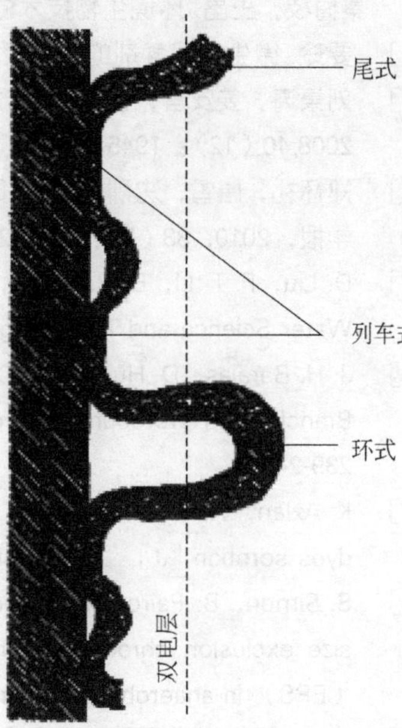

图 1.1　环式、尾式与列车式结构

1.2.3　网捕卷扫作用

网捕卷扫作用是指铁盐和铝盐混凝剂在投加量很大的情况下才会出现的一种现象，投加量大必然会导致生成的水解沉淀物也多，当继续搅拌时水体中的胶体颗粒和颗粒物会被水解沉淀物卷扫而发生沉淀，这种沉淀方式就是网捕卷扫。混凝剂的投加量取决于水中胶体粒子的数量，当水中胶体粒子数量大时，混凝剂投加量小；水中胶体粒子的数量小时，混凝剂的投加量反而大[50]。

参考文献

［1］　H. Zheng，X. Sun，Q. He，K. Liang，P. Zhang. Synthesis and trapping properties of dithiocarbamate macromolecule heavy-metal flocculants［J］. Journal Of Applied Polymer Science，2008，110（4）：2461-2466.

［2］　F. Yang，G. Li，Y. G. He，F. X. Ren，G. Wang. Synthesis，characterization，and applied properties of carboxymethyl cellulose and polyacrylamide graft copolymer［J］. Carbohydrate Polymers，2009，78（1）：60-69.

［3］　W. Lan，H. Qiu，J. Zhang，Y. Yu，K. Yang，Z. Liu，G. Ding. Characteristic of a novel composite inorganic polymer coagulant-PFAC prepared by hydrochloric pickle liquor［J］. Journal of Hazardous Materials，2009，162（1）：174-179.

［4］　Y. B. Zeng，J. B. Park. Characterization and coagulation performance of a novel inorganic polymer coagulant-poly-zinc-silicate-sulfate［J］. Colloid Surface A：Physicochemical and Engineering Aspects，2009，334（1-3）：147-154.

［5］　郑怀礼，李凌春，蔚阳，等. 离子聚丙烯酰胺污泥脱水混凝剂的制备［J］. 化工进展，2008，27（4）：564-568.

［6］　郑怀礼，谢礼国，高旭等. 以 TEOS 为硅源的聚硅硫酸铁的制备与除藻性能的研究［J］. 土木建筑与环境工程，2009，31（6）：102-106.

［7］　J. Vaxelaire，P. Cezac. Moisture distribution in activated sludges：a review［J］. Water Research，2004，38（9）：2215-2230.

［8］王丽坤，王启山，孙晓明，等. 壳聚糖助凝对三氯化铁混凝形态和强度的影响［J］. 中国环境科学，2009，29（7）：718-721.

[9] 秦梅枝，王晶.环境生物技术的研究现状与发展趋势［J］.内蒙古环境保护，1997，9（3）：15-17.
[10] 要玲.微生物混凝剂的研究及其应用［J］.河北化工，2010，33（10）：11-13.
[11] 刘秉涛，姜安玺，李瑞涛.给水混凝处理中壳聚糖的助凝作用和机理［J］.哈尔滨工业大学学报，2008,40（12）：1945-1948.
[12] 郑怀礼，唐雪，沈烈翔，等.阳离子P（AM-DAC）污泥脱水剂的合成、表征与应用［J］.重庆大学学报，2010，33（7）：115-122.
[13] D. Liu，F. T. Li，B. R. Zhang. Removal of algal blooms in freshwater using magnetic polymer［J］. Water Science and Technology，2009，59（6），1085-1091.
[14] J. H. Barajas，D. Hunkeler，C. Wandrey. Polyacrylamide Copolymeric Flocculants with Homogeneous Branching：Hetereophase Synthesis and Characterization［J］. Polymer News，2004，29（8）：239-246.
[15] K. Azlan，W.N. Wan Saime，L. Lai Ken. Chitosan and chemically modified chitosan beads for acid dyes sorption［J］. Journal of Environmental Sciences，2009，21（3）：296-302.
[16] S. Simon，B. Pairo，M. Villain，P. D' Abzac，E.V. Hullebusch，P. Lens，G. Guibaud. Evaluation of size exclusion chromatography (SEC) for the characterization extracellular polymeric substances （EPS） in anaerobic granular sludges［J］. Bioresource Technology，2009，100（24）：6258-6268.
[17] 陈平.混凝剂的开发进展［J］.污染防治技术，2009，19（1）：20-22.
[18] 张光华.水处理化学品制备与应用［M］.北京：中国石化出版社，2003.
[19] 袁宗宣，郑怀礼，舒型武.混凝科学与技术的进展［J］.重庆大学学报，2001（2）：143-147.
[20] 贺晓唯，毕诗文，朱龙，等.可溶性聚硅酸铝铁的制备及其在废水处理中的应用［J］.分子科学学报，2006，22（3）：200-205.
[21] B. Y. Gao，Y. Wang，Q. Y. Yue，et al. Color removal from simulated dye water and actual textile wastewater using a composite coagulant prepared by ployferric chloride and lydimethyldially lammonium chloride. separation and purification technology，2007，54（2）：157-163.
[22] 白强.无机高分子混凝剂聚合氯化铁的制备与应用［J］.技术与工程应用，2009，38（4）：38-40.
[23] 刘兴洁，张光华.有机/无机高分子混凝剂在制革废水处理中的应用综述［J］.中国皮革，2005，34（1）：16-18.
[24] H. L. Zheng，Y. Q. Wu. Study on Flocculants performance of High Effective Fashion Composite Flocculants，PFS-CSM［J］. Journal of Central South University of Technology，2007，14（suppl3）：282-286.
[25] H. L. Zheng，Y. Y，Y. Q. Wu，L. T. Li，L. G. Xie. Study on effects of compound flocculants on civil sludge dewatering［J］. Journal of Central South University of Technology，2007，14（suppl3）：303-307.
[26] 吴幼权，郑怀礼，张鹏，等.复合混凝剂CAM-CPAM的制备及污泥脱水性能研究［J］.环境科学研究，2009，22（5）：535-539.
[27] 申娟娟，刘根起，宋金月，等.有机高分子混凝剂的研究现状［J］.材料开发与应用，2011，26（2）：96-99.
[28] H. Ai，F. Wang，Q. Yang，F. Zhu，C. Lei. Preparation and biological activities of chitosan from the larvae of housefly，Musca domestica［J］. Carbohydrate Polymers，2008，72（3）：419-423.
[29] 高维，丁文平.低分子量壳聚糖的制备及其应用研究［J］.武汉工业学院学报，2007，26（3）：28-31.
[30] R. Dolphen，N. Sakkayawong，R. Thiravetyan，W. Nakbabpote. Adsorption of Reactive Red 141 from wastewater onto modified chitin［J］. Journal of Hazardous Materials，2007，145（1-2）：250-255.
[31] P. Opanasopit，M. Petchsangsai，T. Rojanarata，T. Ngawhirunpat，W. Sajomsang，U. Ruktanonchai.

Methylated N-(4-N,N-dimethylaminobenzyl) chitosan as effective gene carriers: Effect of degree of substitution [J]. Carbohydrate Polymers, 2009, 75 (1): 143-149.

[32] N. Sankararamakrishnan, R. Sanghi. Preparation and characterization of a novel xanthated chitosan [J]. Carbohydrate Polymers, 2006, 66 (2): 160-167.

[33] W. Wanngah, A. Kamari, Y. Koay. Equilibrium and kinetics studies of adsorption of copper (Ⅱ) on chitosan and chitosan/PVA beads [J]. International Journal of Biological Macromolecules, 2004, 34 (3): 155-161.

[34] G. Z. Kyzas, M. Kostoglou, N. K. Lazaridis. Copper and chromium (Ⅵ) removal by chitosan derivatives-equilibrium and kinetic studies [J]. Chemical Engineering Journal, 2009, 152 (2-3): 440-448.

[35] 张占业，穆环珍，黄衍初，等. 木质素及其改性物在环境污染防治中的应用研究 [J]. 农业环境科学学报，2006，25（增刊）：360-364.

[36] 周明松，邱学青，杨东杰. 木质素和萘系分散剂在煤水界面的吸附性能 [J]. 高等学校化学学报，2008，29（5）：987-992.

[37] 赵松梅，刘昆元. 二甲基二烯丙基氯化铵/丙烯酰胺共聚物的合成 [J]. 北京化工大学学报，2005，32（4）：29-32.

[38] J. Rosen, A. Nyman, K.E. Hellenas. Retention studies of acrylamide for the design of a robust liquid chromatography-tandem mass spectrometry method for food analysis [J]. Journal of chromatography, 2007, 1172 (1): 19-24.

[39] C.T. Kim, E.S. Hwang, H.J. Lee. An improved LC-MS/MS method for the quantitation of acrylamide in processed foods [J]. Food Chemistry, 2007, 101 (1): 401-409.

[40] 郑怀礼，李林涛，蒋绍阶，等. CPAM 调制浓缩污泥脱水的影响因素及其机理研究 [J]. 环境工程学报，2009，3（6）：1099-1102.

[41] 申迎华，张爱琴，武根壮，等. 聚合方法对一种正离子聚丙烯酰胺结构与性能的影响 [J]. 高分子学报，2008，（6）：561-566.

[42] 申迎华，王斌，王志忠. 有机高分子混凝剂在污泥脱水中的应用 [J]. 高分子材料科学与工程，2004，20（5）：55-58.

[43] 安仲涛，李清彪，何宁，等. 谷氨酸棒杆菌合成生物混凝剂分批发酵过程的动力学模拟 [J]. 化工学报，2009，60（12）：3071-3076.

[44] 马放，李淑更，金文标，等. 微生物混凝剂的研究现状及发展趋势 [J]. 工业用水与废水，2002，33（1）：7-9.

[45] 张东晨，张明旭，刘志勇，等. 煤炭混凝微生物球红假单胞菌光普及电镜研究 [J]. 中国矿业大学学报，2010，39（4）：546-549.

[46] 孟路，杨基先，马放，等. 复合型生物混凝剂处理低温低浊水影响因素 [J]. 哈尔滨工业大学学报，2009，41（8）：42-45.

[47] 马放，张惠文，李大鹏，等. 以稻草秸秆为底物制取复合型生物混凝剂的研究 [J]. 中国环境科学，2009，29（2）：196-200.

[48] 冯雅丽，王宏杰，李浩然，等. 一株产混凝剂硅酸盐细菌的筛选及其混凝特性 [J]. 中南大学学报（自然科学版），2008，39（5）：934-939.

[49] 李凌春. 聚丙烯酰胺（PAM）的共聚合成及表征应用 [D]. 重庆：重庆大学，2008：14-15.

[50] 赵旭. 强化混凝-溶气气浮（DAF）工艺去除水中腐殖酸的研究 [D]. 北京，北京林业大学，2004：12-13.

第2章

壳聚糖-谷胱甘肽

壳聚糖（Chitosan，CTS）在自然界中含量仅次于纤维素，属生物多糖物质，是一种含游离氨基和羧基等活性基团的天然阳离子高分子聚合物[1,2]，化学和生物学性质优良（生物活性、生物相容性、生物降解性等很强）[3]，对重金属的络合与吸附能力优良[4]，因此被广泛用于制备混凝剂单体或直接作为混凝剂使用[5,6]。根据软硬酸碱理论可知含硫（S）有机物与金属离子间易形成络合物，因此混凝剂上如带S元素或携带？HS等含硫基团，会大大提高对水体中重金属的去除效果[7]。

还原型谷胱甘肽（Glutathione，GSH）广泛存在于动、植物及微生物细胞中，由谷氨酸、半胱氨酸及甘氨酸组成，含巯基、氨基等基团，对重金属的络合能力很强[8]，可作为功能性水处理药剂的合成单体。因此以CTS与GSH为反应单体，*N*-羟基丁二酰亚胺（*N*-hydroxy succinimide，NHS）作为反应体系保护剂，1-乙基-(3-二甲基氨基丙基）碳二亚胺盐酸盐［1-ethyl-(3-(dimethylaminopropyl) carbodiimide hydrochloride，EDAC］为交联剂，通过酰胺化反应合成了可高效去除Cr^{6+}的新型复合混凝剂CTS-GSH，并对产物结构进行了表征。

2.1 壳聚糖-谷胱甘肽的制备

称取一定质量比的CTS与GSH作为反应单体，将CTS用1.0mol/L盐酸溶胀，加入纯水使其充分溶解；将GSH溶解并转移至CTS溶液中；分别溶解保护剂NHS和交联剂EDAC，加入CTS溶液中，调节溶液pH值至3.5，室温下反应一段时间即得透明液体粗产物CTS-GSH。将其与乙醇以体积比1：5混合，在振荡器上持续振荡1h，离心10min（转速3000r/min)，将离心管底部产物用无水乙醇溶解，抽滤后置于60℃的烘箱，即得淡黄色固体产物。合成路线如图2.1所示。

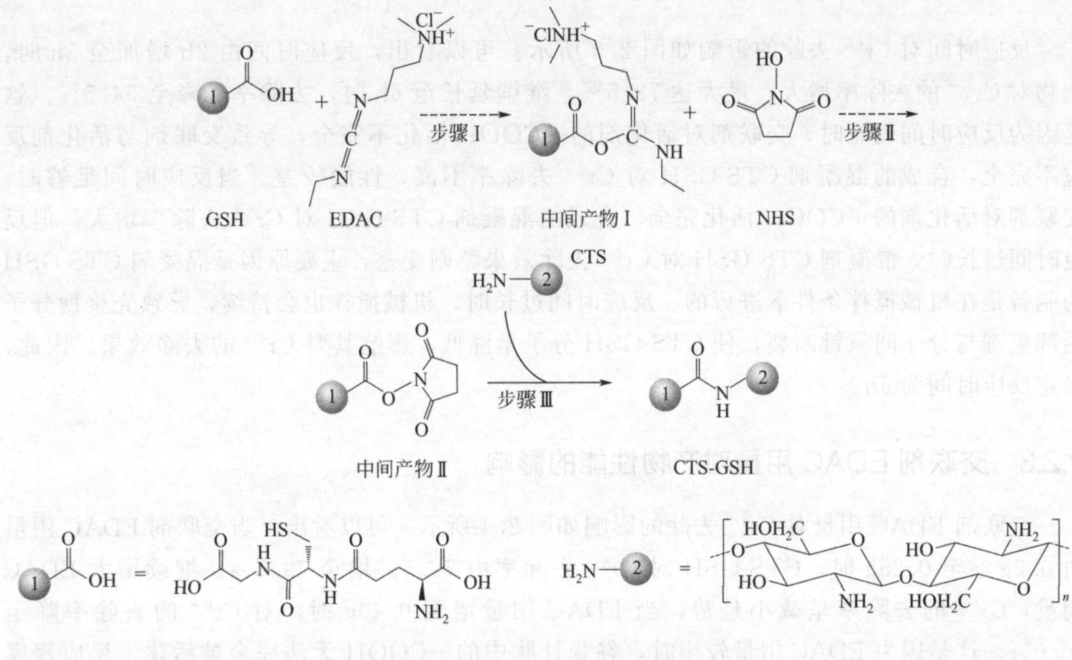

图 2.1　CTS-GSH 合成路线

2.2　壳聚糖-谷胱甘肽制备条件优化

固定实验条件：反应单体质量比 5∶5，交联剂 EDAC 用量 0.25g，保护剂 NHS 用量 0.40g，反应体系 pH＝3.5，反应时间 5h。考察单因素对产物性能的影响。

2.2.1　反应单体质量比对产物性能的影响

单体 CTS 与 GSH 质量比对 Cr^{6+} 去除的影响如图 2.2 所示。可以看出，随 GSH 比例增加，混凝剂 CTS-GSH 对 Cr^{6+} 去除率先增大后减小。CTS 与 GSH 的质量比为 4/6 时，Cr^{6+} 的去除率最优，为 74.0%，继续增大反应物中 GSH 比例，Cr^{6+} 去除效果反而变差。这是因为随反应物中 GSH 质量比增大，混凝剂 CTS-GSH 携带的有效基团—SH 数增加，其去除 Cr^{6+} 的效果增强；但当反应物中 GSH 单体比例过高时，—SH被氧化形成二硫键的机会增加，反应物发生酰胺化的效率不会单纯随 GSH 比例增大而提高。综合考虑生产成本和 Cr^{6+} 去除效果，确定反应物质量比为 5/5。

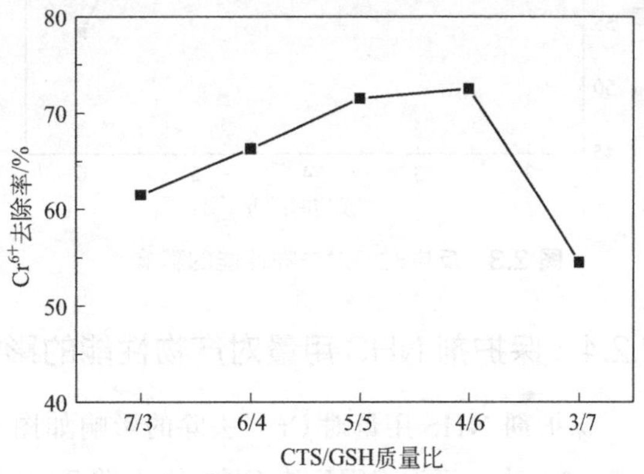

图 2.2　CTS 与 GSH 的质量比对产物性能的影响

2.2.2 反应时间对产物性能的影响

反应时间对 Cr^{6+} 去除的影响如图 2.3 所示。可以看出，反应时间由 2h 增加至 5h 时，产物对 Cr^{6+} 的去除率增大，最大达 72.5%，继续延长至 6h 时，去除率下降至 54.5%。这是因为反应时间较短时，交联剂对活化剂的—COOH 活化不完全，导致交联剂与活化剂反应不完全，合成的混凝剂 CTS-GSH 对 Cr^{6+} 去除率不高，性能较差。当反应时间足够时，交联剂对活化剂的—COOH 活化完全，合成的混凝剂 CTS-GSH 对 Cr^{6+} 去除率增大。但反应时间过长时，混凝剂 CTS-GSH 对 Cr^{6+} 去除效果急剧变差，主要原因是混凝剂 CTS-GSH 的制备是在机械搅拌条件下进行的。反应时间过长时，机械搅拌也会持续，导致壳聚糖分子内部氢键与分子间氢键断裂，使 CTS-GSH 分子量降低，影响其对 Cr^{6+} 的去除效果。因此，确定反应时间为 5h。

2.2.3 交联剂 EDAC 用量对产物性能的影响

交联剂 EDAC 用量对 Cr^{6+} 去除的影响如图 2.4 所示。可以看出，当交联剂 EDAC 用量由 0.2g 增至 0.25g 时，CTS-GSH 对 Cr^{6+} 去除率由 76.5%增至 79.5%。继续增大 EDAC 用量，Cr^{6+} 的去除率呈减小趋势。当 EDAC 用量增至 0.40g 时，对 Cr^{6+} 的去除率降至 60.0%。这是因为 EDAC 用量较小时，谷胱甘肽中的—COOH 无法完全被活化，反应程度较低，影响混凝剂性能；EDTA 用量过多时，反应体系中中产生过量自由基，导致体系中活性中心过量，阻碍主反应进行。因此确定交联剂 EDAC 用量为 0.25g。

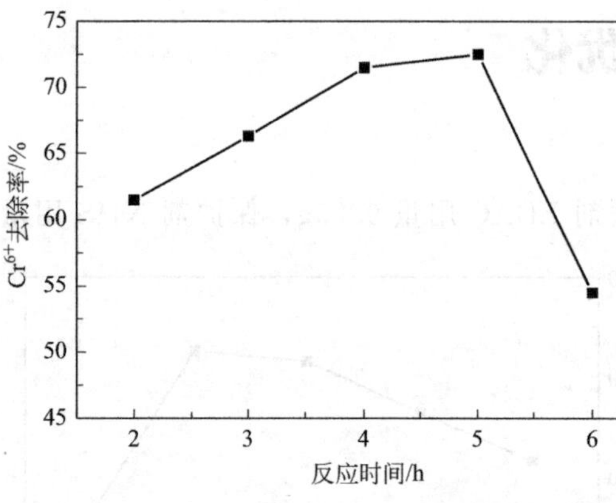

图 2.3 反应时间对产物性能的影响

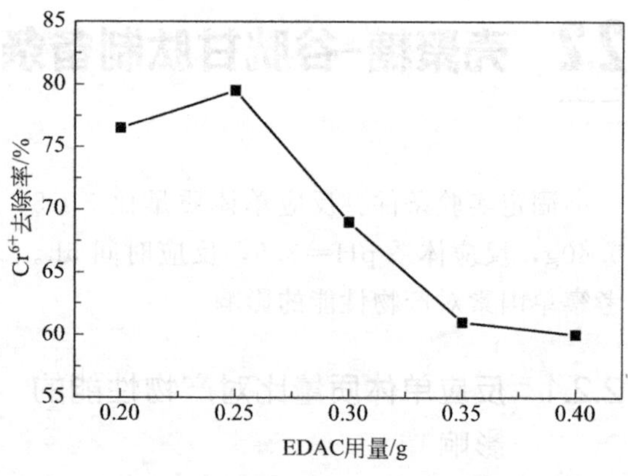

图 2.4 EDAC 用量对产物性能的影响

2.2.4 保护剂 NHS 用量对产物性能的影响

保护剂 NHS 用量对 Cr^{6+} 去除的影响如图 2.5 所示。可以看出，NHS 用量由 0.25g 增至 0.40g 时，CTS-GSH 对 Cr^{6+} 的去除率由 79.5%增至 81.5%，继续增大 NHS 用量，Cr^{6+} 去除率减小，NHS 用量增至 0.45g 时，对 Cr^{6+} 的去除率下降至 79.5%。这是因为 NHS 用量较小时，不能与生成的中间产物全部发生反应，导致剩余中间产物不稳定，发生副反应，造成酰胺反应效率降低，产物性能较差。NHS 用量过多时，参与中间体生成酯的 NHS 过量，会延缓后续酰胺反应，导致产物性能下降。因此确定保护剂 NHS 用量为 0.40g。

2.2.5 合成体系 pH 值对产物性能的影响

反应体系 pH 值对 Cr^{6+} 去除的影响结果如图 2.6 所示。可以看出，当 pH 值由 2.5 升高至 3.5 时，Cr^{6+} 去除率保持稳定，pH 值继续升高，Cr^{6+} 去除率下降，且 Cr^{6+} 去除率由 pH=3.5 时的最大值 90.5%降至 pH=5.5 时的 60.0%。这是因为当反应体系中 H^+ 浓度过高时，$—NH_2$ 易得到一个质子生成 $—NH_3^+$，使壳聚糖分子带正电荷，易与反应体系中带负电性的—COOH 发生反应，利于反应进行；随体系 pH 值升高，H^+ 浓度下降，谷胱甘肽的稳定性下降，发生氧化反应，形成氧化型谷胱甘肽，使 CTS-GSH 混凝性能下降。因此综合考虑生产成本与 Cr^{6+} 去除效果，确定反应体系 pH 值为 3.5。

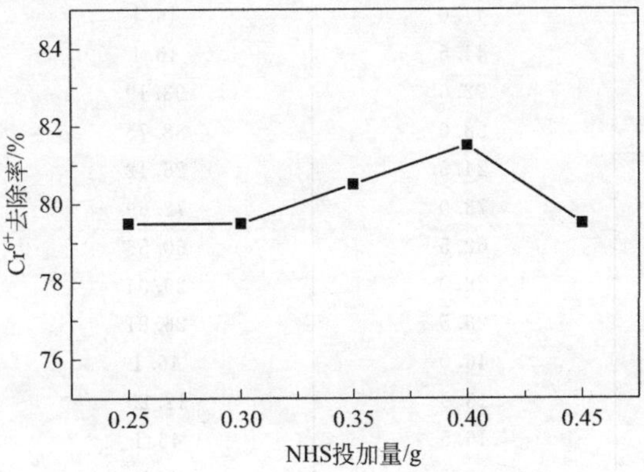

图 2.5 NHS 用量对产物性能的影响

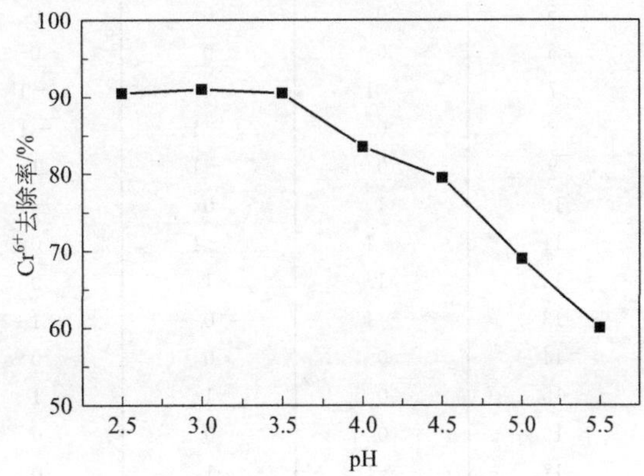

图 2.6 pH 值对产物性能的影响

2.3 响应面优化实验设计

基于单因素实验讨论结果及显著性分析，采用响应面 Box-Behnken 优化实验设计[9,10]，利用 Design Expert 8.05b 软件，对复合混凝剂 CTS-GSH 制备工艺进行三因素三水平实验设计，以 CTS/GSH 质量比（X_1）、EDAC 用量（X_2）、反应体系 pH 值（X_3）作为主要因素，建立数学模型，见表 2.1。

表 2.1 Box-Behnken 响应面实验设计

因素	编码变量		各水平编码取值		
	编码值	非编码值	-1	0	1
CTS/GSH	X_1	X_1	0.5	1	1.5
EDAC 用量/g	X_2	X_2	0.25	0.30	0.35
pH 值	X_3	X_3	3.5	4.5	5.5

2.3.1 以 Cr(Ⅵ) 去除率为响应值的合成工艺

以混凝剂 CTS-GSH 对模拟废水中 Cr(Ⅵ) 去除率为响应值建立模型，结果见表 2.2。利用软件对表 2.2 实验数据进行二次多项式拟合，得到 Cr(Ⅵ) 去除率对 CTS/GSH 质量比

(X_1)、EDAC 用量（X_2）、反应体系 pH 值（X_3）三因素的多元二次回归方程。Cr(Ⅵ) 去除率 = $46.10 - 9.75X_1 - 5.56X_2 - 32.69X_3 + 0.25X_1X_2 + 0.5X_1X_3 - 1.37X_2X_3 - 1.36X_1^2 + 0.26X_2^2 + 5.51X_3^2$

⊡ 表 2.2 Box-Behnken 响应面优化实验设计

编号	X_1	X_2	X_3	Cr(Ⅵ)去除率/%	
				实际值	预测值
1	1	0	1	9.5	8.31
2	1	−1	0	41.0	40.56
3	0	1	−1	82.0	80.38
4	0	0	0	46.5	46.1
5	0	0	0	47.0	46.1
6	0	0	0	44.5	46.1
7	−1	0	−1	92.0	93.19
8	0	−1	−1	88.0	88.75
9	0	−1	1	24.5	26.12
10	1	0	−1	73.0	72.69
11	−1	−1	0	62.5	60.56
12	1	1	0	28.0	29.94
13	−1	0	1	26.5	26.81
14	0	0	0	46.0	46.1
15	0	1	1	13.0	12.25
16	0	0	0	46.5	46.1
17	−1	1	0	48.5	48.94

由表 2.3 的方差分析可知，该模型 F 值为 358.99，表示模型显著，模型中 A、B、C、C^2 项 P 值小于 0.05，表明其均为显著项，其各单因素显著性影响依次是 pH 值、CTS/GSH 质量比、EDAC 用量。模型的失拟项 F 值为 6.24，模型失拟概率为 5.46%，失拟项不显著，表明模型可用。图 2.7 散点为实际实验所得 Cr(Ⅵ) 去除率，表明实际值与预测值之间的偏离程度。模型的决定系数为 0.998，调整决定系数为 0.995，表明预测值与实际值相关性强。标准偏差为 1.73，总平均值为 48.18，变异系数为 3.60%，说明仅有 3.60%的响应值不能使用该模型表示。本模型精密度为 63.873 远远大于 4，表明该模型具有较好的

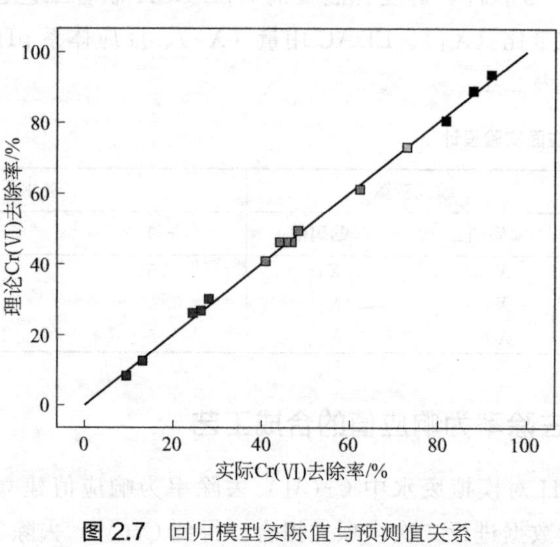

图 2.7 回归模型实际值与预测值关系

准确度。

表 2.3 响应面二次回归模型的方差分析

参数	平方和	自由度	均方	F 值	P 值	显著性
Model	9698.46	9	1077.61	358.99	<0.0001	显著
A-CTS/GSH	760.5	1	760.5	253.35	<0.0001	
B-EDAC	247.53	1	247.53	82.46	<0.0001	
C-pH	8547.78	1	8547.78	2847.57	<0.0001	
AB	0.25	1	0.25	0.083	0.7813	
AC	1	1	1	0.33	0.5819	
BC	7.56	1	7.56	2.52	0.1565	
A^2	7.82	1	7.82	2.6	0.1506	
B^2	0.29	1	0.29	0.097	0.7649	
C^2	127.95	1	127.95	42.62	0.0003	
残差	21.01	7	3			
失拟项	17.31	3	5.77	6.24	0.0546	不显著
净误差	3.7	4	0.93			
总离差	9719.47	16				

2.3.2 响应面模型分析

考虑各影响因素及交互作用对 Cr(Ⅵ) 去除效果的影响，采用 Design Expert 8.05b 软件分析响应面模型，分析结果见图 2.8～图 2.10。

由图 2.8 可知，CTS 与 GSH 质量比和 pH 值对 Cr(Ⅵ) 去除率影响较显著。随着 CTS 与 GSH 质量比的增大，Cr(Ⅵ) 去除率逐渐减小，后期变化减弱。随着 pH 的增大，Cr(Ⅵ) 去除率逐渐减小，在一定范围内，pH 对 Cr(Ⅵ) 去除率影响程度大于 CTS 与 GSH 质量比的影响。由图 2.9 可知，结合响应面坡度和等高线图变化梯度，EDAC 剂量变化范围内，该响应面坡度相对平缓，相邻等高线区间宽，说明 EDAC 剂量对 Cr(Ⅵ) 去除率的影响相比 pH 值与 CTS/GSH 质量比较小。

2.3.3 模型验证

模型建立后，为进一步确定 CTS-GSH 复合混凝剂的最佳合成因素，通过 Design

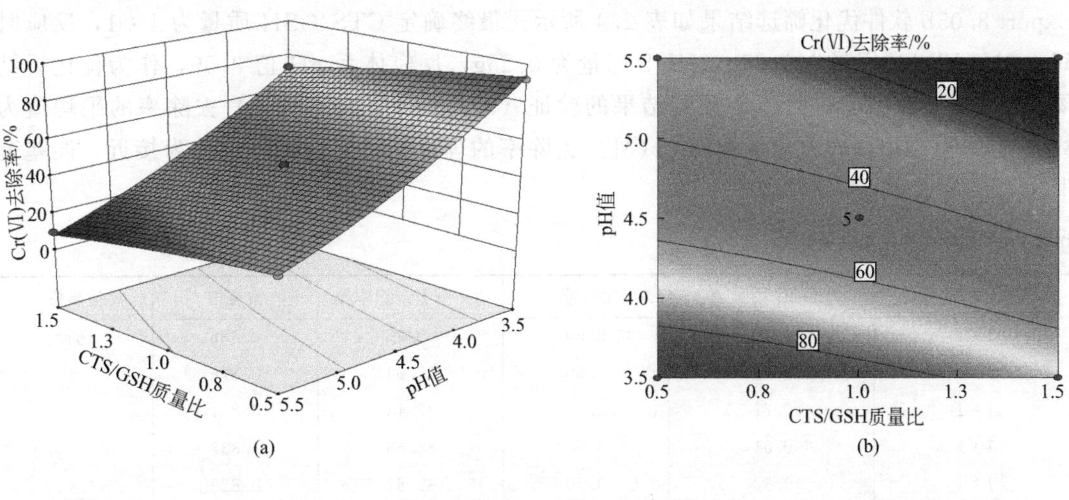

图 2.8 CTS-GSH 质量比和 pH 值交互影响 Cr(Ⅵ) 去除率的响应面 3D 图(a)及等高线图(b)

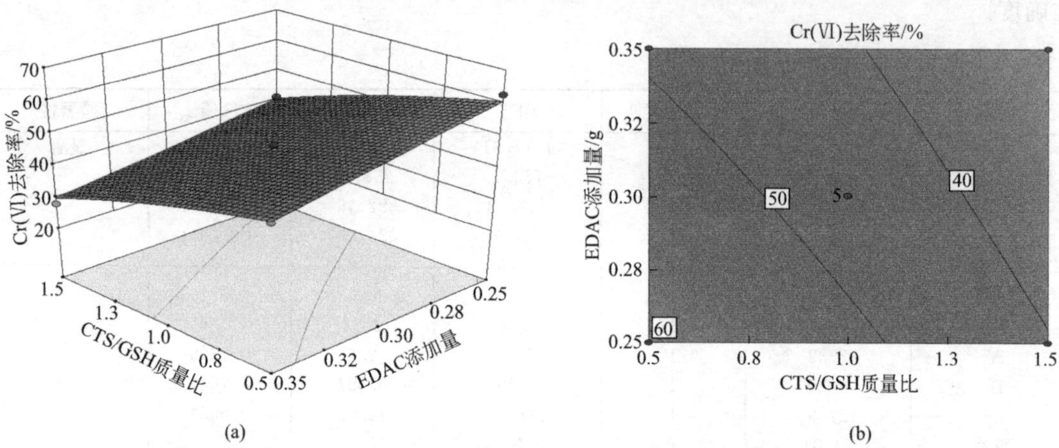

图 2.9　CTS-GSH 质量比和 EDAC 剂量交互影响 Cr（Ⅵ）去除率的响应面 3D 图(a)及等高线图(b)

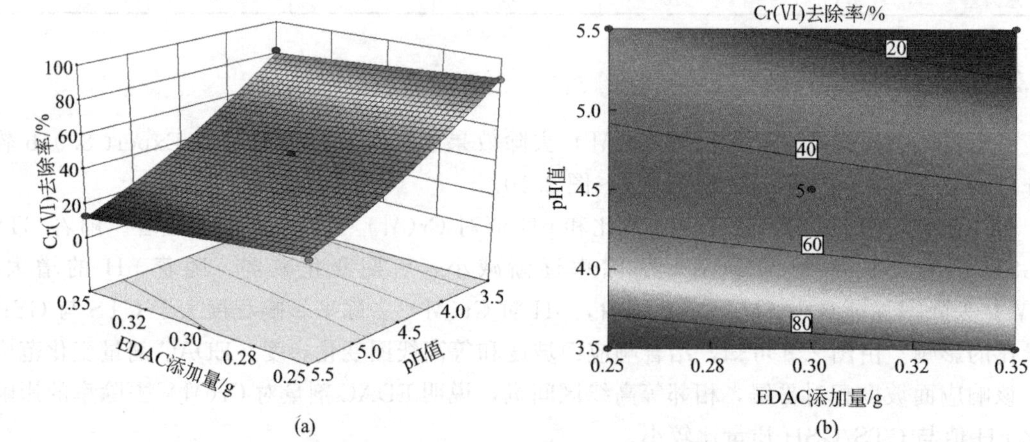

图 2.10　EDAC 剂量和 pH 值交互影响 Cr（Ⅵ）去除率的响应面 3D 图(a)及等高线图(b)

Expert 8.05b 软件直接进行优化条件的筛选，拟设置 CTS/GSH 质量比为 1∶1，而反应体系 pH 值、EDAC 用量在反应范围内变化，设置 Cr(Ⅵ) 最大去除率为目标值，通过 Design Expert 8.05b 软件优化筛选结果如表 2.4 所示。最终确定 CTS/GSH 质量为 1∶1，反应时间 4.0h，EDAC 用量为 0.25g，NHS 用量为 0.25g，反应体系 pH 值 3.50，作为优化后结果。通过平行组实验进行模型预测结果的验证（3 组平行组），Cr(Ⅵ) 去除率的平均值为 87.67%，可见由回归方程得到的 Cr(Ⅵ) 去除率的理论预测值与实际值较为接近，误差范围为 1.08%。

⊡ 表 2.4　优化筛选结果详细列表

CTS/GSH 质量比	EDAC 用量/g	pH 值	Cr（Ⅵ）去除率/%	合意性	显著性
1∶1	0.25	3.50	88.75	0.888	选择
1∶1	0.26	3.50	87.64	0.876	
1∶1	0.27	3.50	87.13	0.871	
1∶1	0.31	3.50	83.68	0.837	
1∶1	0.32	3.50	82.87	0.829	

2.4 壳聚糖-谷胱甘肽结构表征

2.4.1 傅里叶红外光谱分析

选用优化条件下合成的 CTS-GSH 产物进行结构表征，得到红外光谱图。由图 2.11 可知，在 3390cm^{-1}附近出现仲酰胺基（—CO—NH—）特征吸收峰，由于酰胺化合物 C—N 键具有一定双键性质，N 原子的两个取代基较大，且二者空间位阻效应使氨基空间受阻，仲酰胺主要以 S-反式构型

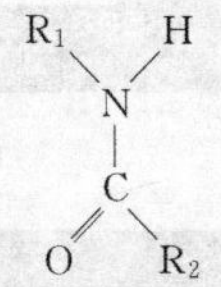

存在。尽管反式无法生成内氢键，但由于存在分子间氢键作用及浓度影响，使得酰胺键中 N—H 伸缩振动向低波数移动，在 1650cm^{-1}处出现仲酰胺的“酰胺Ⅰ” C ═O 的伸缩振动频率，特征吸收峰明显；在 1523cm^{-1}处出现仲酰胺的“酰胺Ⅱ”，由于 N—H 变角振动与 C—N 伸缩振动的混频共同造成；在 2500cm^{-1}左右，CTS-GSH 出现了比较微弱的巯基—SH 伸缩振动，吸收峰不明显，这是由于其吸收的强度较弱，且受到分子间氢键作用向低波数发生了位移。由此证明，CTS 和 GSH 在 EDAC、NHS 作用下发生了酰胺反应，成功将巯基引入到 CTS 分子中[11,12]。

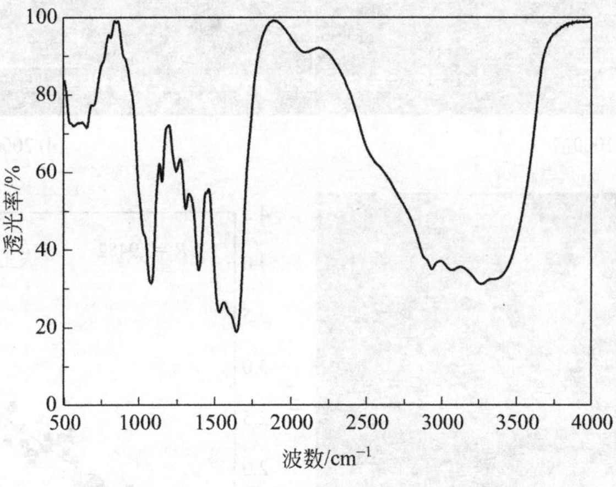

图 2.11 CTS、CTS-GSH 红外光谱图

2.4.2 电镜扫描分析

将产物在 60℃条件下烘干、研磨成粉末状，进行扫描，得到产物扫描电镜图，分别放大 200 倍与放大 1000 倍。由图 2.12 扫描电镜图可以看出混凝剂 CTS-GSH 表面突起较多，相互层层堆叠，呈空间网状结构，表明其对污染物具有较好的去除效果，有利于将水体中污染物沉降下来，达到去除的目的。通过 Image J 软件对放大 200 倍 SEM 图颗粒随机进行了测量分析，测得颗粒弗雷特平均直径为 21.8127μm。并且其产物颗粒周长 L 和面积 A 的对数呈线性相关性，其分型维数为 1.2860，相关性系数为 0.9482，分型维数较小，这可能是

由于颗粒之间孔洞较多造成，这有助于吸附污染物[13]。

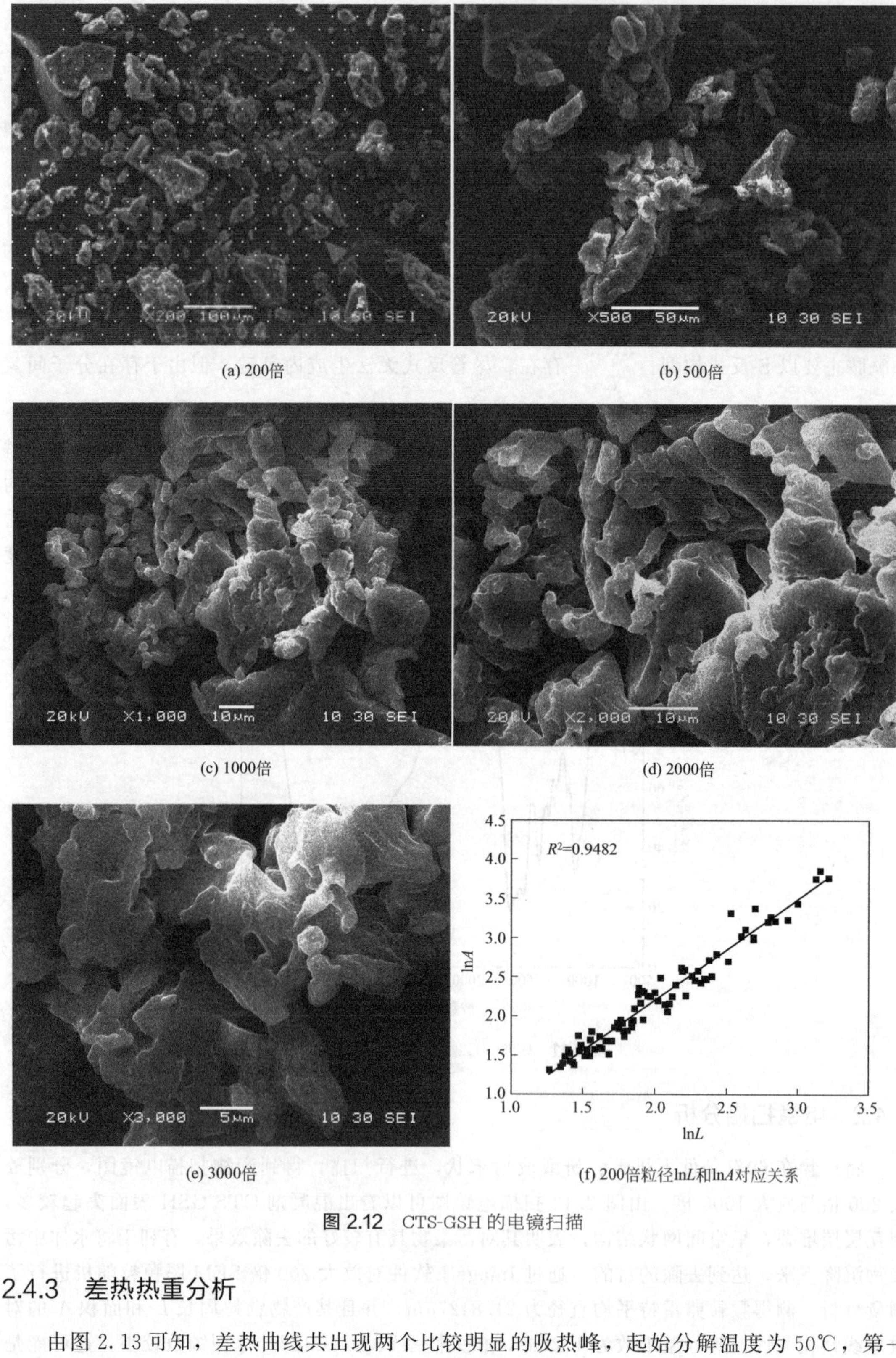

(a) 200倍　(b) 500倍

(c) 1000倍　(d) 2000倍

(e) 3000倍　(f) 200倍粒径lnL和lnA对应关系

图 2.12　CTS-GSH 的电镜扫描

2.4.3　差热热重分析

由图 2.13 可知，差热曲线共出现两个比较明显的吸热峰，起始分解温度为 50℃，第一个吸热峰峰值出现 85.7℃，发生固-固一级相变；在 200℃左右，发生了玻璃化转变（二级相变）；第二个吸热峰峰值温度为 245.3℃，发生结晶现象；在 373.3℃左右，结晶的 CTS-GSH 逐渐放热熔融；在 398.7℃附近 CTS-GSH 主链发生氧化，出现了一个微弱的吸热峰；继续升高温度，498.3℃附近发生了分解气化。随着温度的升高，热重曲线出现了三个失重台阶，第一阶段在 50～150℃范围内，出现第一个失重曲线，失重率为 7.93%，这可能是 CTS-GSH 吸附的水的蒸发、升华导致的失重现象；第二阶段发生在 200～300℃范围内，出现一个快速连续的失重曲线，失重率为 33.88%，这可能是因为 CTS-GSH 上弱键的断裂，如酰胺基等，脱出非碳原子，剩余骨架，以及 CTS-GSH 中结晶水的释放；第三阶段在 350～450℃范围内，出现了一个缓慢的失重曲线，这可能是 CTS-GSH 上的剩余碳链逐渐发生氧化，开始断裂分解[14]。

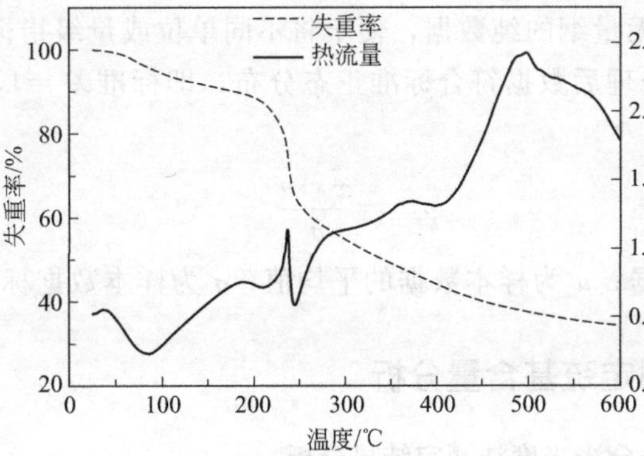

图 2.13　CTS-GSH 的差热热重图

2.5　近红外光谱法测定巯基含量

2.5.1　CTS-GSH 中巯基含量的光谱法测定

准确移取少量液体 CTS-GSH 产物与 4,4′-二吡啶基二硫（DTDP）乙腈溶液置于容量瓶中，以 NaH_2PO_4-EDTA 缓冲溶液稀释至刻度，混合均匀使其反应，最后采用紫外分光光度计在 324nm 处测定其吸光度，根据标准曲线计算样品 CTS-GSH 中巯基含量（测样次数 $n=3$，取平均值）。

2.5.2　CTS-GSH 红外反射光谱扫描

将 56 份 CTS-GSH 样品进行近红外反射光谱扫描，仪器参数如下。光学分辨率：4nm；波长范围：900.00～1700.00nm；样品光谱采样时间：48ms；平均：8 次；平滑度：3。

2.5.3　偏最小二乘回归分析

考虑 p 个因变量 y_1，y_2，…，y_p 与 m 个自变量 x_1，x_2，…，x_m 的建模问题。为方便起见，假定 p 个因变量 y_1，y_2，…，y_p 与 m 个自变量 x_1，x_2，…，x_m 均为标准变化

量。因变量和自变量组的 n 次标准化观测数据阵分别记为：

$$F_0=\begin{pmatrix} y_{11} & \cdots & y_{1p} \\ \vdots & \ddots & \vdots \\ y_{n1} & \cdots & y_{np} \end{pmatrix},E_0=\begin{pmatrix} x_{11} & \cdots & x_{1m} \\ \vdots & & \vdots \\ x_{n1} & \cdots & x_{nm} \end{pmatrix} \tag{2.1}$$

偏最小二乘回归分析在建模过程中集中了主成分分析、典型相关分析以及线性回归分析方法的特点，因此在分析结果中，除了可以提供一个更为合理的回归模型外，还可以同时完成一些类似于主成分分析和典型相关分析的研究内容，提供更丰富、深入的一些信息。

2.5.4 光谱数据预处理

光谱数据标准化是将数据按比例缩放，使其落入小的特定区域。在处理过程中去除数据的单位限制，使其转化为无量纲的纯数据，便于将不同单位或量级指标比较加权。本研究采用 Z-score 标准化处理，处理后数据符合标准正态分布，即标准差=1，均值=0，其转化公式为：

$$x^*=\frac{x-u}{\sigma} \tag{2.2}$$

公式中，x 为样本数据；u 为样本数据的平均值；σ 为样本数据标准差。

2.5.5 近红外光谱法测定巯基含量分析

(1) 样品巯基含量紫外分光光度法测定结果分析

表 2.5 为紫外分光光度法定法测定 CTS-GSH 样品巯基含量化学分析值统计结果。56 份实验室自制混凝剂 CTS-GSH 巯基含量紫外分光光度法测定结果分布范围为 3.03%～6.97%，平均值为 5.94%，标准偏差为 0.76，近红外光谱法预测结果分布范围为 3.14%～6.94%，平均值为 5.93%，标准偏差为 0.72。

表 2.5 光度法测定巯基含量

参数	紫外光谱法/%	近红外光谱法/%
平均值	5.94	5.93
最大值	6.97	6.94
最小值	3.03	3.14
标准偏差	0.76	0.72

(2) 样品近红外反射光谱图与 PLS 模型结构

将 56 份实验室自制 CTS-GSH 样品进行近红外反射光谱扫描后，结果如图 2.14 所示。由于 CTS-GSH 中含有巯基、酰胺基、羧基、氨基等官能团，样品在波长为 899.22～1721.76nm 范围内有显著吸收峰，同一样品具有不同吸收峰，且不同样品在同一波长吸收峰的峰值差异明显，说明 CTS-GSH 近红外吸收光谱可以用作对其巯基含量进行定量分析。

CTS-GSH 近红外光谱数据是建立 CTS-GSH 巯基含量定量分析模型的基础。数据处理采用标准化方法，采用公式表达式对数据进行预处理。本研究选取五个波峰的吸收值作为自变量（波长分别为：1068.83nm、1221.71nm、1283.05nm、1465.59nm、1677.72nm），单体含量作为因变量，建立偏最小二乘法模型（PLS）。

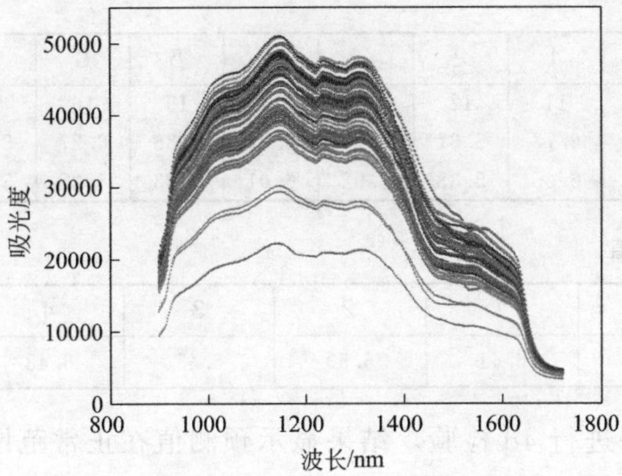

图 2.14　CTS-GSH 近红外光谱图

（3）模型验证

使用建立的定标模型 PLS 方程：

$$Y=3.12\times10^{-5}X_1+6.92\times10^{-5}X_2+5.52\times10^{-5}X_3-1.58\times10^{-5}X_4-2.61\times10^{-5}X_5+0.2623$$

式中，Y 为 CTS-GSH 巯基含量；X 代表光谱吸光度值；X_1 为吸收波长 1068.83nm 所对应的吸光度值；X_2 为吸收波长 1221.71nm 所对应的吸光度值；X_3 为吸收波长 1283.05nm 所对应的吸光度值；X_4 为吸收波长 1465.59nm 所对应的吸光度值；$X=$为吸收波长 1677.72nm 所对应的吸光度值。另选 19 份巯基含量不同的 CTS-GSH 样品进行预测，预测值见表 2.6，预测分布见图 2.15(b)。为了检验近红外模型预测 CTS-GSH 中巯基含量的方法是否可靠，采用 t 检验法对新方法进行验证。随机挑选某一 CTS-GSH 样品进行检验，紫外分光光度法测定样品巯基含量为 6.42%，采用近红外光谱预测法对所选样品进行 6 次预测，所得结果见表 2.7。

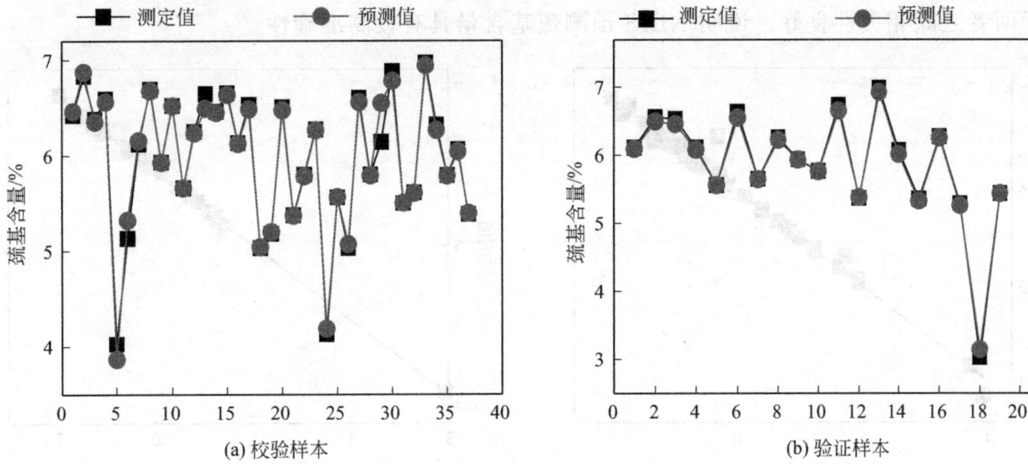

图 2.15　巯基含量实测值与预测值趋势图

表 2.6　巯基含量测定值与预测值对比

样品编号/sample	1	2	3	4	5	6	7	8	9	10
测定值/%	6.11	6.56	6.53	6.11	5.56	6.63	5.65	6.29	5.94	5.77
特征峰输入层模型预测值/%	6.10	6.50	6.45	6.08	5.56	6.55	5.65	6.22	5.94	5.76

续表

样品编号/sample	1	2	3	4	5	6	7	8	9	10
样品编号	11	12	13	14	15	16	17	18	19	
测定值/%	6.73	5.37	6.98	6.07	5.36	6.27	5.29	3.03	5.44	
特征峰输入层模型预测值/%	6.65	5.38	6.92	6.01	5.33	6.25	5.26	3.14	5.44	

表 2.7 某样品巯基含量预测值

次数	1	2	3	4	5	6
特征峰输入层模型预测值/%	6.41	6.50	6.45	6.48	6.40	6.39

对单一样品预测结果进行 4d 检验，结果显示预测值在正常范围之内，都为有效数据。对单一样品 6 次预测结果做 t 检验，查 t 分布表，当显著性水平 $\alpha=0.05$、自由度 $f=5$ 时，$t_{0.05,5}=2.571$，$t=1.088<t_{0.05,20}$。检验结果表明采用紫外分光光度法与近红外预测法的测定结果无显著性差异，近红外光谱分析法具有很强可靠性。

对 19 份不同样品预测值做 t 检验，查 t 分布表，当显著性水平 $\alpha=0.05$，自由度 $f=18$ 时，$t_{0.05,18}=2.101$，$t=0.149<t_{0.05,18}$。检验结果表明：以特征峰吸收值作为自变量建立的模型，其测定结果与沉淀滴定法测定结果无显著性差异，因此模型具有可行性。

（4）CTS-GSH 巯基含量测定效果相关性分析

采用近红外光谱法检测样品巯基含量高低，外部验证的模拟值与实测值相关系数（R^2）大于 0.90 表明预测模型较好。本研究随机筛选 2/3 样本作为建模使用（校验样本），1/3 样本作为模型测试使用（验证样本），紫外分光光度法测定值与 NIRS 预测值的相关性结果如图 2.13 所示（横坐标为紫外分光光度法测定值，纵坐标为 NIRS 预测值），其 R^2 都大于 0.90，说明巯基含量预测值与紫外分光光度法测定值之间具有较好的线性相关性，预测效果良好，因此近红外光谱法可以比较精确、快速地测定 CTS-GSH 中巯基含量。巯基含量的紫外分光光度测定值与近红外预测值之间散点图（见图 2.15）与预测趋势图（见图 2.16）说明了两者之间相关性良好，说明 NIRS 预测巯基含量具有较高准确性。

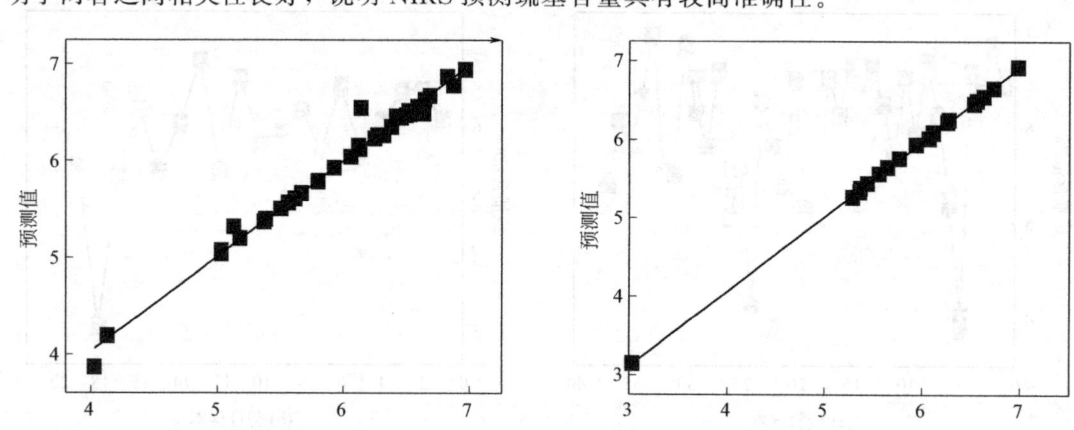

(a) $R^2=0.98$　　(b) $R^2=0.99$

图 2.16 巯基含量实测值与预测值相关性(a)校验样本(b)验证样本

（5）近红外光谱法测定 CTS-GSH 巯基含量讨论

由于巯基含量高低是检验巯基化壳聚糖混凝性能好坏的重要指标，因此急需开发快速测定有机物中巯基含量的测试方法。NIRS 技术主要是反映 S—H、C—H、O—H、N—H 等化学键的信息，因此分析范围几乎可覆盖所有有机化合物和混合物。与传统分析测定方法相比，具快速、简单、不需要对样品进行前处理等优点。因此，NIRS技术可以成为巯基化壳聚糖中巯基含量测定的新方法。

2.6 壳聚糖-谷胱甘肽混凝效果及机理

2.6.1 铬（Ⅵ）初始浓度的影响

按混凝试验方法，固定其他因素，研究初始浓度对Cr(Ⅵ)去除效果的影响，结果如图2.17所示。

当Cr^{6+}初始浓度在1.0～20.0mg/L范围内变化时，按照混凝搅拌方法，研究其对去除效果的影响，研究结果如图2.17所示。由图2.17可知，当初始浓度由1.0mg/L增加至5.0mg/L时，去除率由75.0%增加至85.5%，达到最大。当初始浓度由5.0mg/L增加至20.0mg/L时，去除率由85.5%降低至47.5%。这是在混凝剂CTS-GSH用量不变的前提下，体系中CTS-GSH分子浓度过高，导致$HCrO_4^-$、$Cr_2O_7^{2-}$的胶粒表面被高分子覆盖，使混凝剂不能很好地发挥吸附架桥作用与网捕卷扫作用，导致去除效果较差。相反，当Cr^{6+}浓度过高时，又表现出混凝剂用量不足、无法达到有效去除水体中Cr^{6+}的目的。

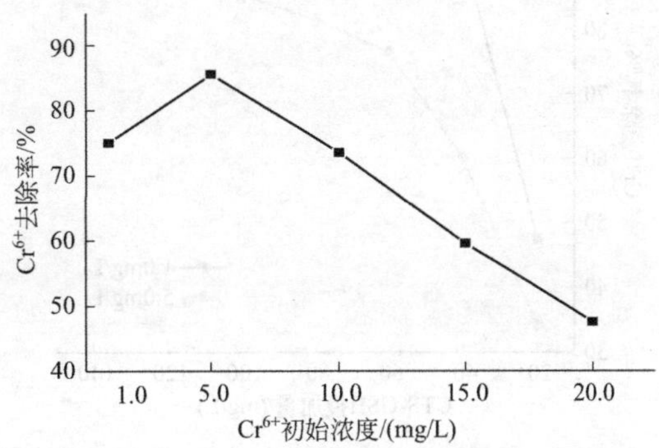

图2.17 Cr（Ⅵ）初始浓度对去除效果的影响

2.6.2 CTS-GSH投加量的影响

按照混凝实验方法，固定其他因素，研究CTS-GSH投加量对Cr(Ⅵ)的去除效果的影响，结果如图2.18所示。常温条件下，控制Cr^{6+}初始浓度分别为1.0mg/L与5.0mg/L。由图2.18可知，当Cr^{6+}初始浓度为1.0mg/L，混凝剂CTS-GSH用量为80mg/L，Cr^{6+}可以被完全去除，当继续增大混凝剂用量，Cr^{6+}去除率反而减小。当Cr^{6+}初始浓度为5.0mg/L，随着混凝剂CTS-GSH用量的增大，Cr^{6+}去除率呈逐渐增大的趋势，当CTS-GSH投加量为120mg/L和140mg/L时，对Cr^{6+}去除率分别为90.5%和93.0%，均可满足综合排放标准。根据混凝去除机理，当继续增加CTS-GSH用量，Cr^{6+}去除率会继续增大，并出现最大值。如果仍然不能满足排放标准，可以通过二次混凝的方式来达到标准。这是因为当混凝剂CTS-GSH用量小时，混凝剂所携带电荷数较少，不能很好地降低体系中的电势，使其处于不稳定状态，也不能很好地发挥电中和作用，因此去除效果较差。当混凝剂CTS-GSH投加过量时，体系中CTS-GSH分子浓度过高，导致$HCrO_4^-$、$Cr_2O_7^{2-}$的胶粒表面被高分子覆盖，使混凝剂不能很好地发挥吸附架桥作用与网捕卷扫作用，导致去除效果较差。

2.6.3 静置时间对去除效果的影响

按照混凝实验方法，固定其他因素，研究静置时间对 Cr(Ⅵ) 去除效果的影响，结果如图 2.19 所示。由图 2.19 可见，投加量一定，随着静置时间的延长，Cr(Ⅵ) 去除率呈先增大后减小的趋势。当静置时间 3.0h 时，Cr(Ⅵ) 去除率均达到最大值，当 CTS-GSH 投加量为 100mg/L 时，Cr(Ⅵ) 去除率达到最大为 99.3%。这是由于：静置时间短，Cr(Ⅵ) 与混凝剂碰撞聚集形成的絮体还没有完全沉淀，随着静置时间的延长，絮体会慢慢沉降，并逐渐达到最大值，当继续延长静置时间，在分子的热运动作用下，混凝剂与 $HCrO_4^-$、$Cr_2O_7^{2-}$ 形成的胶粒重新释放出 $HCrO_4^-$、$Cr_2O_7^{2-}$，导致 Cr^{6+} 去除率反而下降。

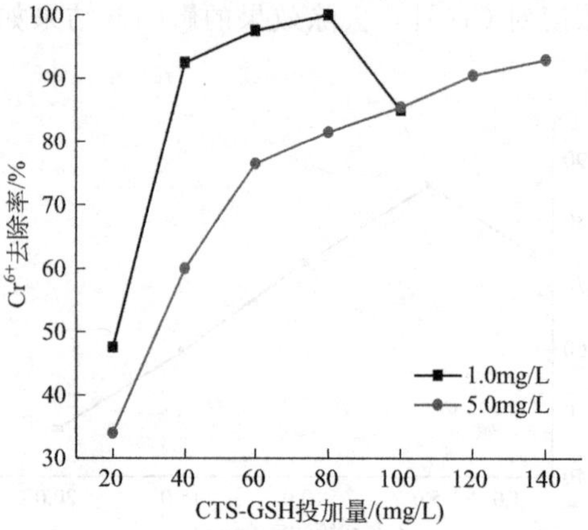

图 2.18 CTS-GSH 投加量对去除效果的影响

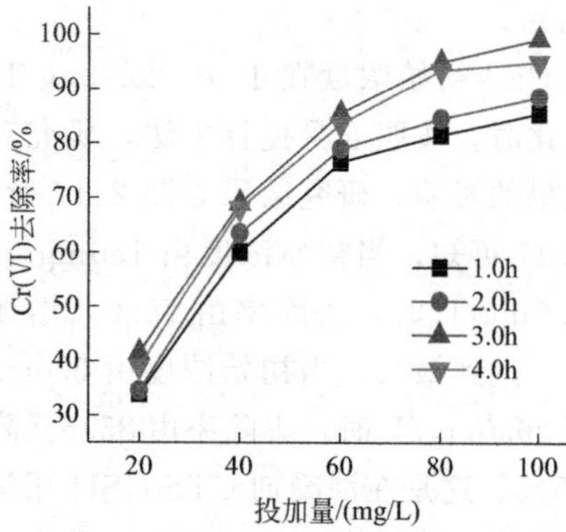

图 2.19 静置时间对去除效果的影响

2.6.4 慢搅时间对去除效果的影响

混凝实验中，慢搅过程属于混凝阶段，通过机械搅拌，促进胶体颗粒之间的碰撞聚集，从而有助于絮体的形成。Stefan J. Langer[15] 等研究发现，搅拌时间有助于增加粒子碰撞的概率，进而促进混凝效果。同时研究还发现，延长搅拌时间导致大团絮体发生破碎和聚合物尚未覆盖在颗粒/絮体表面；当絮体破碎后又导致过量的聚合物吸附到这些颗粒物/小絮体表面上，从而降低混凝效果。室温下，当 Cr^{6+} 初始浓度 5.0mg/L 时，按照混凝实验方法，固定其他条件不变，研究慢搅时间对去除效果的影响，慢搅时间分别为 6.0min、8.0min、10.0min、12.0min、14.0min、16.0min，结果如图 2.20 所示。由图 2.20 可见，一定范围内，随着慢搅时间的增加，Cr^{6+} 去除率呈先增加后减小的趋势。当慢搅时间由 6.0min 增加到 8.0min 时，Cr^{6+} 去除率呈增加趋势，在慢搅时间为 8.0min，达到最佳值 91.0%；继续延长慢搅时间，Cr^{6+} 去除率又呈减小趋势，在慢搅时间为 16.0min 时，去除率为 87.0%。造成这种趋势的原因，可能是因为慢搅时间相对较短的情况下，水解后的混凝剂无法有效地与 Cr^{6+} 充分发生碰撞，混凝作用

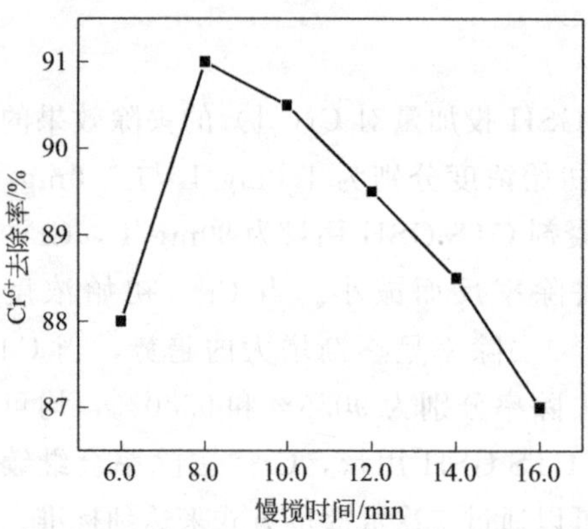

图 2.20 慢搅时间对去除效果的影响

相对较弱，而随着慢搅时间的增加，混凝剂与水体中 Cr^{6+}（如 $HCrO_4^-$、$Cr_2O_7^{2-}$ 等含氧阴离子）充分接触，胶粒形成的小絮体，因为分子间作用力相互聚集，产生更好的混凝效果；当慢搅时间继续增加时，超过一定值时，已经脱稳凝聚形成的絮体又会被打碎重新扩散到溶液中，去除率反而呈下降趋势。当然，最高点与最低点之间相差不大，这可能是因为静置时间较长，打碎后的絮体部分重新又沉降下来。

2.6.5 pH 值对去除效果的影响

pH 值是常用的化学指标之一，是对水的化学混凝、水质稳定等过程的重要控制参数及指标，对水中有毒物质的毒性和一些重金属络合物结构以及混凝剂的水解产物的形态等都有重要的影响[16]。室温下，当 Cr^{6+} 初始浓度 5.0mg/L 时，按照混凝实验方法，固定其他条件不变，研究水样 pH 值对 Cr^{6+} 去除效果的影响，pH 值分别控制为 3.0、4.0、5.0、6.0、7.0、8.0，结果如图 2.21 所示。由图 2.21 可见，pH 值对 Cr^{6+} 的去除效果影响很大。一定范围内，随着 pH 的增加，去除率曲线呈先增加后减小的趋势。当 pH 值为 6.0 时，达到最大去除效果，最佳值为 79.0%；当 pH 值为 3.0 时，去除率仅为 53.5%。这主要是因为，pH 较低时，H^+ 浓度较高，而在 $1.0<pH<6.0$ 范围内，Cr^{6+} 含氧阴离子主要以 $HCrO_4^-$、$Cr_2O_7^{2-}$ 存在，一方面抑制 Cr^{6+} 的水解；同时，带正电荷 H^+ 与混凝剂存在竞争作用，减少了混凝剂与 Cr^{6+} 的相互作用。当继续升高 pH 值，溶液呈碱性时，水体中 OH^- 逐渐增多，混凝剂所带的正电荷会与溶液中的 OH^- 发生中和反应。另外，混凝剂的主体壳聚糖本身不溶于碱性条件下，这可能也是去除效果降低的原因。pH 值在 6.0～8.0 范围内，去除率的变化幅度相比 pH3.0～6.0 明显要小，这更多的可能是在 pH 范围内，Cr^{6+} 阴离子主要以 $Cr_2O_7^{2-}$ 形式存在，从而更容易形成络合物[17]。

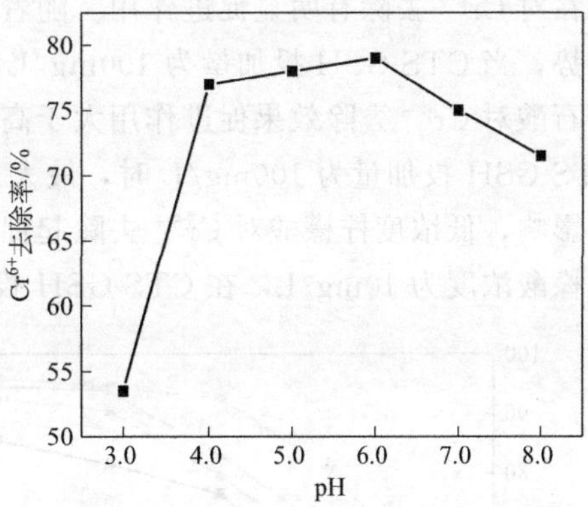

图 2.21 pH 值对去除效果的影响

2.6.6 浊度对去除效果的影响

浊度主要是指水体含有的悬浮及胶体状态的杂质，不仅是水体可能受污染的重要指标之一，而且是处理设备选型和设计及运行等重要参数、重要控制标准。天然水体的浊度主要源自分散的黏土微粒，本实验通过高岭土自配含浊水样[18]。室温下，当 Cr^{6+} 初始浓度 5.0mg/L 时，按照混凝实验方法，固定其他条件不变，研究浊度对 Cr^{6+} 去除效果的影响，结果如图 2.22 所示。由图可见，当浊度为 31.2NTU 时，浊度对 Cr^{6+} 去除有一定的促进作用。当 CTS-GSH 投加量为 100mg/L 时，去除率达到 91.0%。这是由于用

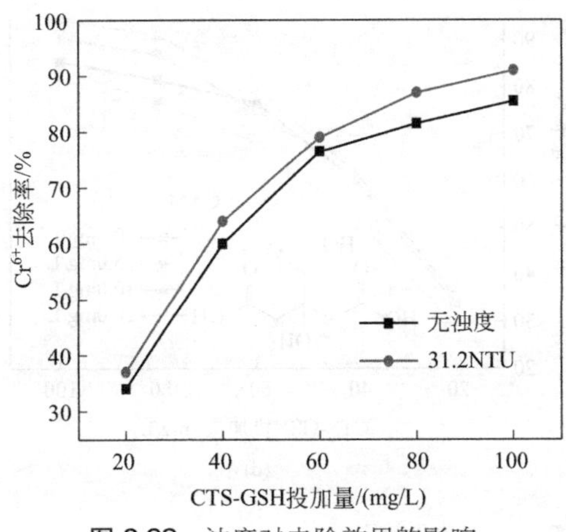

图 2.22 浊度对去除效果的影响

高岭土模拟的水样浊度，高岭土起到助凝剂的作用，增加了混凝剂水解产物的凝结中心，提高了胶体颗粒的碰撞率，增加了絮体的密实度；此外，高岭土属于黏土矿物，可以通过静电吸引等吸附水中的水中不同形式的铬离子，从而提高 Cr^{6+} 的去除效果。

2.6.7 有机配位剂去除效果的影响

有机配位剂能够与重金属离子通过配位共价键形成配位化合物，其反应性能主要取决于配位剂种类，携带官能团种类与数量等。室温下，当 Cr^{6+} 初始浓度 5.0mg/L 时，按照混凝实验方法，固定其他条件不变，分别考察了有机配合剂 EDTA、水杨酸钠（SS）、酒石酸（TA）、柠檬酸（CA）对 Cr^{6+} 去除效果的影响，有机配位剂浓度分别为 0.0、5.0、10.0、20.0mg/L，结果如图 2.23(a)～(c) 可见，EDTA、水杨酸钠和酒石酸的存在对 Cr^{6+} 去除有明显促进作用。随着 EDTA 和水杨酸钠浓度的增大，Cr^{6+} 去除率呈增大趋势，当 CTS-GSH 投加量为 100mg/L，最大去除率分别达到 96.0%和 93.5%；低浓度的酒石酸对 Cr^{6+} 去除效果促进作用大于高浓度时的促进作用。当酒石酸浓度为 5.0mg/L，在 CTS-GSH 投加量为 100mg/L 时，最大去除率达到 94.0%；柠檬酸对 Cr^{6+} 的去除效果有一定影响，低浓度柠檬酸对 Cr^{6+} 去除起促进作用，高浓度柠檬酸对 Cr^{6+} 去除起抑制作用，当柠檬酸浓度为 10mg/L，在 CTS-GSH 投加量为 100mg/L 时，最大去除率达到 94.5%。

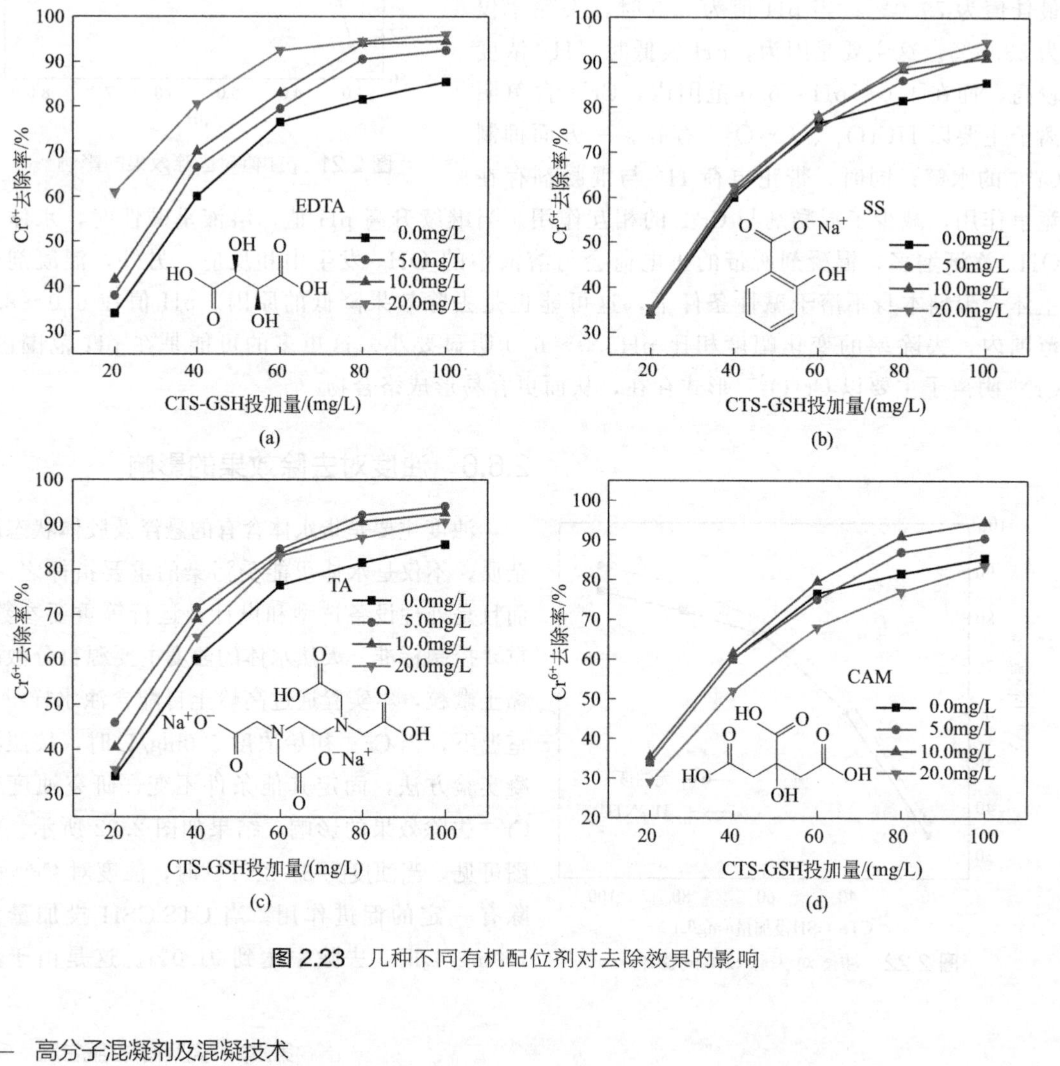

图 2.23　几种不同有机配位剂对去除效果的影响

造成这种现象的原因主要是，EDTA分子中含有氨氮和羧氧配位原子，其中包括2个氮原子和4个羧基氧原子，具有很强的螯合能力［如图2.23(a)所示］。EDTA能与Cr^{6+}形成环状结构的螯合物，随着EDTA浓度增加，形成的EDTA-Cr螯合物增多，也有助于混凝剂发挥吸附架桥与网捕卷扫作用。水杨酸钠富含羟基和羧酸［如图2.23(b)所示］，具有很强的配位能力，可与Cr^{6+}形成稳定的配合物，随着水杨酸钠浓度增大，形成的配合物增多，有助于混凝剂发挥吸附架桥与网捕卷扫作用，因此去除效果增强。酒石酸富含大量极性基团［如图2.23(c)所示］，本身具有一定的化学吸附能力和还原能力，在低浓度时，可以与水样中Cr^{6+}反应生成配合物，有助于Cr^{6+}的去除；当酒石酸浓度偏高时，过多酒石酸会消耗部分CTS-GSH所携带的巯基，导致Cr^{6+}去除率降低。柠檬酸分子中富含给电子基团羧基和羟基［如图2.23(d)所示］，使其具有一定配位能力，可与Cr^{6+}形成稳定的配合物，因此低浓度时对Cr^{6+}的去除起促进作用，但当柠檬酸浓度过高时，由于其分子结构表现出较大的空间位阻，反而影响了与Cr^{6+}形成配合物，也不利于混凝剂CTS-GSH与其形成的配合物充分接触，导致Cr^{6+}去除率降低。

2.6.8 腐殖酸对去除效果的影响

腐殖质是一类亲水的酸性物质，主要来源于动植物残骸腐烂过程中的中间产物及微生物的代谢产物，是天然水体中有机污染物的主要组成部分。天然水体中的腐殖酸浓度一般介于1～12mg/L，易与水体中重金属、杀虫剂等发生络合，造成地表水、地下水的污染[19,20]。

室温下，当Cr^{6+}初始浓度5.0mg/L时，按照混凝实验方法，固定其他条件不变，考察不同浓度下腐殖酸（HA）对Cr^{6+}去除效果的影响，控制HA浓度分别为0.0mg/L、1.0mg/L、5.0mg/L、10.0mg/L，结果如图2.24所示。由图2.24可见，Cr^{6+}去除效果随着腐殖酸浓度的增大，呈现出先增大后减小的趋势。当腐殖酸浓度为1.0mg/L时，在混凝剂投加量为20mg/L、40mg/L、60mg/L、80mg/L、100mg/L时，Cr^{6+}的去除率达到最大值，分别为36.5%、61.0%、76.5%、88.0%、92.5%。随着腐殖酸浓度的继续增大，去除率表现为下降趋势。原因主要是，腐殖酸比表面积较大，含有羧基和羟基等极性配位基团，具有较强的吸附能力和一定的凝聚作用，比较典型的二维分子模型为Stevenson模型[21]，如图2.25所示。当水样中腐殖酸初始浓度为1.0mg/L时，腐殖酸本身携带的官能团会与Cr^{6+}发生配位作用形成配合物HA-Cr，此时CTS-GSH可以将Cr^{6+}与HA-Cr共同沉淀下来，增大Cr^{6+}去除率，因此低浓度腐殖酸对混凝效果起到促进作用[22,23]。随着水样中腐殖酸浓度的逐渐增大，其与水样中Cr^{6+}形成可溶性配合物HA-Cr浓度增大，导致混凝剂CTS-GSH分子与Cr^{6+}接触机会减小，且CTS-GSH投加量不足以将高浓度时形成的可溶性配合物HA-Cr共同沉淀，因此腐殖酸在低浓度时对Cr^{6+}的去除起到促进作用，高浓度时表现出抑制作用，且这种作用会随着CTS-GSH投加量的增大而减弱。

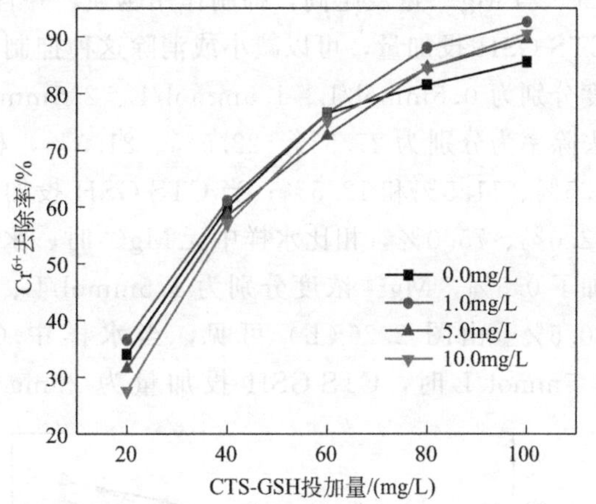

图2.24 腐殖酸对去除效果的影响

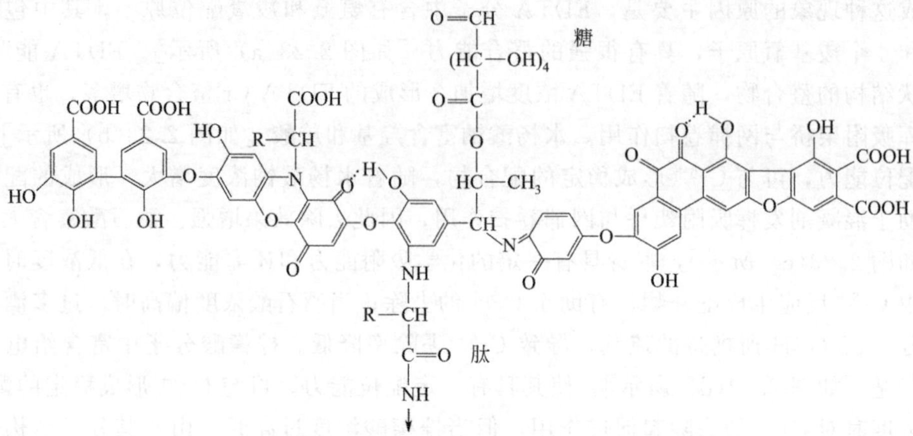

图 2.25　腐殖酸化学结构式

2.6.9　Mg^{2+}、Ca^{2+} 对去除效果的影响

室温下，当 Cr^{6+} 初始浓度 5.0mg/L 时，按照混凝实验方法，固定其他条件不变，分别考察了不同浓度下 Mg^{2+}、Ca^{2+} 共存条件对 Cr^{6+} 去除效果的影响，控制 Mg^{2+} 或 Ca^{2+} 浓度分别为 0.0mmol/L、0.5mmol/L、1.5mmol/L、2.5mmol/L，结果如图 2.26 所示。由图 2.26 可见，随着 Ca^{2+}、Mg^{2+} 浓度的增大 Cr^{6+} 去除效果，呈现出显著的抑制作用，溶液中 Ca^{2+} 与 Mg^{2+} 浓度越高，抑制作用越强，并且 Mg^{2+} 对 Cr^{6+} 抑制作用强于 Ca^{2+}，通过增加 CTS-GSH 投加量，可以减小或消除这种抑制作用。由图 2.26(a) 可见，当水样中 Mg^{2+} 浓度分别为 0.5mmol/L、1.5mmol/L、2.5mmol/L 时，CTS-GSH 投加量为 20mg/L，Cr^{6+} 去除率为分别为 27.5%、22.5%、21.5%，相比水样中无 Mg^{2+} 时，Cr^{6+} 去除率分别下降 6.5%、11.5%和 12.5%；当 CTS-GSH 投加量为 100mg/L，Cr^{6+} 去除率为分别为 86.0%、82.0%、75.0%，相比水样中无 Mg^{2+} 时，水样中 Mg^{2+} 浓度为 0.5mmol/L，Cr^{6+} 去除率增加了 0.5%，Mg^{2+} 浓度分别为 1.5mmol/L、2.5mmol/L，Cr^{6+} 去除率分别下降了 3.5%、10.5%。由图 2.26（b）可见，当水样中 Ca^{2+} 浓度分别为 0.5mmol/L、1.5mmol/L、2.5mmol/L 时，CTS-GSH 投加量为 20mg/L，Cr^{6+} 去除率为分别为 32.5%、31.5%、

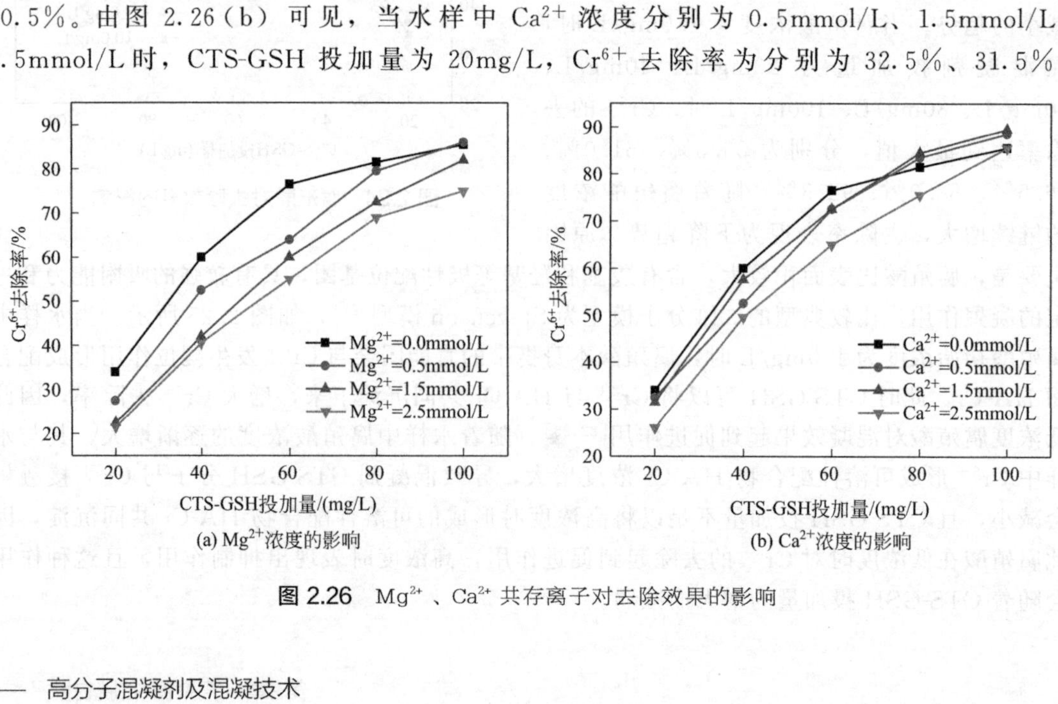

图 2.26　Mg^{2+}、Ca^{2+} 共存离子对去除效果的影响

26.0%，相比水样中无 Ca^{2+} 时，Cr^{6+} 去除率分别下降 1.5%、2.5%和 8.0%；当 CTS-GSH 投加量为 100mg/L，Cr^{6+} 去除率为分别为 88.5%、89.5%、85.5%，相比水样中无 Mg^{2+} 时，Cr^{6+} 去除率分别增加了 3.0%、4.0%、0.0%。主要原因是，Ca^{2+}、Mg^{2+} 可与 CTS-GSH 分子中的羧基、氨基、巯基等发生配位反应，生成配合物，减少 CTS-GSH 分子与 Cr^{6+} 相互作用的机会，使 Cr^{6+} 去除效果下降，且随着水样中 Ca^{2+}、Mg^{2+} 浓度的增大，溶液中所带正电荷浓度增大，离子强度增大，阻碍了 CTS-GSH 分子与 Cr^{6+} 发生配位作用，也使 Cr^{6+} 去除效果下降，但这种作用会随着 CTS-GSH 投加量的增大而减弱。这种抑制作用与所带电荷数量和离子半径有关，Ca^{2+}、Mg^{2+} 电荷数相同，且 Mg^{2+} 半径＜Ca^{2+} 半径，因此抑制作用相比 Mg^{2+} 更为明显[24]。

2.6.10 SO_4^{2-}、CO_3^{2-} 对去除效果的影响

天然水体中，不仅含有天然有机物（DOM），还存在大量共存阴离子，如 SO_4^{2-}、CO_3^{2-}、Cl^-、NO_3^-、$H_2PO_4^-$ 和 F^- 等，研究发现其对混凝过程有重大影响[25]。室温下，当 Cr^{6+} 初始浓度为 5.0mg/L 时，按照混凝实验方法，固定其他条件不变，分别考察不同浓度下 SO_4^{2-}、CO_3^{2-} 共存条件对 Cr^{6+} 去除效果的影响，控制 SO_4^{2-} 或 CO_3^{2-} 离子浓度分别为 0.0mmol/L、0.5mmol/L、1.5mmol/L、2.5mmol/L，结果如图 2.27 所示。由图 2.27 可见，Cr^{6+} 去除效果随着 SO_4^{2-}、CO_3^{2-} 浓度的增大，呈现出显著的抑制作用且溶液中 SO_4^{2-} 与 CO_3^{2-} 浓度越高，抑制作用越强，且 CO_3^{2-} 对 Cr^{6+} 抑制作用强于 SO_4^{2-}。由图 2.27(a) 可见，当水样中 SO_4^{2-} 浓度分别为 0.5mmol/L、1.5mmol/L、2.5mmol/L，CTS-GSH 投加量为 20mg/L 时，Cr^{6+} 最小去除率分别为 17.5%、17.0%、16.5%；相比水体中无 SO_4^{2-} 时，Cr^{6+} 去除率分别下降 16.5%、17.0%、17.5%；当 CTS-GSH 投加量为 100mg/L 时，Cr^{6+} 最大去除率分别为 60.0%、54.5%、52.0%，相比水样中无 SO_4^{2-} 时，Cr^{6+} 去除率分别下降 25.5%、31.0%和 33.5%。由图 2.27(b) 可见，当水样中 CO_3^{2-} 浓度分别为 0.5mmol/L、1.5mmol/L、2.5mmol/L，CTS-GSH 投加量为 20mg/L 时，Cr^{6+} 最小去除率分别为 4.5%、5.5%、2.0%，相比水样中无 SO_4^{2-} 时，Cr^{6+} 去除率分别下降 29.5%、28.5%、32.0%；当 CTS-GSH 投加量为 100mg/L，Cr^{6+} 最大去除率分别为 44.5%、

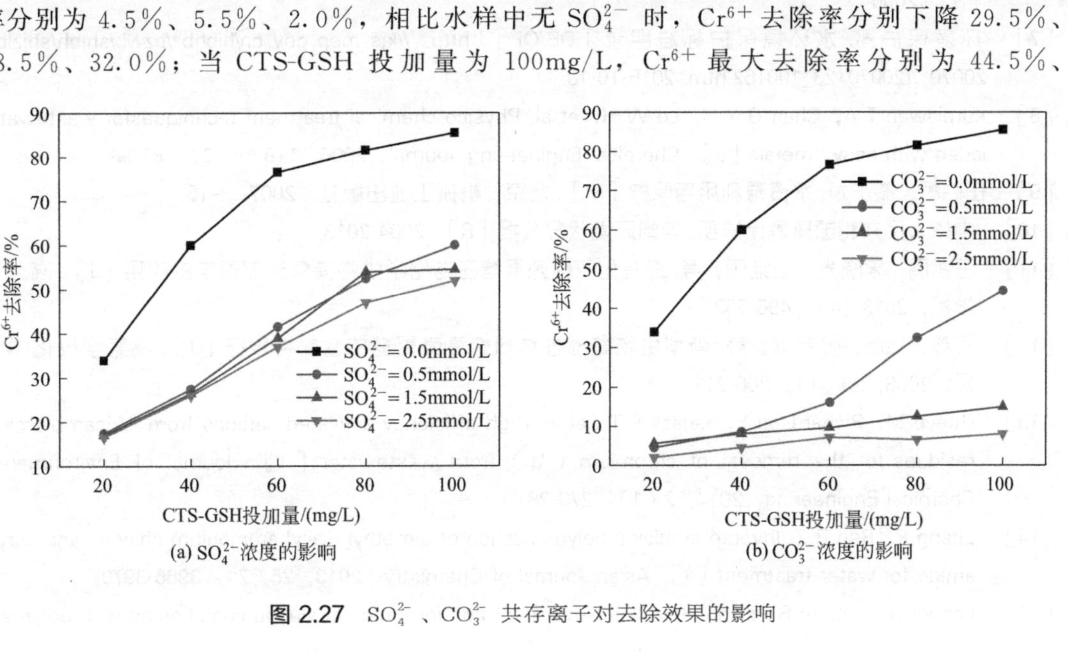

图 2.27 SO_4^{2-}、CO_3^{2-} 共存离子对去除效果的影响

15.0%和8.0%，相比水样中无 SO_4^{2-} 时，Cr^{6+}去除率分别下降41.0%、70.5%、77.5%。

主要原因是，在水溶液中，Cr^{6+}可与 SO_4^{2-}、CO_3^{2-} 发生配位反应，由配合物稳定常数可知，Cr^{6+}与 SO_4^{2-}、CO_3^{2-} 发生配位反应生成的配合物稳定性大小为：SO_4^{2-}<CO_3^{2-}，当水样中 SO_4^{2-} 和 CO_3^{2-} 浓度越高，与Cr^{6+}发生配位的可能性越大，导致CTS-GSH与Cr^{6+}发生混凝沉淀的机会越小，去除率下降。此外，理论上，阴离子会中和CTS-GSH分子链上的部分正电荷，使得CTS-GSH分子链趋于伸展状态，增加与Cr^{6+}碰撞机会，起到一定促进作用。本研究所讨论的 SO_4^{2-} 与 CO_3^{2-} 电荷数相同，而 SO_4^{2-} 水化离子半径<CO_3^{2-} 的水化离子半径[26]，其与CTS-GSH分子链之间距离不同，导致 CO_3^{2-} 的促进作用弱于 SO_4^{2-}，但在本研究考察浓度范围内，SO_4^{2-}、CO_3^{2-} 的抑制作用占主导地位。综上，本研究结论为 SO_4^{2-}、CO_3^{2-} 均对Cr^{6+}有抑制作用，且 CO_3^{2-} 对Cr^{6+}抑制作用强于 SO_4^{2-}。

参考文献

［1］ Qin G, Mcguire M J, Blute N K, et al. Hexavalent chromium removal by reduction with ferrous sulfate, coagulation, and filtration: a pilot-scale study［J］. Environmental Science & Technology, 2005, 39（16）: 6321-6327.

［2］ Liu Y Q, Liu Y G, Hu X J, et al. Adsorption of Cr(Ⅵ) by modified chitosan from heavy-metal polluted water of Xiangjiang River, China［J］. Transactions of Nonferrous Metals Society of China, 2013, 23: 3095-3103.

［3］ United States Environmental Protection Agency. The drinking water standards and health advisories［S］. EPA822-S-12-001, 2012.

［4］ World Health Organization. Guidelines for drinking-water quality［S］. 4rd ed. 2011.

［5］ European Union. Council Directive 98/83/EC on the quality of water intented for human consumption［S］. 1998.

［6］ 中华人民共和国卫生部，中国国家标准化管理委员会. GB 5749—2006 生活饮用水卫生标准［S］. 2006.

［7］ 环境保护部. 水环境保护标准目录［DB/OL］. http: //kjs.mep.gov.cn/hjbhbz/bzwb/shjbh/shjzlbz/200701/t20070123_100162.htm. 2015-10-18.

［8］ Kurniawan T A, Chan G Y S, Lo W H, et al. Physico-chemical treatment techniquesfor wastewater laden with heavy metals［J］. Chemical Engineering Journal, 2006, 118（s1-2）: 83-98.

［9］ 任伯帜，熊正为. 水资源利用与保护［M］. 北京：机械工业出版社，2007：1-18.

［10］ 中华人民共和国环境保护部. 中国环境状况公报［R］. 2004-2013.

［11］ 王凯丽，宋晓光，公维田，等. 巯基化改性壳聚糖在电化学生物传感器制备中的应用［J］. 高分子学报，2013（4）：496-503.

［12］ 王鑫，郑超，张新歌，等. 新型生物黏附性材料巯基壳聚糖的合成与表征［J］. 高等学校化学学报，2008，29（1）：206-211.

［13］ Gueye M, Richardson Y, Kafack F T, et al. High efficiency activated carbons from African biomass residues for the removal of chromium（Ⅵ）from wastewater［J］. Journal of Environmental Chemical Engineering, 2014, 2（1）: 273-281

［14］ Zhang P, Ren B Z. Inverse emulsion polymerization of dimethyl diallyl ammonium chloride and acrylamide for water treatment［J］. Asian Journal of Chemistry, 2013, 25（7）: 3966-3970.

［15］ Langer S J, Klute R, Hahn H H. Mechanisms of floc formation in sludge conditioning with polymers

[J]. Water Science & Technology, 1994, 30 (8): 129-138.
[16] Stumm W, Morgan J J. Chemical aspects of coagulation [J]. American Water Works Association, 1962, 64 (8): 971-693
[17] Mohan D, Pittman C U. Activated carbons and low cost adsorbents for remediation of tri- and hexavalent chromium from water [J]. Journal of Hazardous Materials, 2006, 137 (2): 762-811.
[18] 汤鸿霄. 浑浊水铝矾混凝机理的胶体化学观 [J]. 土木工程学报，1965 (1): 45-54.
[19] Zhang P, Zhang W, Zhu G C, et al. Preparation of polymeric phosphate aluminum-ferric chloride (PPAFC) and its application in humic acid removal [J]. Journal of Chemical and Pharmaceutical Research, 2014, 6 (5): 801-807.
[20] Zhang P, Ren B Z, Zhou Y, et al. Removal of humic acid from aqueous solution by dimethyl diallyl dmmonium chloride and acrylamide [J]. Asian Journal of Chemistry, 2013, 25 (8): 4431-4433.
[21] Stevenson F J 著. 腐殖质化学 [M]. 夏荣基译. 北京：北京农业大学出版社，1994: 191.
[22] Gu Y L, Yin M X, Zhang H M, et al. Study on the binding interaction of chromium(Ⅵ) with humic acid using UV-vis, fluorescence spectroscopy and molecular modeling [J]. Spectrochimica Acta Part A Molecular & Biomolecular Spectroscopy, 2015, 136: 1702-1709.
[23] Lv X S, Hu Y J, Tang J, et al. Effects of co-existing ions and natural organic matter on removal of chromium (Ⅵ) from aqueous solution by nanoscale zero valent iron (nZVI)-Fe_3O_4 nanocomposites [J]. Chemical Engineering Journal, 2013, 218 (3): 55-64.
[24] 栾兆坤，宇振东. 高分子混凝剂的混凝机理及其应用 [J]. 环境科学丛刊，1981 (3): 44-57.
[25] Ge F, Zhu L. Effects of coexisting anions on removal of bromide in drinking water by coagulation [J]. Journal of Hazardous Materials, 2008, 151 (2-3): 676-681.
[26] Nightingale E R. Phenomenological theory of ion solvation. effective radii of hydrated ions [J]. Journal of Physical Chemistry, 1959, 63 (9): 1381-1387.

第3章

聚丙烯酰胺-谷胱甘肽

聚丙烯酰胺（PAM）是一种常见有机高分子混凝剂，通常利用PAM上的酰胺基对其进行改性，将不同的官能基团接枝到PAM的长链上，得到具有多种官能基团聚丙烯酰胺衍生物。吴瑞林[1]将三乙烯四胺与二乙烯三胺分别接枝到PAM上合成两种新型阳离子混凝剂，并利用其对含Cd(Ⅱ)、Hg(Ⅱ)、Pb(Ⅱ）废水进行混凝实验研究，发现这两种混凝剂均具有螯合与混凝沉降去除Cd(Ⅱ)、Hg(Ⅱ)、Pb(Ⅱ）的双重功能。刘建以[2]聚丙烯酰胺混凝剂为骨架，以二乙烯三胺为接枝螯合基团，制得螯合基团接枝混凝剂CFA，研究CFA对模拟含Hg(Ⅱ）废水去除效果，结果表明经混凝处理后可使浓度为8.1mg/L的Hg(Ⅱ）去除率达99.5%。含有硫原子的巯基（—SH）与重金属离子有着极强的亲合力，可通过螯合反应与重金属离子形成稳定的螯合物。还原型谷胱甘肽（GSH）作为一种含有—SH、羧基、氨基和酰胺基等多种配位基团，是接枝改性PAM的理想反应单体。

以PAM分子链为骨架，依据Mannich反应机理，通过PAM上的酰胺基团带有活性氢与甲醛、GSH缩合，将具有多种配位功能基团的GSH接枝到PAM上合成同时具有与重金属Cd(Ⅱ）配位和混凝两种性能的新型巯基混凝剂聚丙烯酰胺-谷胱甘肽（PAM-GSH）。以模拟含Cd(Ⅱ）废水为处理对象，通过正交实验设计研究PAM-GSH在不同水质特征下对Cd(Ⅱ）去除效果，以期获得不同水质特征下主次影响因素，为PAM-GSH应用于含Cd(Ⅱ）废水处理提供参考。

3.1 PAM-GSH的制备原理与步骤

通过Mannich反应将GSH接枝到聚丙烯酰胺分子链上。Mannich反应本身就是具有活性氢的化合物与醛、氨基缩合，生成胺甲基衍生物的反应[3]。聚丙烯酰胺上的酰胺基团带有活性氢，因而可以通过甲醛与GSH缩合，从而接枝到聚丙烯酰胺的长链上，制备出重金属离子捕集混凝剂PAM-GSH。

PAM-GSH的制备步骤如下。准确称取一定质量AM加入250ml三颈烧瓶中并加入超纯水搅拌溶解；将一定质量尿素加入三颈烧瓶中，搅拌溶解；保持通入氮气进行保护；将一定质量引发剂过硫酸铵加入到三颈烧瓶中，并持续通入氮气机械搅拌 10min，最后密封三颈烧瓶置于 45℃恒温水浴锅中反应 4h 后将产物取出，即得到 PAM 胶体样品。

准确称取一定质量自制 PAM 胶体样品转移至 250mL 的烧杯中，并加入一定体积超纯水持续搅拌直至完全溶解。将溶解后的 PAM 溶液转移至三颈烧瓶中，加入 2mL 甲醛并调节 pH 值后保持恒温水浴 35℃。准确称取一定质量 GSH 加入到三颈烧瓶中，在保持恒温水浴 35℃条件下持续机械搅拌反应 4h，得到具有一定黏度的透明液体，对其进行抽滤，并将抽滤后的样品置于 60℃烘箱中真空烘干，得到淡黄色 PAM-GSH 固体产物。

3.2 混凝实验

本实验采用模拟含 Cd(Ⅱ) 水样，以 $CdCl_2$ 与超纯水配制而成。配制浓度为 10.0mg/L 的 $CdCl_2$ 溶液置于 250mL 烧杯中，加入适量混凝剂 PAM-GSH。混凝搅拌分为三个阶段：第一阶段 210r/min 快速搅拌 5min；第二阶段 50r/min 慢速搅拌 15min；第三阶段搅拌结束静置沉降 60min 后取距液面下 2cm 处清液，进行水样分析，测其残余 Cd(Ⅱ) 浓度。

3.3 Mn(Ⅱ)、Cd(Ⅱ)的检测方法

配置一组一定浓度梯度的 Mn(Ⅱ)、Cd(Ⅱ) 标准溶液，由低浓度到高浓度依次通过原子吸收光谱仪测定其吸光度 A。以测得的吸光度 A 为纵坐标，Mn(Ⅱ)、Cd(Ⅱ) 浓度 C 为横坐标，绘制 Mn(Ⅱ)、Cd(Ⅱ) 浓度标准曲线，如图 3.1 所示。

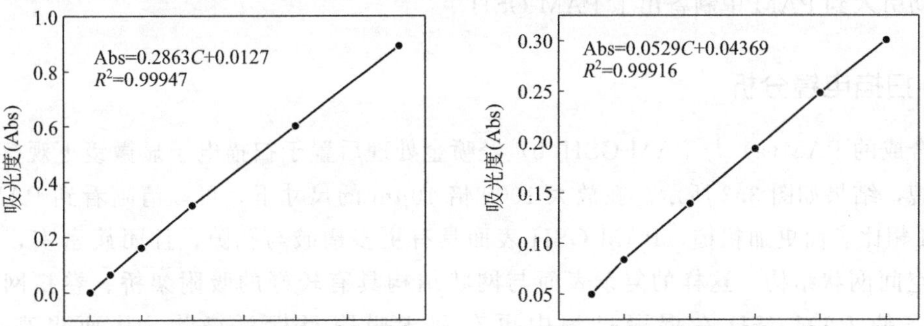

图 3.1 Mn(Ⅱ)、Cd(Ⅱ)标准曲线

根据标准曲线，通过原子吸收光谱仪测定混凝实验后水样中剩余 Mn(Ⅱ)、Cd(Ⅱ) 浓度，按照公式(3.1) 计算 PAM-GSH 对 Mn(Ⅱ)、Cd(Ⅱ) 离子的去除率。

$$q=\frac{C_0-C_e}{C_0}\times 100\% \tag{3.1}$$

式中 C_0——处理前水样 Mn(Ⅱ)、Cd(Ⅱ) 离子浓度；

C_e——处理后水样 Mn(Ⅱ)、Cd(Ⅱ) 离子浓度。

3.4 PAM-GSH的表征

3.4.1 傅里叶红外光谱分析

将自制合成的 PAM 与 PAM-GSH 进行傅里叶红外光谱表征，分别得到其傅里叶红外光谱图如图 3.2 所示。由图 3.2 可知，PAM 的傅里叶红外图谱中 $3438cm^{-1}$ 处出现的宽强的吸收峰为仲酰胺基团的特征吸收峰，$2930cm^{-1}$ 处的尖峰为—CH_2—的特征峰，$1620cm^{-1}$ 处的尖强吸收峰为酰胺基上—C═O 的特征峰，$1550cm^{-1}$ 处存在的尖弱吸收峰为—COO—的特征峰，$1349cm^{-1}$ 处出现了—CH—弱的特征吸收峰。综合以上的各个波数处出现的特征吸收峰可以证明，自制合成的 PAM 的确为 PAM 成品，具有 PAM 成品的特性[4]。PAM-GSH 的傅里叶红外图谱中 $3419cm^{-1}$、$2933cm^{-1}$、$1630cm^{-1}$、$1523cm^{-1}$、$1346cm^{-1}$ 处也分别存在对应的 PAM 特征峰，然而对比 PAM-GSH 与 PAM 的图谱可以发现，PAM-GSH 在 $2500cm^{-1}$ 处出现了一个弱的—SH 基团特征吸收峰，这是由于—SH 基团本身的吸收强度较弱，且易受到分子间氢键作用的影响。由此证明，PAM 与 GSH 发生了酰胺反应，将—SH 基团成功引入到 PAM 中制备出了 PAM-GSH。

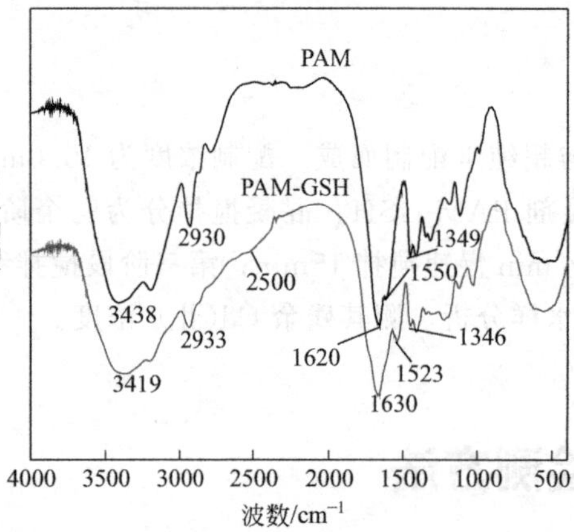

图 3.2 PAM、PAM-GSH 的傅里叶红外图谱

3.4.2 扫描电镜分析

将合成的 PAM(a) 与 PAM-GSH(b) 经喷金处理后置于扫描电子显微镜下观察样品的表面形貌，结果如图 3.3 所示。在放大 1000 倍 10μm 的尺寸下，可以清晰看到 PAM-GSH 与 PAM 相比表面更加粗糙，PAM-GSH 表面具有更多褶皱与孔隙，且团簇密实，呈现出一定的空间网状结构，这样的复杂表面与网状结构具有较好的吸附架桥、卷扫网捕和聚集能力，使 PAM-GSH 在混凝过程中更有利于吸附目标污染物，从而提高其混凝性能[4,5]。

图 3.4 为 PAM、GSH 与 PAM-GSH 的能谱分析，通过对三者进行元素扫描分析可知，PAM-GSH 同 PAM 相比能谱中出现了 GSH 巯基中特有的 S 元素，这可说明通过 Mannich 反应成功将 GSH 接枝到 PAM 分子链上[6]，制备出了新型巯基重金属离子捕集混凝剂 PAM-GSH。

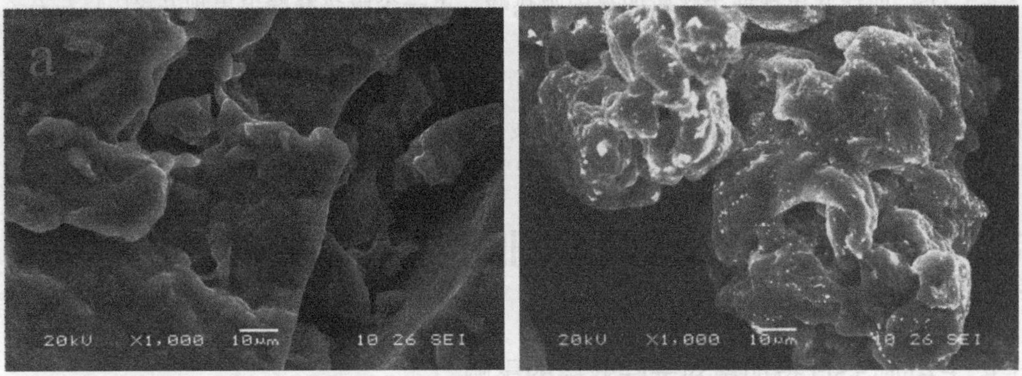

图 3.3 PAM、PAM-GSH 的扫描电镜图

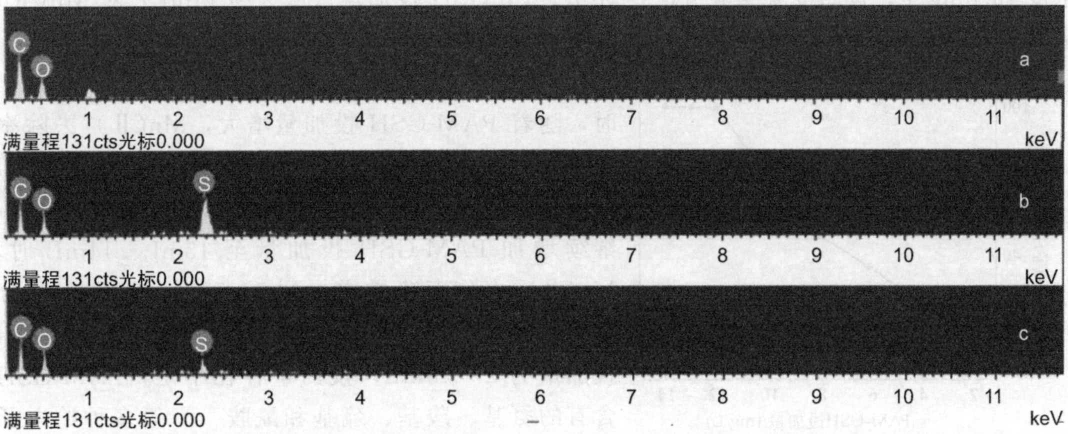

图 3.4 PAM、GSH、PAM-GSH 的能谱分析图

3.4.3 差热热重描分析

将 PAM-GSH 样品进行差热热重（TG-DSC）分析，得到其 TG-DSC 曲线如如图 3.5 所示。由图 3.5 可知，随着温度的升高，TG 曲线出现了三个热失重阶段。第一阶段在 26～210℃范围内，其失重现象主要是因为失去 PAM-GSH 中的吸附水[7]，在 210℃时失重达到 10.4%；第二阶段在 220～300℃范围内，PAM-GSH 开始发生分解，PAM-GSH 上发生了弱键的断裂以及 PAM-GSH 中结晶水的释放[8]，使分子结构遭到破坏，从而出现了一个平缓的失重曲线，在 300℃时失重达到 16.54%；第三阶段在 320～550℃范围内，随着温度的不断升高，PAM-GSH 上的碳链骨架结构逐渐断裂，从而出现了一个连续的失重阶段，失重达到

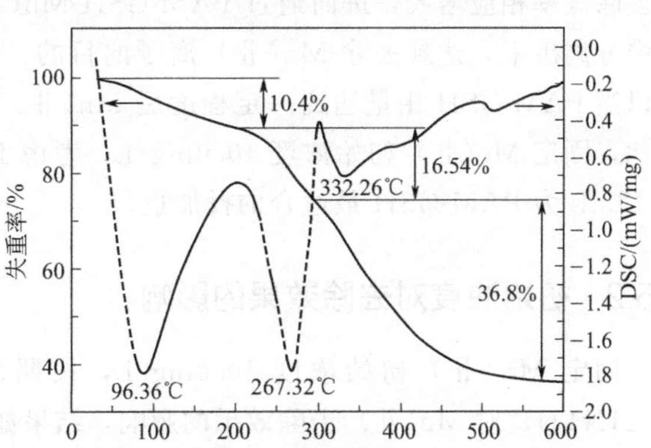

图 3.5 PAM-GSH 的差热热重曲线

36.8%。DSC曲线共出现两个比较明显的吸热峰，第一个吸热峰峰值出现在210℃左右，结晶的PAM-GSH逐渐吸热熔融，出现吸热峰；第二个吸热峰峰值出现在300℃附近，PAM-GSH主链发生裂解，出现吸热峰。继续升高温度，在500℃附近PAM-GSH发生碳化反应，最后PAM-GSH中的成分转变为碳，失重曲线保持恒定。

3.5 PAM-GSH去除Mn(Ⅱ)效果研究

3.5.1 PAM-GSH投加量对去除效果的影响

PAM-GSH浓度为7.037mg/mL，投加量以体积（mL）进行计算，固定Mn(Ⅱ)初始浓度10.0mg/L，按照混凝实验方法，研究PAM-GSH投加量（从2到14mL）对Mn(Ⅱ)去除效果的影响，结果如图3.6所示。

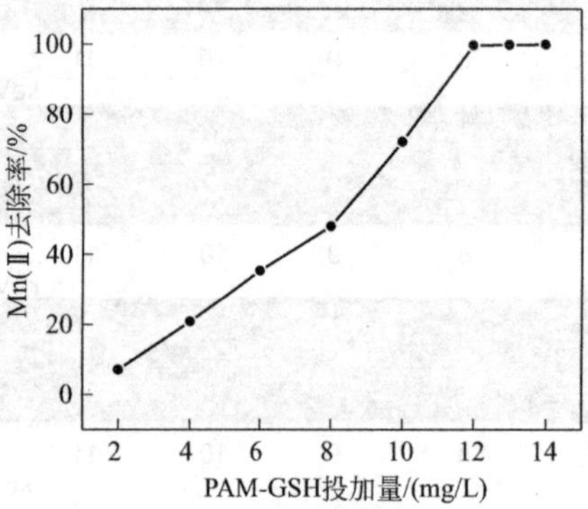

图3.6 PAM-GSH投加量对Mn(Ⅱ)去除效果的影响

由图3.6可知：当Mn(Ⅱ)初始浓度10.0mg/L时，随着PAM-GSH投加量增大，Mn(Ⅱ)去除率呈现先逐渐增大后保持稳定的趋势。当PAM-GSH投加量为12mL时，Mn(Ⅱ)去除率达到99.62%，继续增加PAM-GSH投加量至13mL、14mL时，Mn(Ⅱ)去除率略微增加到99.78%、99.84%。分析其原因是在Mn(Ⅱ)初始浓度一定时，PAM-GSH投加量为2～10mL，投药量存在不足，PAM-GSH含有的氨基、羧基、巯基和酰胺[9,10]等多种给电子配位基团不足以与溶液中的Mn(Ⅱ)发生相互作用形成配合物PAM-GSH-Mn(Ⅱ)，从而导致混凝去除效果不理想。随着PAM-GSH用量增加至12mL，与Mn(Ⅱ)离子发生配位作用的基团增多，形成的PAM-GSH-Mn(Ⅱ)也增多，Mn(Ⅱ)离子去除效率相应增大，进而通过PAM-GSH-Mn(Ⅱ)相互吸附架桥作用形成絮体沉降从水体中分离出来，达到去除Mn(Ⅱ)离子的目的。而溶液中的Mn(Ⅱ)离子浓度是一定的，所以当PAM-GSH用量达到一定程度后Mn(Ⅱ)离子浓度变化幅度会变小最后趋于稳定。因此，固定Mn(Ⅱ)初始浓度10.0mg/L，考虑PAM-GSH成本和Mn(Ⅱ)去除效果，选取12mL为PAM-GSH最适合的投加量。

3.5.2 初始浊度对去除效果的影响

固定Mn(Ⅱ)初始浓度10.0mg/L，按照混凝实验方法，研究初始浊度（3.62～15.21NTU）对Mn(Ⅱ)去除效果的影响，结果如图3.7所示。

由图3.7可知：当Mn(Ⅱ)初始浓度10.0mg/L时，随着初始浊度增大，Mn(Ⅱ)去除率呈现先增大后减小的趋势。在3.26～10.40NTU的初始浊度范围内，Mn(Ⅱ)去除率从78.83%增加至87.47%，继续增大初始浊度，Mn(Ⅱ)去除率逐渐降低至79.90%。分析其原因是高岭土胶体颗粒本身带负电荷，在混凝过程中能够与带正电荷的Mn(Ⅱ)发生吸附电中和作用形成小絮体，进而被配合物 PAM-GSH-Mn(Ⅱ) 或者 PAM-GSH 吸附架桥形成大絮体共沉淀，所以适度水体浊度有利于强化 PAM-GSH 对 Mn(Ⅱ) 的去除效果[11]。但随着水体中浊度的增加，高岭土胶体颗粒吸附在 PAM-GSH 上，掩蔽 PAM-GSH 中配位基团，从而阻碍 Mn(Ⅱ) 与 PAM-GSH 发生配位作用形成 PAM-GSH-Mn(Ⅱ)，不利于 PAM-GSH 与高岭土胶体颗粒协同对 Mn(Ⅱ) 去除。因此，固定 Mn(Ⅱ) 初始浓度 10.0mg/L，考虑初始浊度与 PAM-GSH 协同对 Mn(Ⅱ) 去除效果，选取 10.40NTU 为最适初始浊度。

3.5.3 初始溶液 pH 值对去除效果的影响

固定 Mn(Ⅱ) 初始浓度 10.0mg/L，按照混凝实验方法，研究初始溶液 pH 值（2～11）对 Mn(Ⅱ) 去除效果的影响，结果如图 3.8 所示。

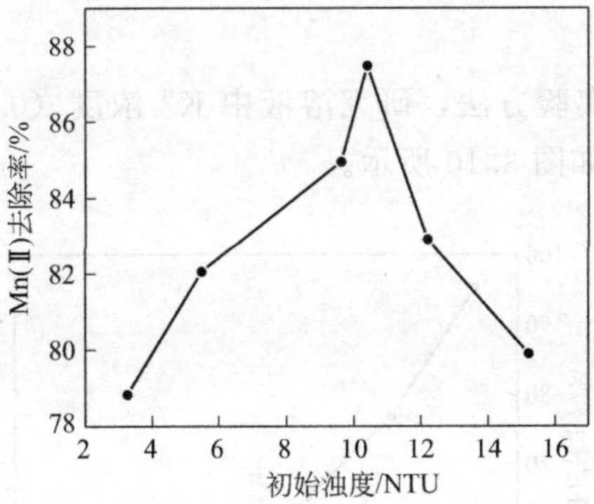

图 3.7 初始浊度对 Mn(Ⅱ) 去除效果的影响

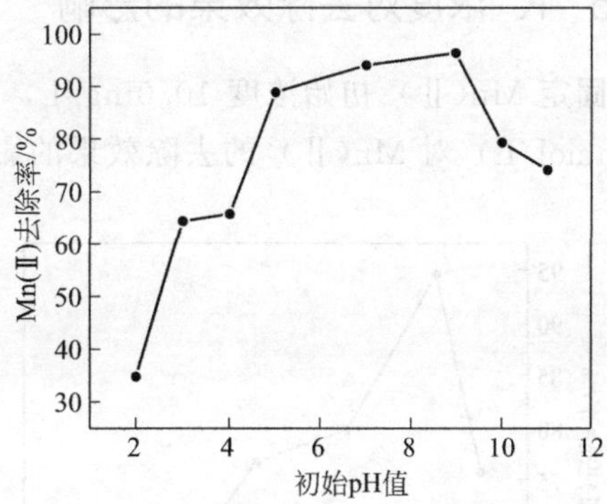

图 3.8 初始 pH 值对 Mn(Ⅱ) 去除效果的影响

由图 3.8 可知：当 Mn(Ⅱ) 初始浓度 10.0mg/L 时，随着初始溶液 pH 值增大，Mn(Ⅱ) 去除率呈现先增大后减小的趋势。在 2～4 的初始溶液 pH 值范围内，Mn(Ⅱ) 去除率从 34.81%逐渐增大至 65.77%；在 5～9 的初始溶液 pH 值范围内，Mn(Ⅱ) 去除率均高于 88%，当 pH=9 时，Mn(Ⅱ) 去除率达到最大为 96.35%；继续增大初始溶液 pH 值至11，Mn(Ⅱ) 去除率降低至 74.15%。在强酸性（即 pH 在 2、3、4）或者强碱性（即 pH 在 10、11）条件下，PAM-GSH 对 Mn(Ⅱ) 去除率降至 80%以下。分析其原因是在初始溶液 pH 值低于 5 时，PAM-GSH 中氨基（$—NH_2$）会上会带上 H^+，使氨基（$—NH_2$）质子化形成$—NH_3^+$，对带正电荷的 Mn(Ⅱ) 存在静电排斥作用，不利于氨基与 Mn(Ⅱ) 配位；PAM-GSH 中羧基（—COOH）在强酸环境中，水解成—COO—受到抑制，而—COO—能与 Mn(Ⅱ) 形成配位键，也不利于—COO—与 Mn(Ⅱ) 配位，所以导致 Mn(Ⅱ) 去除效果不理想。在高初始溶液 pH 值（≥10）区域，由于溶液中 OH—与 PAM-GSH 配位基团中给体原子（N、O、S）的孤对电子存在静电排斥与对 Mn(Ⅱ) 竞争作用，且 PAM-GSH 稳定性减弱，配位基团易被氧化从而失去配位能力，导致产物性能降低，所以造成 Mn(Ⅱ) 去除效果的下降[12]。因此，固定 Mn(Ⅱ) 初始浓度 10.0mg/L，考虑 PAM-GSH 稳定性和 Mn(Ⅱ) 去除效果，选取 7～9 为最适合的初始 pH 值范围。

3.5.4 静置时间对去除效果的影响

固定 Mn(Ⅱ) 初始浓度 10.0mg/L，按照混凝实验方法，研究静置值时间（0.5～5h）

对 Mn(Ⅱ) 去除效果的影响，结果如图 3.9 所示。

由图 3.9 可知：当 PAM-GSH 投加量一定时，随着静置时间的延长，Mn(Ⅱ) 去除率呈先增大后减小的趋势。在 0.5～1.0h 的静置时间范围内，Mn(Ⅱ) 去除率由 79.66%增大至 94.50%，分析其原因是 Mn(Ⅱ) 与 PAM-GSH 形成的配合物相互吸附架桥形成絮体存在一个由小变大逐渐沉降的过程，随着静置时间从 0.5h 延长至 1.0h，絮体逐渐变大并沉降完全；继续延长静置时间，PAM-GSH 与 Mn(Ⅱ) 相互作用形成的中间态配合物 PAM-GSH-Mn(Ⅱ) 不稳定，该 PAM-GSH-Mn(Ⅱ) 分解重新释放出 Mn(Ⅱ)，导致水体中 Mn(Ⅱ) 含量增加，最后 Mn(Ⅱ) 释放与重新配合达到平衡，水体中 Mn(Ⅱ) 含量趋于稳定。因此，固定 Mn(Ⅱ) 初始浓度 10.0mg/L，考虑 PAM-GSH 对 Mn(Ⅱ) 去除效果，选取 1.0h 为最适合的静置时间。

3.5.5 K^+ 浓度对去除效果的影响

固定 Mn(Ⅱ) 初始浓度 10.0mg/L，按照混凝实验方法，研究溶液中 K^+ 浓度（0.5～3.0mmol/L）对 Mn(Ⅱ) 的去除效果的影响，结果如图 3.10 所示。

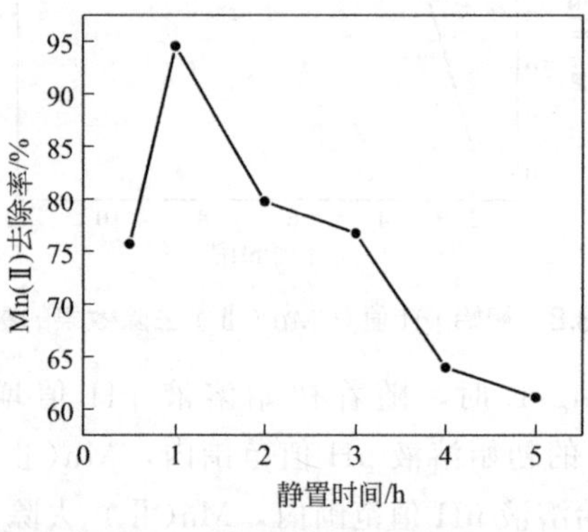

图 3.9 静置时间对 Mn(Ⅱ)去除效果的影响

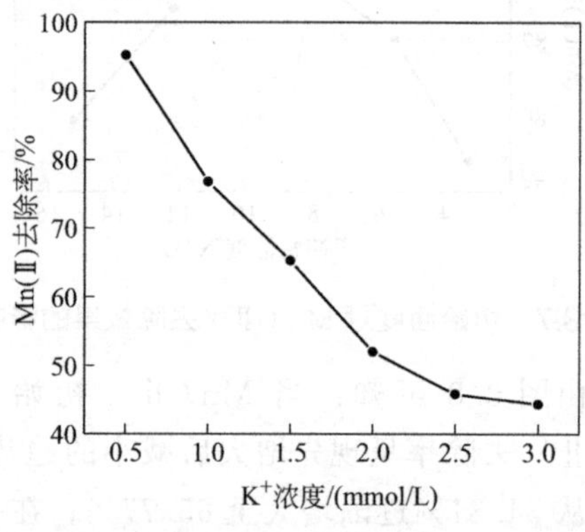

图 3.10 K^+ 浓度对 Mn(Ⅱ)去除效果的影响

由图 3.10 可知：当 Mn(Ⅱ) 初始浓度 10.0mg/L 时，随着溶液中 K^+ 浓度增大，Mn(Ⅱ) 去除率呈现连续减小的趋势。在 K^+ 浓度为 0.5～3.0mmol/L 范围内，Mn(Ⅱ) 去除率由 95.22%连续减小至 44.34%。分析其原因是 PAM-GSH 与带正电荷的金属离子发生相互作用时，PAM-GSH 配体分子中给体原子（N、O、S）的孤对电子会离域到金属离子的空轨道从而与之形成配位键，使得配体分子和金属离子之间出现了电荷转移，从而形成 PAM-GSH 与金属离子复合物，所以 K^+ 与 Mn(Ⅱ) 同 PAM-GSH 配位存在竞争关系[13]。有学者研究了谷胱甘肽及衍生物与金属离子相互作用指出所有的金属离子与 GSH 结合能（ΔE：反应 GSH 与金属离子之间相互作用能力大小）都是负值，且负值越大，金属离子与 GSH 结合能力越强，K^+ 的 ΔE 小于 Mn(Ⅱ) 的 ΔE，所以在低浓度 K^+ 条件下，K^+ 对 PAM-GSH 与 Mn(Ⅱ) 配位形成复合物影响小，此时 Mn(Ⅱ) 去除效果好。但随着溶液中 K^+ 浓度增加，K^+ 与 PAM-GSH 碰撞接触概率增大，相对 Mn(Ⅱ) 与 PAM-GSH 碰撞接触概率减小[13]，从而 PAM-GSH 与 Mn(Ⅱ) 配位形成复合物概率减小，使 Mn(Ⅱ) 去除效果降低。因此，固定 Mn(Ⅱ) 初始浓度 10.0mg/L，在 K^+ 浓度小于 0.5mmol/L 条件下，PAM-GSH 对 Mn(Ⅱ) 去除效果好。

3.6 PAM-GSH正交实验去除Cd(Ⅱ)效果研究

为探究 PAM-GSH 对重金属 Cd(Ⅱ) 的去除效果，采用正交实验法设计 PAM-GSH 投加量、初始浊度、初始 pH 值、静置时间、K^+ 浓度的 5 因素 4 水平正交实验，以 PAM-GSH 对 Cd(Ⅱ) 的剩余浓度为考察指标，PAM-GSH 除 Cd(Ⅱ)L16(45) 正交实验设计具体内容如表 3.1 所示。

表 3.1 PAM-GSH 除 Cd(Ⅱ)L16(45) 正交实验设计表

水平	A	B	C	D	E
	PAM-GSH 投加量/mL	初始浊度	初始 pH 值	静置时间/h	K^+ 离子浓度/(mmol/L)
1	6	7.1	6	0.5	0.5
2	8	10.1	7	1	1.0
3	10	13.2	8	2	1.5
4	12	15.1	9	3	2.0

选用实验次数 $L=16$ 进行正交实验设计，将合成的 PAM-GSH 对含 Cd(Ⅱ) 模拟废水进行混凝实验，对 PAM-GSH 投加量、初始浊度、初始 pH 值、静置时间、K^+ 离子浓度 5 个因素分别编号为 A、B、C、D、E，PAM-GSH 去除 Cd(Ⅱ) 实验设计方案与结果如表 3.2 所示。由表 3.2 可知，A、B、C、D、E 分别对应的极差 R 值大小依次为 1.035、0.832、1.740、1.168、2.326，比较极差 R 值大小可以得出 5 个因素对剩余 Cd(Ⅱ) 浓度影响程度为：K^+ 浓度>初始 pH 值>静置时间>PAM-GSH 投加量>初始浊度，K^+ 离子浓度为影响混凝去除 Cd(Ⅱ) 效果的最主要因素，分析其原因可能是 K^+ 同 Cd(Ⅱ) 与 PAM-GSH 中巯基存在配位竞争作用，且 K^+ 与巯基配位结合能力强于 Cd(Ⅱ)。因此，造成 PAM-GSH 对 Cd(Ⅱ) 去除效果明显降低。

表 3.2 PAM-GSH 去除 Cd(Ⅱ) 实验设计及结果

所在列 因素	A PAM-GSH 投加量/mL	B 初始浊度/NTU	C 初始 pH 值	D 静置时间/h	E K^+ 浓度 /(mmol/L)	剩余浓度 /(mg/L)
实验 1	6	7.1	6	0.5	0.5	6.327
实验 2	6	10.2	7	1	1.0	6.45
实验 3	6	13.1	8	2	1.5	6.353
实验 4	6	15.2	9	3	2.0	6.12
实验 5	8	7.1	7	2	2.0	7.943
实验 6	8	10.2	6	3	1.5	9.794
实验 7	8	13.1	9	0.5	1.0	3.728
实验 8	8	15.2	8	1	0.5	6.134
实验 9	10	7.1	8	3	1.0	6.488
实验 10	10	10.2	9	2	0.5	6.195
实验 11	10	13.1	6	1	2.0	8.739
实验 12	10	15.2	7	0.5	1.5	7.968
实验 13	12	7.1	9	1	1.5	8.21

续表

所在列 因素	A PAM-GSH 投加量/mL	B 初始浊度/NTU	C 初始 pH 值	D 静置时间/h	E K^+ 浓度 /(mmol/L)	剩余浓度 /(mg/L)
实验 14	12	10.2	8	0.5	2.0	6.972
实验 15	12	13.1	7	3	0.5	7.265
实验 16	12	15.2	6	2	1.0	6.352
K_1	6.313	7.242	7.803	6.249	6.480	
K_2	6.900	7.353	7.407	7.383	5.755	
K_3	7.348	6.521	6.487	6.711	8.081	
K_4	7.200	6.644	6.063	7.417	7.444	
极差 R	1.035	0.832	1.740	1.168	2.326	
因素主次	E>C>D>A>B					
最优方案	$A_3B_2C_1D_4E_3$					

参考文献

［1］ 吴瑞林. 螯合絮凝剂的制备及其从废水中去除重金属离子 Cd^{2+}、Hg^{2+}、Pb^{2+} 研究［D］. 长安大学，2012.

［2］ 主建，闫英桃，侯兴汉. 二乙烯三胺接枝螯合絮凝剂的制备及其除汞性能［J］. 环境科学报，2009（12）.

［3］ 朱俊任，郑怀礼，张智，等. 响应面法优化制备 PAFS-CPAM 复合混凝剂及其表征［J］. 化工学报，2012，63（12）：4019-4027.

［4］ Li Y，Wu J，Hu W，et al. A mechanistic analysis of the influence of iron-oxidizing bacteria on antimony (V) removal from water by microscale zero-valent iron［J］. Journal of Chemical Technology & Biotechnology，2018.

［5］ Bolto B，Gregory J. Organic polyelectrolytes in water treatment.［J］. Water Research，2007，41（11）：2301.

［6］ 高宝玉，刘总纲，岳钦艳，等. 聚硅硫酸铝混凝剂的性能研究［J］. 环境科学学报，2001，6（21）：31-36.

［7］ 王茜，赵磊. 新型无机高分子混凝剂研究进展［J］. 辽宁化工，2017（02）：185-186.

［8］ 梁龄予，王耀晶，闫颖，等. 玉米芯吸附水中 Cr(Ⅵ)的特性及 SEM-EDS 表征分析［J］. 生态环境学报，2015（2）：305-309.

［9］ 吴婷婷，顾文秀，夏文水. 壳聚糖在水处理中的应用进展［J］. 化工新型材料，2012，40（03）：26-29.

［10］ 张余，刘代琴，苏纯华，等. 新型重金属离子捕集剂的合成及其对废水中铜离子的捕集作用［J］. 化学研究，2011，22（01）：69-73.

［11］ 张翠玲，常青. 巯基化条件对巯基乙酰壳聚糖除镉性能的影响［J］. 环境工程学报，2010，4（11）：2446-2448.

［12］ 章敏，常青，王进喜，等. 高分子重金属混凝剂 MAC 除 Cu^{2+}、去浊性能［J］. 环境科学学报，2007，（12）：1994-2000.

［13］ Liu J，Liu H，Li Y，et al. Probing the coordination properties of glutathione with transition metal ions (Cr,Mn,Fe,Co,Ni,Cu,Zn,Cd,Hg) by density functional theory［J］. Journal of Biological Physics，2014，40（4）：313-23.

第4章

聚合硫酸铝钛

化学混凝沉淀法除磷具有性能稳定、可靠等优点[1,2]，但常规铝盐、铁盐混凝剂（如硫酸铝、硫酸铁）在除磷过程中存在药剂投加量大、污泥处理处置难度大、低温易结晶等缺点。钛盐混凝剂作为一种新型水处理剂不仅能够有效地去除水体中颗粒物和有机物，而且还可以从混凝过程中产生的化学污泥中通过高温煅烧制备具有优良光催化活性的纳米 TiO_2 材料等优点[3,4]。因此以硫酸铝、硫酸钛为原料，在聚合硫酸铝的制备基础上引入硫酸钛，通过共聚反应，综合调控共聚反应合成聚合硫酸铝钛（PSAT）。

4.1 聚合硫酸铝钛的制备

（1）聚合硫酸铝钛（PSAT）制备方法

首先，根据预先设定钛铝摩尔比［n(Ti)/n(Al)］，分别称量一定质量硫酸铝与硫酸钛于烧杯中，加入适量体积纯水充分溶解；再根据预先设定碱化度［n(OH)/n(Ti＋Al)］在磁力搅拌作用下，逐滴加入 NaOH 溶液；最后将其置于适宜反应温度下，持续搅拌一定时间，常温静置熟化 24h，即制备出聚合硫酸铝钛（PSAT）。

（2）混凝实验

实验模拟水样：用某校湖水、磷酸二氢钾和高岭土配制，pH 值为 7.20±0.20，浊度为 120±10NTU，磷浓度为 6mg/L。混凝剂投加量以有效 Al 成分计，混凝搅拌条件为先 210r/min 快速搅拌 2min，再 50r/min 慢速搅拌 10min，静置沉降 30min 后取距液面 2cm 处清液，进行分析测定余浊与总磷剩余浓度。

（3）混凝剂形态表征

根据文献[5,6]，采用高铁试剂（Ferron）逐时络合比色分光光度法研究 PSAT 中 Al 形态。利用 Ferron 试剂与 Al 羟基络合物络合动力学差异，从而导致络合物吸光度随时间变化，根据络合反应完成时间将 Al 化合物在溶液中水解聚合形态划分为 Ala、Alb、Alc 三类。研究表明，在瞬间（0～1min）即可与 Ferron 试剂反应络合以 Ala 表示，包括快速络合的自由离子、单体及初聚物；在1～120min内完成与Ferron试剂络合以Alb表示，包括慢速络合的低聚合及中等聚合物；在120min后长时间难以与Ferron试剂络合反应的高聚物和铝的溶胶态，以Alc表示。总铝量等于以上三部分之和，及Alt＝Ala＋Alb＋Alc。

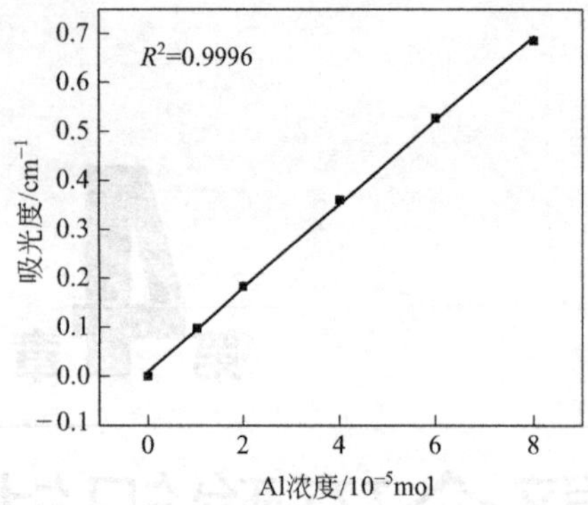

图 4.1　Ferron比色法测定铝的标准曲线

研究PSAT中Al形态时，在Al浓度为0～8×10^{-5}mol/L与pH值为5.2的缓冲溶液中进行，此时Al与Ferron试剂生成的络合物在363～370nm波长有最大吸收，且络合物吸光度与Al浓度呈线性关系。根据文献[7]，配制铝标准溶液，加入Ferron试剂，在TU-1901型紫外可见分光光度计上与370nm波长处测定吸光度（A），以Al浓度为横坐标，A为纵坐标绘制标准曲线（如图4.1所示），图中曲线关系为：

$$Y=0.00947+0.08558X$$

式中，X为Al浓度；Y为吸光度。

本研究采用Ferron逐时络合比色法分析PSAT在反应温度30～80℃、n(Ti)/n(Al)为0.1～0.6和n(OH)/n(Ti+Al)为0.1～0.6中Al形态变化。

4.2　制备条件对Al形态与混凝效果的影响

4.2.1　n（OH）/n（Ti+ Al）对Al形态与混凝效果的影响

为研究n(OH)/n(Ti＋Al)对混凝剂PSAT中Al形态与混凝效果的影响，固定其他影响条件，改变n(OH)/n(Ti＋Al)比值，混凝效果以余浊和总磷去除率为考察指标，结果如图4.2、图4.3所示。

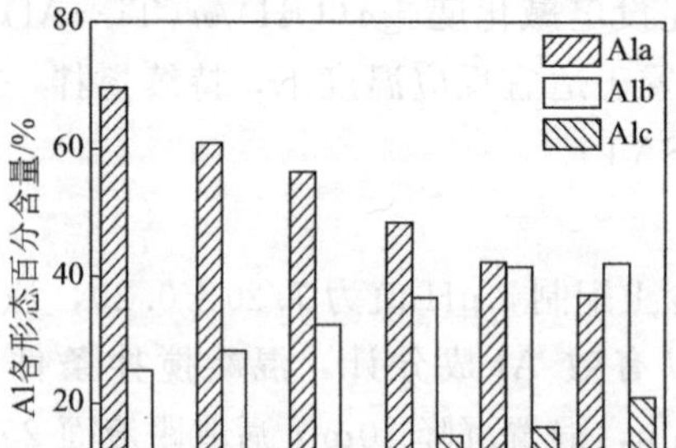

图 4.2　n（OH）/n（Ti+ Al）对Al形态的影响

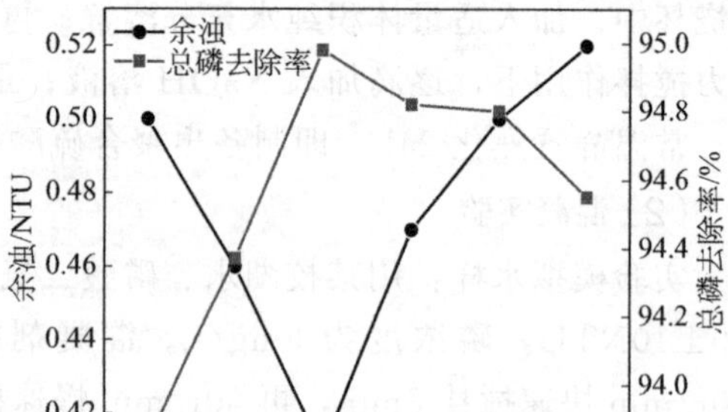

图 4.3　n（OH）/n（Ti+ Al）对混凝效果的影响

图4.2是n(OH)/n(Ti＋Al)为0.1～0.6条件下Al形态含量分布图。由图4.2可知，n(OH)/n(Ti＋Al)比值大小对Al形态含量分布存在明显影响。随着n(OH)/n(Ti＋Al)

增大，Ala 含量逐渐减少，Alb、Alc 含量逐渐增加。这是由于 $n(OH)/n(Ti+Al)$ 较小时，OH^- 浓度低，Al(Ⅲ) 主要与 OH^- 络合生成单核羟基配离子，因此 PSAT 中 Al(Ⅲ) 主要以 $Al(H_2O)_6^{3+}$ 及其他单核羟基配离子形态存在；随着 $n(OH)/n(Ti+Al)$ 增大，OH^- 浓度升高，部分单核羟基配离子进一步与羟基聚合生成 Al_{13} 等多核羟基配离子，且随着 $n(OH)/n(Ti+Al)$ 继续增大，聚合铝基本形态结构单元相应增大，从低聚合体向高聚合体转化，并从线型结构向环状面型结构转化[8,9]，因此 Ala 含量逐渐减少，Alb 与 Alc 含量逐渐增大。

由图 4.3 可知，随着 $n(OH)/n(Ti+Al)$ 增大，余浊呈现先减小后增大的趋势，总磷去除率呈现先增大后减小的趋势。当 $n(OH)/n(Ti+Al)$ 为 0.3 时，对浊度和总磷去除效果最好，剩余浊度降至 0.41NTU，总磷去除率达到 94.98%。这可能是由于随着 $n(OH)/n(Ti+Al)$ 增大，Al(Ⅲ) 化合物在溶液中水解聚合的三种形态 Ala、Alb、Alc 含量与 Ti(Ⅳ) 化合物在溶液中水解聚合的钛羟基聚合物相对稳定性发生变化造成。一方面，从 Ferron 逐时络合比色法研究 PSAT 中 Al 形态分析可知，$n(OH)/n(Ti+Al)$ 在 0.1～0.6 变化时，Ala 含量逐渐减少，Alb 与 Alc 含量逐渐增加。Ala 代表低聚合 Al（Ⅲ）水解产物，单位正电荷高，电中和能力强，但架桥能力弱；Alb 代表中等聚合 Al(Ⅲ) 水解产物，具有良好电中和与架桥能力，而且相对稳定性好，保证了混凝作用的有效发挥[9]；Alc 代表高聚合 Al(Ⅲ) 水解产物，正电性较弱，粒度大，易于沉淀，具有良好的架桥和吸附共沉淀能力。有文献报道[10]，Ala 对磷去除能力较 Alb、Alc 强，而 Alb、Alc 对浊度的去除效果优于 Ala。另一方面，PSAT 中 Ti(Ⅳ) 水解化合物形态逐渐从单体向聚合态转化，$n(OH)/n(Ti+Al)$ 增大，Ti(Ⅳ) 水解化合物的形态进一步从聚合态向高聚物转化，但部分高聚合度钛羟基聚合物不稳定，容易分解[11]。所以在 $n(OH)/n(Ti+Al)$ 较小时，Ti(Ⅳ) 化合物水解产物聚合度低，吸附架桥能力弱；随着 $n(OH)/n(Ti+Al)$ 增大，Ti(Ⅳ) 化合物水解形成大量单核或者多核钛羟基聚合物，具有极强电中和、吸附架桥与网捕卷扫能力[12]，能够有效对水体中悬浮物和磷酸根（PO_4^{3-}）进行电中和、吸附架桥与网捕卷扫作用，使污染物脱稳形成沉淀分离出来，以达到去除水体中污染物的目的；当 $n(OH)/n(Ti+Al)$ 大于 0.3 时，Ti(Ⅳ) 水解化合物形成的高聚合度钛羟基聚合物稳定性降低，容易分解，使 PSAT 混凝除浊除磷性能降低。因此，综合考虑 PSAT 对浊度和总磷去除效果，选取 $n(OH)/n(Ti+Al)=0.3$ 为优化制备条件。

4.2.2 温度对 Al 形态与混凝效果的影响

为研究反应温度对混凝剂 PSAT 中 Al 形态与混凝效果的影响，改变反应温度，固定其他影响条件，混凝效果以余浊和总磷去除率为考察指标，结果如图 4.4、图 4.5 所示。

图 4.4 是反应温度为 30～80℃条件下 Al 形态含量分布图。由图 4.4 可知，反应温度对 Al 形态含量分布存在一定影响。Ala 是主要形态，其含量在 78.94%～85.49%变化，随着反应温度升高，Ala 和 Alb 含量呈现先减小后增大的趋势，Alc 含量则呈现先增大后减小的趋势。这是由于 Al(Ⅲ) 水解为吸热反应，适当升高反应温度不仅可加速 Al(Ⅲ) 水解，而且可促进 Al(Ⅲ) 朝着深层水解方向顺利进行，使 Al(Ⅲ) 配合物中羟基增多，形成高聚合度羟基配合物，从而导致 Ala 和 Alb 含量减少，Alc 含量增加。当温度高于 60℃时，由于反应温度过高时，Al(Ⅲ) 形成的高聚合度羟基配合物相对稳定性降低，分解速率加快，羟基配合物上羟基数量减少，聚合度降低，最终导致 Ala 和 Alb 含量增加，Alc 含量减少。

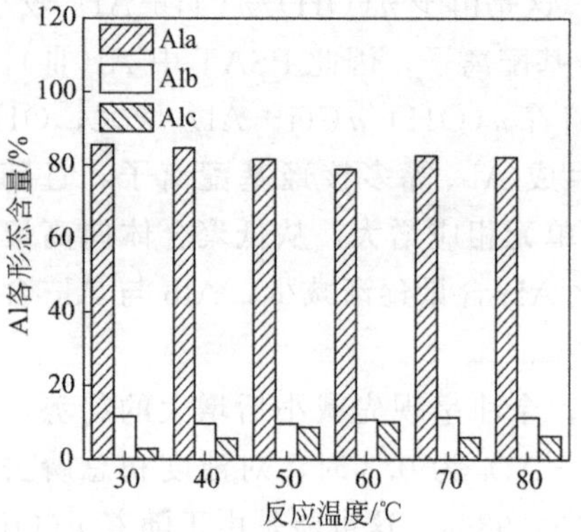

图 4.4　反应温度对 Al 形态的影响

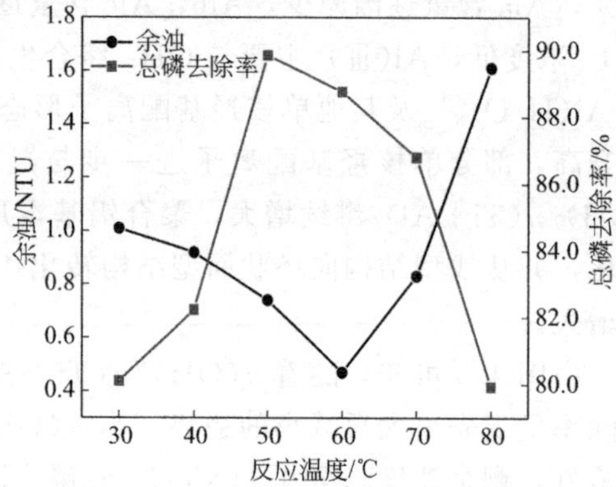

图 4.5　反应温度对混凝效果的影响

由图 4.5 可知，当反应温度分别为 30℃、40℃、50℃、60℃、70℃、80℃时，混凝效果随着反应温度升高，余浊呈现先减小后增大的趋势，总磷去除率呈现先增大后减小的趋势。当反应温度为 50℃时，对总磷去除效果达到最好为 89.86%；当反应温度为 60℃时，余浊降至最低为 0.47NTU。这是由于 PSAT 中 Al(Ⅲ) 与 Ti(Ⅳ) 水解速度极快，且为吸热反应，因此适当提高反应温度不仅可加快其水解速率，使形成的水解产物羟基增多，而且可促进 Al(Ⅲ) 与 Ti(Ⅳ) 朝着深层水解方向顺利进行，形成高聚合度羟基配合物。当温度高于 60℃时，Al(Ⅲ) 与 Ti(Ⅳ) 形成的高聚合度羟基配合物相对稳定性降低，这是因为反应温度过高，羟基配合物分解速率加快，结合羟基数量减少，导致羟基配合物聚合度降低，这一点也在 Ferron 逐时络合比色法研究反应温度对 Al 形态分析时得到验证，即当反应温度高于 60℃，Alc 含量出现降低，从而使 PSAT 的架桥、网捕性能降低，除浊除磷效果下降。因此，综合考虑 PSAT 对浊度和总磷去除效果，选取 50℃为优化制备条件。

4.2.3　n(Ti)/n(Al) 对 Al 形态与混凝效果的影响

为研究 n(Ti)/n(Al) 对混凝剂 PSAT 中 Al 形态与混凝效果的影响，固定其他影响条件，改变 n(Ti)/n(Al) 比值，混凝效果以余浊和总磷去除率为考察指标，结果如图 4.6、图 4.7 所示。

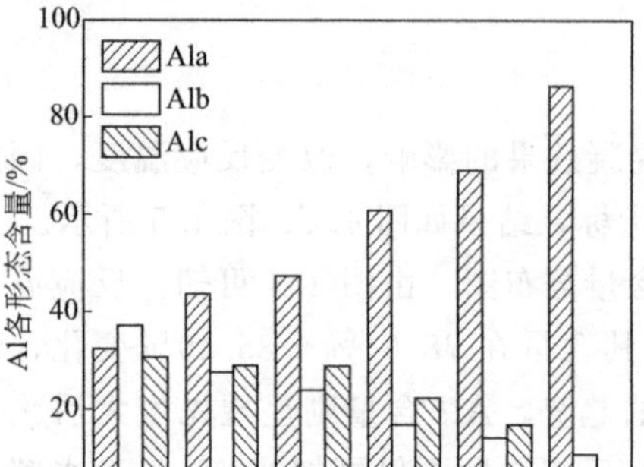

图 4.6　n(Ti)/n(Al) 对 Al 形态的影响

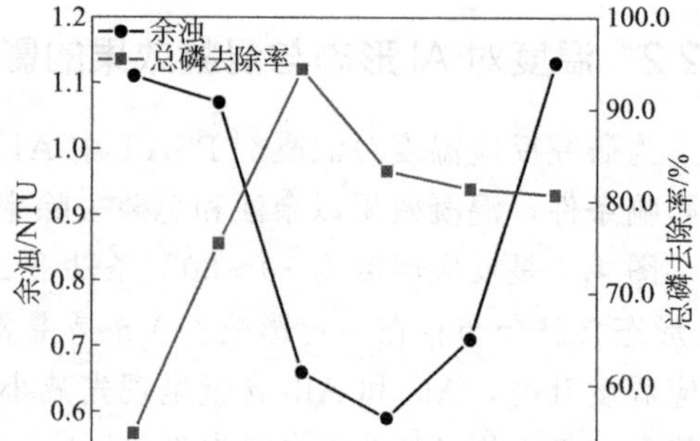

图 4.7　n(Ti)/n(Al) 对混凝效果的影响

图 4.6 是 n(Ti)/n(Al) 为 0.1～0.6 条件下 Al 形态含量分布图。由图 4.6 可知，

n(Ti)/n(Al) 比值大小对 Al 形态含量分布存在明显影响。随着 n(Ti)/n(Al) 增大，Ala 含量逐渐增加，Alb 含量先减少后保持相对稳定，Alc 含量先保持相对稳定后逐渐减少。这是由于 Ti(Ⅳ) 水解同 Al(Ⅲ) 水解存在对 OH^- 竞争作用，且 Ti(Ⅳ) 对 OH^- 竞争作用强于 Al(Ⅲ)，随着 Ti(Ⅳ) 含量增加，Al(Ⅲ) 含量相对减少；Ti(Ⅳ) 水解形态倾向于中高聚合度的钛配合物，而 Al(Ⅲ) 水解形态倾向于以 Ala 表示的自由离子、单体及初聚物。Ala 从占总含量的 32.30%增大到 86.43%，Alc 从占总含量的 30.64%减小到 2.92%。可见在 n(Ti)/n(Al) 为 0.1～0.6 之间存在一个最优值，使得 PSAT 中 Ti(Ⅳ) 与 Al(Ⅲ) 水解聚合物协同增效作用最优，从而获得优异的混凝效果。

由图 4.7 可知，随着 n(Ti)/n(Al) 增大，余浊呈现先减小后增大的趋势，总磷去除率呈现先增大后减小的趋势。当 n(Ti)/n(Al) 由 0.1 变为 0.3 时，总磷去除率由 54.73%增加至 94.33%达到最大值；继续增大 n(Ti)/n(Al)，总磷去除率逐渐降低至 80.70%。而当 n(Ti)/n(Al) 为 0.4 时，余浊降至最低 0.59NTU；继续增大 n(Ti)/n(Al)，余浊逐渐升高，当 n(Ti)/n(Al) 为 0.6 时，余浊升高至 1.13NUT。这是由于随着 n(Ti)/n(Al) 增大，PSAT 中 Ti(Ⅳ) 浓度升高，形成更多中高聚合度钛配合物，从而使 PSAT 具有一定链网状结构，提高混凝过程中架桥与网捕作用；但当 n(Ti)/n(Al) 过大时，由于硫酸钛水解呈强酸性，过多硫酸钛引入会导致水体 pH 降低，不利于混凝，导致除磷与除浊效果降低[13]。从 Ferron 逐时络合比色法研究 PSAT 中 Al 形态分析可知，随着 n(Ti)/n(Al) 增大，Ala 含量逐渐增加，Alb 与 Alc 含量逐渐减少，在 n(Ti)/n(Al) 为 0.3～0.4 时，PSAT 中 Al(Ⅲ) 与 Ti(Ⅳ) 的混凝协同增效作用达到最佳。因此，综合考虑 PSAT 对浊度和总磷去除效果，选取 n(Ti)/n(Al)＝0.3 为优化制备条件。

4.3 混凝剂的结构与形态表征分析

4.3.1 红外光谱分析

图 4.8 为 PSAT、硫酸铝（AS）、硫酸钛（TS）的傅里叶红外光谱曲线。由图 4.8 可知，在波数为 3100～3500cm^{-1}范围内，PSAT 的红外吸收峰与 AS 相比发生了蓝移现象，且存在一个较宽吸收峰，这是由于 PSAT 中与 Al、Ti 相连—OH 和样品吸附水分子中的—OH伸缩振动引起[14]。PSAT 光谱图中波数在 1676.04cm^{-1}处的尖峰是由水分子 H—O—H 引起的变角振动吸收峰，说明 PSAT 中存在大量铝钛羟基聚合物结构特征[15]；波数在 1090.61～1141.10cm^{-1}范围内，存在一个较宽弱的吸收峰，可能是 Ti—O—Al 键的非对称伸缩振动引起，而 Ti—O—Al 键有利于聚合形成高分子量的混凝剂，并在混凝过程中能够表现出更加优良的混凝性能[16]。在 AS 光谱图中 935.50cm^{-1}处的峰来自 Al—OH—Al 面内弯曲振动与键伸缩振动的吸收峰[17]，而 PSAT 中 Al—OH—Al 的吸收峰出现在 948.56cm^{-1}处，发生了红移现象。从 TS 红外图谱可知 Ti 离子吸收振动峰主要在波数为 450～780cm^{-1}之间。PSAT 在 489.51cm^{-1} 处出现了一个尖峰，这个尖吸收峰可能是由 Ti—O 复合键桥的伸缩振动引起，说明 PSAT 中 Ti 不是以单一离子形态存在。PSAT 红外图谱在波数为 763.11、709.80 和 665.43cm^{-1}处的峰主要是由 Ti^{4+} 水解产生的四价络合物

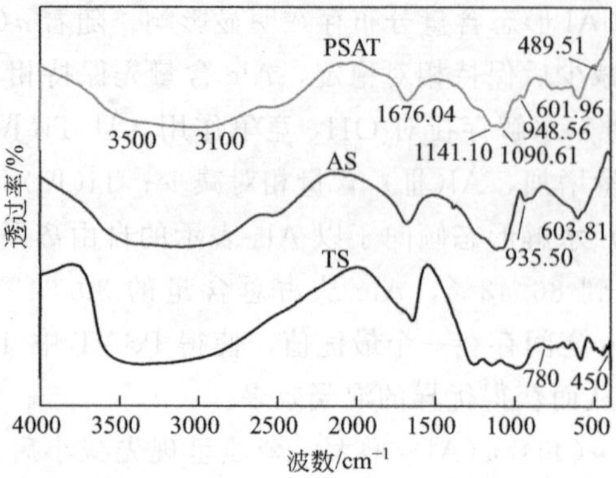

图 4.8 PSAT 和 AS、TS 傅里叶红外图谱

$[TiO_4]_n$ 中所含的 Ti—O—Ti 伸缩振动峰引起[18]。此外，PSAT 中 601.91cm^{-1} 处的峰为 Al—OH 的弯曲振动吸收峰，与 AS 中 603.81cm^{-1} 产生的 Al—OH 弯曲振动吸收峰相吻合。因此，通过对 PSAT 和 AS、TS 的红外光谱图对比分析，可说明硫酸铝（AS）与硫酸钛（TS）在共聚反应中相互之间发生了化学聚合反应，不是简单的物理混合。

4.3.2 X 射线衍射谱图分析

晶体物质可在确定角度产生一系列物质的特征衍射峰，而非晶体物质只出现漫散峰包，不产生敏锐特征峰[19,20]。图 4.9 为 PSAT 的 X 射线衍射图。由图 4.9 可知，与 PDF 卡片库中标准卡片对照，由于标准卡片库中未有 PSAT 的标准衍射图谱，所以不能通过对比标准衍射图谱来确认是否合成了 PSAT；但检索出混凝剂样品 2theta（degree）＝15°～40°之间出现了 Al_2TiO_5、$(Ti_{0.99}Al_{0.01})_2O_3$、$AlTiO_2$、$AlTi_3$ 物相的特征衍射峰，证明 Ti^{4+} 引入到混凝剂中与 Al^{3+} 生成了多种复杂的铝钛物相结构。有研究表明聚合物中复杂物相结构有利于增强混凝剂网捕与架桥能力[21]，在混凝过程中强化对污染物的去除，从而使 PSAT 表现出优异的混凝除浊除磷性能。

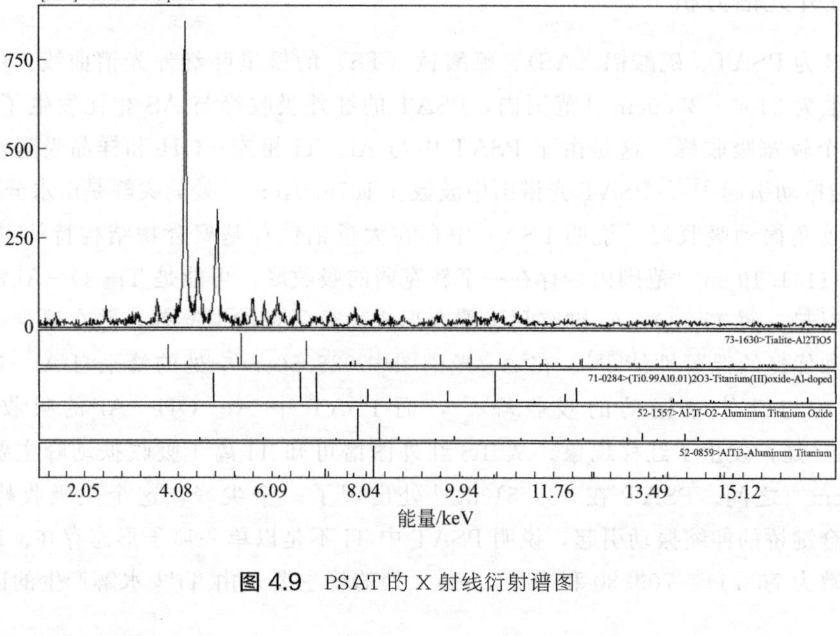

图 4.9 PSAT 的 X 射线衍射谱图

4.3.3 扫描电镜与能谱分析

图 4.10 是不同 $n(Ti)/n(Al)$ 比值条件下 PSAT 样品扫描电镜图。图 4.10(a) 和 (b) 是 $n(Ti)/n(Al)$ 为 0.3、(c) 与 (d) 是 $n(Ti)/n(Al)$ 为 0.1 时分别放大 200 倍和 1000 倍的扫描电镜图。通过对比可知，当 $n(Ti)/n(Al)$ 为 0.3 时 PATS 的团簇程度明显比 0.1 时紧密，且成一定网状结构。这可能由于随着钛盐含量增加，钛离子在溶液中形成的水解产物发生羟基架桥作用，生成不同聚合度的络合离子。这些络合离子吸附在铝离子水解产物表面或者与铝离子水解产物发生羟基架桥或者配位结合，形成具有网状结构的大分子共聚物[22,23]，在混凝过程中表现出优良的吸附架桥与网捕卷扫能力，易于与水体中污染物形成密实的絮体，缩短静置沉淀时间。

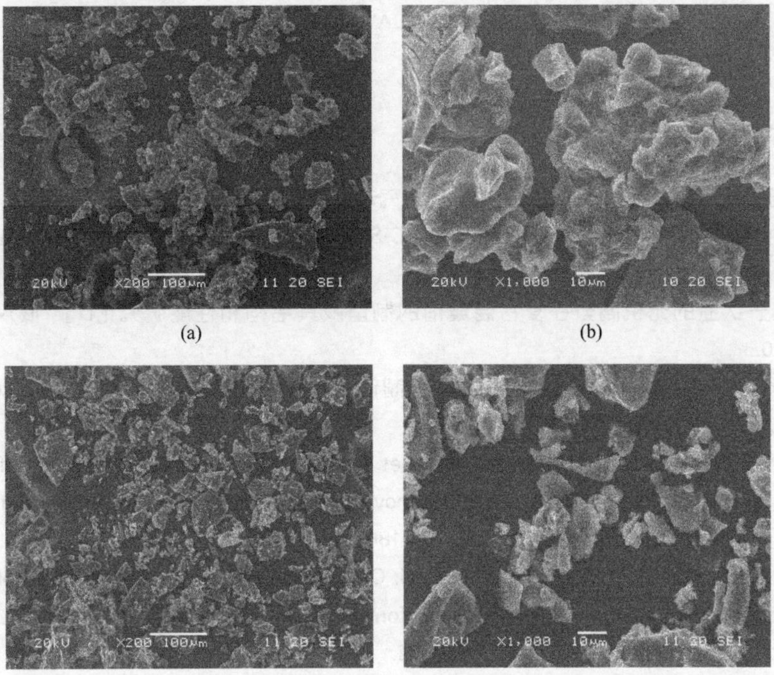

图 4.10 PSAT 的扫描电镜

表 4.1 为 PSAT 表面局部面扫描分析时元素百分含量数据，图 4.11 为 PSAT 表面局部面扫描分析结果。通过分析发现混凝剂 PSAT 以 O、S 和 Al 元素为主，且 Al 元素质量分数为 10.94%，此外还存在 Ti 元素，其中 Ti 元素质量分数为 1.94%。可见硫酸钛成功引入到硫酸铝中，与硫酸铝形成了无机复合混凝剂 PSAT。

表 4.1 PSAT 扫描分析的元素百分含量

元素	元素浓度	强度校正	含量/%（质量分数）	质量的离散程度/%	含量/%（原子分数）
O	74.69	0.8999	62.49	14.37	76.28
Al	12.21	0.8403	10.94	6.25	7.92
S	30.09	0.9195	24.63	9.02	15.01
Ti	2.05	0.7975	1.94	15.09	0.79
总量			100.00		

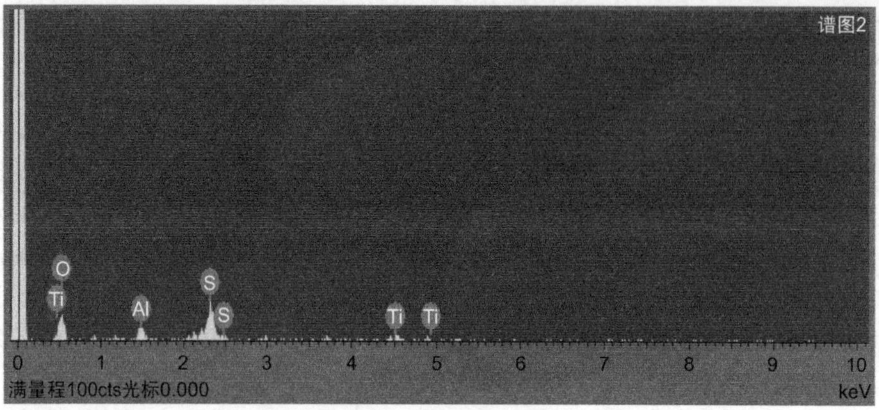

图 4.11 PSAT 能谱谱图

参考文献

［1］ 刘宁，陈小光，崔彦召，等. 化学除磷工艺研究进展［J］. 化工进展，2012，31（7）：1597-1603.

［2］ 李静萍，李超，孔爱平，等. 复合混凝剂 PAFC-ST-AM 的制备及其对模拟废水除磷率的试验［J］. 化工进展，2010，29（10）：1999-2002.

［3］ 刘娟. 基于钛盐的无机高分子复合混凝剂的制备及其结构和性能研究［D］. 武汉：武汉科技大学，2010.

［4］ 刘维，吴冰，曹江林，等. 钛对聚合硫酸铁制备与性能的影响［J］. 环境化学，2012，31（4）：437-442.

［5］ MATSYI Y，SHIRASAKI N，YAMAGUCHI T，et al. Characteristics and components of poly-aluminum chloride coagulants that enhance arsenate removal by coagulation：Detailed analysis of aluminum species［J］. Water Research，2017，118：177-186.

［6］ ZHAO Y X，PHUNNTSHO S，GAO B Y，et al. Comparison of a novel polytitanium chloride coagulant with polyaluminium chloride：coagulation performance and floc characteristics［J］. Journal of Environmental Management，2015，147：194-202.

［7］ HUANG X，GAO B Y，WANG Y，et al. Coagulation performance and flocs properties of a new composite coagulant：Polytitanium-silicate-sulfate［J］. Chemical Engineering Journal，2014，245（6）：173-179.

［8］ HUANG X，SUN S L，GAO B Y，et al. Coagulation behavior and floc properties of compound bioflocculant-polyaluminum chloride dual-coagulants and polymeric aluminum in low temperature surface water treatment［J］. 环境科学学报(英文版)，2015，30（4）：215-222.

［9］ TANG X M，ZHENG H L，WANG Y L，et al. Effect of fresh aluminum hydroxide gels on algae removal from micro-polluted water by polyaluminum chloride coagulant［J］. Journal of the Taiwan Institute of Chemical Engineers，2016，63：195-201.

［10］ 刘海龙，赵霞，焦茹媛，等. 聚合铝的水解形态对混凝过程中磷分布转化的影响［J］. 环境科学，2011，32（1）：102-107.

［11］ CHEKLI L，ERIPRET C，PARK S H，et al. Coagulation performance and floc characteristics of polytitanium tetrachloride (PTC) compared with titanium tetrachloride ($TiCl_4$) and ferric chloride ($FeCl_3$) in algal turbid water［J］. Separation & Purification Technology，2017，175：99-106.

［12］ ZHAO Y X，GAO B Y，CAO B C，et al. Comparison of coagulation behavior and floc characteristics of titanium tetrachloride ($TiCl_4$) and polyaluminum chloride (PACl) with surface water treatment [J]. Chemical Engineering Journal, 2011, 166 (2): 544-550.

[13] WU Y F, LIU W, GAO N Y, et al. A study of titanium sulfate flocculation for water treatment [J]. Water Research, 2011, 45 (12): 3704-3711.

[14] 陈伟，郑怀礼，翟俊，等. 聚合硫酸铁钛混凝剂的制备及红外、紫外-可见光谱分析 [J]. 光谱学与光谱分析，2016，36（4）：1038-1043.

[15] CAI N, WANG X, GUO D, et al. Titanium dioxide fibers prepared from two novel polytitanium precursors containing linear Ti-OH-Ti chains applied for photocatalytic degradation [J]. Materials Letters, 2015, 153: 191-194.

[16] WANG D S, TANG H X. Modified inorganic polymer flocculant-PFSi: its preparation, characterization and coagulation behavior [J]. Water Research, 2001, 35 (14): 3418-3428.

[17] NAN J, YAO M, CHEN T, et al. Breakage and regrowth of flocs formed by sweep coagulation using additional coagulant of poly aluminium chloride and non-ionic polyacrylamide [J]. Environ Sci Pollut Res Int, 2016, 23 (16): 16336-16348.

[18] XU H, JIAO R Y, XIAO F, et al. Effects of different coagulants in treatment of TiO_2-humic acid (HA) water and the aggregate characterization in different coagulation conditions [J]. Colloids & Surfaces A Physicochemical & Engineering Aspects, 2014, 446 (1): 213-223.

[19] WU Y F, LIU W, GAO N Y, et al. A study of titanium sulfate flocculation for water treatment [J]. Water Research, 2011, 45 (12): 3704-3711.

[20] HUSSAIN S, LEEUWEN J V, CHOW C W K, et al. Comparison of the coagulation performance of tetravalent titanium and zirconium salts with alum [J]. Chemical Engineering Journal, 2014, 254 (7): 635-646.

[21] ZHU G C, ZHENG H L, CHEN W, et al. Preparation of a composite coagulant: polymeric aluminum ferric sulfate (PAFS) for wastewater treatment [J]. Desalination, 2012, 285 (1): 315-323.

[22] OKOUR Y, SHON H K, El S I. Characterisation of titanium tetrachloride and titanium sulfate flocculation in wastewater treatment [J]. Water Science & Technology, 2009, 59 (12): 2463-2475.

[23] GAO M, YANG Y L, XU Z Q. Preparation of cationic polyacrylamide flocculant and its application in the treatment of coal slurry wastewater [J]. Advanced Materials Research, 2012, 560-561 (24): 591-594.

第5章

聚硅酸氯化铝钛

饮用水处理过程中混凝-沉淀是重要步骤之一，经过混凝沉淀过滤等常规处理后达到饮用水的浊度标准，因此选用制备效果好的混凝药剂成为了关键因素之一。我国净水厂采用的混凝药剂主要是铝系药剂，但是采用单一的铝系药剂有其相应的劣势，铝系药剂的使用导致余铝的残留对人类的神经系统有所损害[1]。聚硅酸是一种便宜易得且对人体无损害的无机高分子助凝剂，它与铝盐铁盐聚合反应对水体浊度处理具有良好的效果，此外，它与铝盐结合使用还能够降低余铝残余量[2,3]。钛是一种储量丰富的元素，在全部元素中排名第十，广泛分布在岩石圈和地壳中。钛是一种无毒的元素，且不会与人体发生反应，因此，它也广泛地应用于医学治疗[4]。此外，也有越来越多的学者利用钛盐作为一种混凝药剂来进行水处理。黄鑫[5]研究了聚合钛盐的混凝效果及混凝机制，发现对浊度水具有较好的处理效果。常鼎伟等[6]采用共聚法制备了聚硅酸硫酸铝钛并将其运用在低浊水的处理，发现它能将浊度降低至0.36NTU。本研究采用硅酸钠，氯化铝，四氯化钛为原料制备出聚硅酸氯化铝钛混凝药剂并将其处理某校湖水的低浊水，分析了不同$n(Ti)/n(Al)$，$n(OH)/n(Ti+Al)$、$n(Si)/n(Ti+Al)$以及不同的反应温度对混凝药剂处理低浊水的影响，并利用Al-Ferron逐时络合比色法对所制备的PATC进行了Al形态的分析，采用傅里叶红外光谱（FTIR）、X射线衍射（XRD）、扫描电镜与能谱分析（SEM-EDS）对PATC进行表征，通过正交试验得到了优化混凝条件。并将其与聚二甲基二烯丙基氯化铵进行复合，得到了性能更优的复合混凝剂。

5.1 聚硅酸氯化铝钛的制备

聚硅酸氯化铝钛的制备：配置0.5mol/L的SiO_2的硅酸钠溶液，缓慢滴加5mL浓硫酸至pH小于3，在室温情况下搅拌1h得到聚合硅酸钠溶液。称取一定质量的$AlCl_3$溶于纯水，冰冻30min后向$AlCl_3$溶液中加入$TiCl_4$，在磁力搅拌情况下加入一定量的NaOH溶液，在水浴锅中磁力搅拌1h。将得到的聚合硅酸钠溶液加入到不同反应温度，$n(Ti)/$

n(Al)、n(Si)/n(Al+Ti)、n(OH^{-1})/n(Al+Ti) 中磁力搅拌 1h，熟化 24h，得到聚硅酸氯化铝钛（PATC）。

混凝实验：实验模拟水样为某校湖水，浊度为 7～21NTU，pH=7.8±0.2。在模拟水样中投加所制备的 PATC，在 210r/min 的搅拌速度下快速搅拌 2min，然后在 50r/min 的转速慢速搅拌 10min，最后沉淀静置 30min，取液面下 2～3cm 处的上清液测定余浊。

混凝剂形态表征：采用 Al-Ferron 逐时络合比色法研究混凝剂中铝形态的分布情况。在 0～1min 与 ferron 试剂发生反应的为 Ala，在 1～120min 与 ferron 试剂发生反应的为 Alb，在 120min 后与 ferron 试剂发生反应的为 Alc，总铝等于 Ala、Alb、Alc 之和。本研究中 Al 形态分析的对象包括在 30℃、40℃、50℃、60℃、70℃、80℃；n(Ti)/n(Al)=0.1～0.6；n(Si)/n(Al+Ti)=0.2～1.2；n(OH^{-1})/n(Al+Ti)=0.1～0.6 反应条件下制备的 PATC。配置 Al 的标准溶液进行 Al-ferron 反应吸光度与浓度的标准曲线。Al 浓度为0～8×10^{-5}mol/L，在 362 波长下测定 Al-ferron 溶液的吸光度值，以吸光度（A）纵坐标，以 Al 溶度为横坐标绘制标准曲线如图 5.1 所示，并计算回归方程为：$Y=0.00947+0.08558X$。

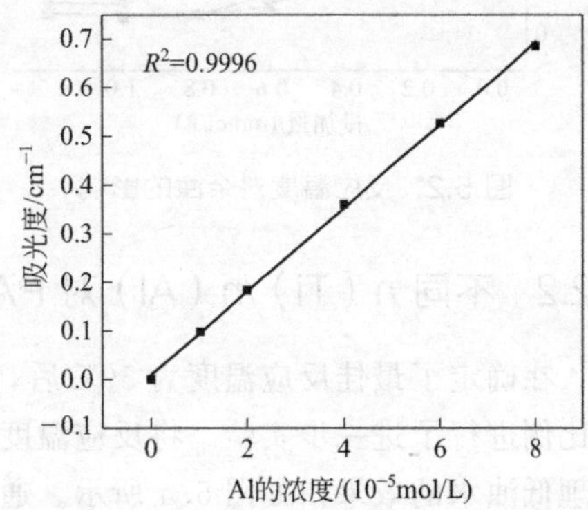

图 5.1　Ferron 比色法测定铝的标准曲线

5.2　制备条件对Al形态与混凝效果的影响

5.2.1　不同反应温度对 PATC 处理低浊水的影响

为确定制备 PATC 混凝剂的最佳反应温度，进行了六组不同反应温度下的实验。由图 5.2 可知，PATC 对低浊水的处理效果都是先急剧下降，然后在投加量大于 0.6mmol/L 时趋于平稳。由图 5.2 可以看出在反应温度为 50℃和 60℃时，PATC 对低浊水的处理效果最好，考虑到能耗与经济问题，因此将最佳反应温度定为 50℃，其在混凝剂投加量为 0.6mmol/L 时，余浊下降至 0.48NTU。结合 Al 形态在不同反应温度的分布情况（图 5.3）可以看出不同的反应温度对 PATC 中 Al 的形态存在着一定的影响，其中 Ala 的含量占比较高，主要分布在 73.25%～88.26%，Alb 和 Alc 的含量都不是很高，在反应温度为 50℃和 60℃时，其 Ala 的含量相比反应温度为 30℃、40℃所制得的 PATC 的 Ala 的含量稍高，且其 Alc 的含量高于 70℃和 80℃反应条件下做制备的混凝药剂。出现这种情况的原因可能在于 Al(Ⅲ) 的水解反应是吸热反应，因此在一定范围内温度的升高有利于增加传质作用和水解反应的进行，从而络合形成单核羟基配离子，使得 Ala 的含量增大[7]。此外，在 50℃，Alc 发生了一个骤降的过程，这可能是因为 PATC 中 Ti 对 Al 的形态造成了一定的影响，Ti 的水解也是一个吸热过程，且其竞争羟基的能力大于 Al，因此在一定的温度条件下，Ti 更多更快地结合了羟基形成中高聚度的钛的配合物，从而导致 Alc 的形态发生骤降。因此，针对低浊水的处理过程，主要是 Ti 和 Al 发挥的协同作用。

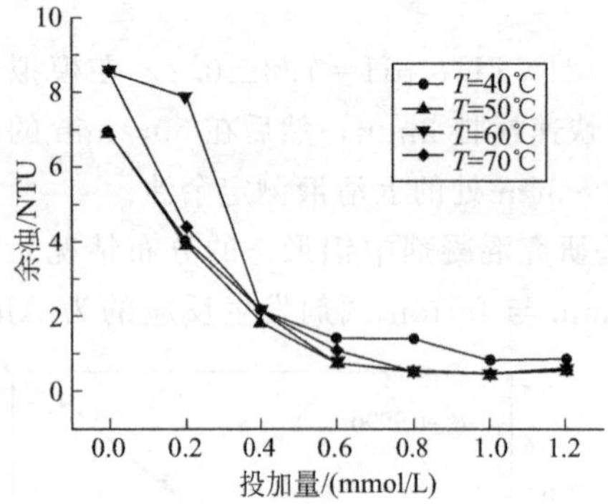

图 5.2 反应温度对余浊的影响

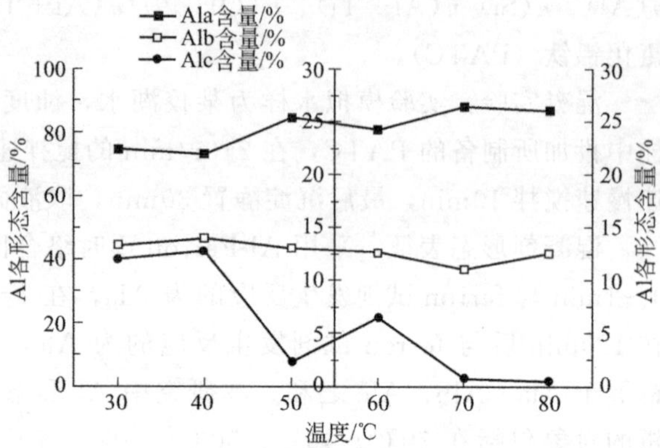

图 5.3 反应温度对 Al 形态的影响

5.2.2 不同 n（Ti）/n（Al）对 PATC 处理低浊水的影响

在确定了最佳反应温度为 50℃后，为确定不同钛铝比对混凝剂 PATC 处理低浊水的最佳比例进行了进一步实验。将反应温度固定在 50℃，改变不同的 $n(\mathrm{Ti})/n(\mathrm{Al})$ 制备 PATC 处理低浊水的效果，如图 5.4 所示。通过图 5.4 我们可以看出浊度随着混凝药剂的投加急剧降低，在投加量为 0.6mmol/L 时处理效果达到基本平稳，其处理后余浊可降至 0.44NTU，$n(\mathrm{Ti})/n(\mathrm{Al})=0.3$、0.4 时处理低浊水的效果差不多，而 $n(\mathrm{Ti})/n(\mathrm{Al})=0.5$、0.6 的效果比前两者的处理效果稍好，但是在考虑对低浊度水的处理效果以及经济效益选定 $n(\mathrm{Ti})/n(\mathrm{Al})=0.3$ 时是效果最好的制备混凝剂的比例条件。图 5.5 是在 $n(\mathrm{Ti})/n(\mathrm{Al})=0.1\sim0.6$ 的比例下所制备的 PATC 中 Al 的形态的分析，由图我们可以分析看出 Ala 呈现一个大致增加的过程，而 Alb 和 Alc 呈现一个基本下降的过程，并且 Ala 所占的比例较大，Alc 所占的比例最小。造成这样的现象是因为随着 $n(\mathrm{Ti})/n(\mathrm{Al})$ 比例的不断增大，Ti(Ⅳ) 在混凝剂中的含量在增大，相对来说，Al(Ⅲ) 的含量自然就减小了，并且 Ti(Ⅳ) 和 Al(Ⅲ) 的水解是存在着一定的竞争关系，Ti(Ⅳ) 竞争 OH^- 的能力要更强。而 Ti(Ⅳ) 的水解形态更加倾向于中高聚合度的钛配合物，Al(Ⅲ) 的水解形态主要是单核羟铝配合物，因此以 $Al(H_2O)_6^{3+}$、$Al(OH)(H_2O)_5^{2+}$ 等单体和初聚物即 Ala 形式存在的较多。$n(\mathrm{Ti})/n(\mathrm{Al})=0.3$ 时处理效果最佳的原因可能是因为加入的聚硅酸与 Al 盐、Ti 盐形成的 Si-Al 键和 Si-Ti 键相互作用产生的吸附架桥使其具有良好的处理效果[8]。

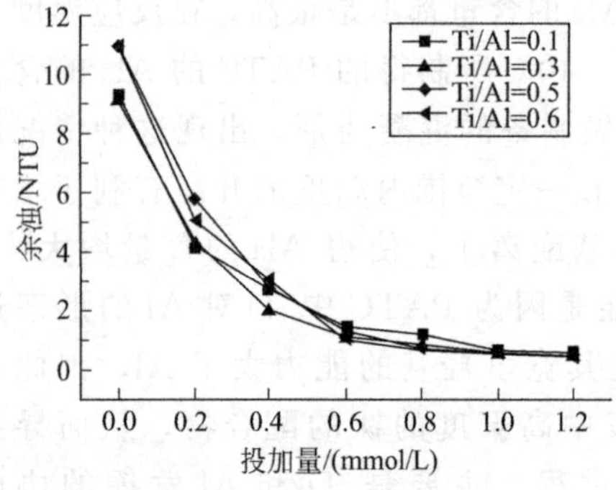

图 5.4 n（Ti）/n（Al）对余浊的影响

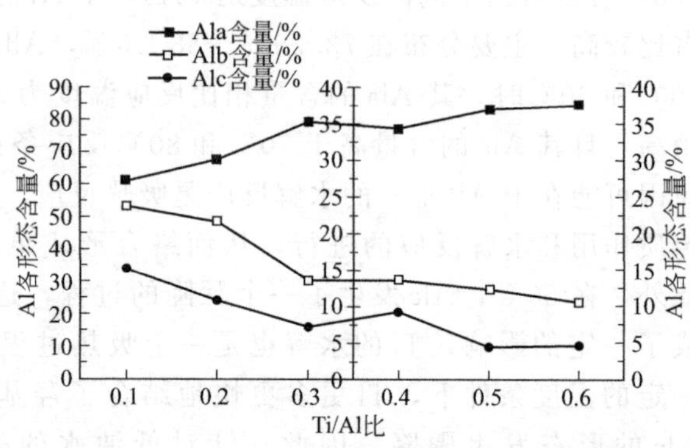

图 5.5 n（Ti）/n（Al）对 Al 形态的影响

5.2.3 不同 n（OH）/n（Al+ Ti）对 PATC 处理低浊水的影响

为研究 $n(OH)/n(Al+Ti)$ 对混凝药剂处理低浊水的影响，固定最佳温度和最佳 $n(Ti)/n(Al)$ 改变 $n(OH)/n(Al+Ti)=0.1\sim0.6$，不同 $n(OH)/n(Al+Ti)$ 对低浊水的处理效果如图 5.6 所示。从图 5.6 可以看出刚开始投加 PATC 水的浊度都在急剧下降，在投加量为 0.6mmol/L 时达到基本平稳的状态，并且我们可以根据图 5.6 得知，在 $n(OH)/n(Al+Ti)=0.2$ 时对低浊水的处理效果最佳，浊度最低能降至 0.44NTU。图 5.7 是对 PATC 中 Al 的形态的分析，从图中我们可以看出 Ala 在整个 Al 的形态中占的比例比较大，都大于 70%，其中 $n(OH)/n(Al+Ti)=0.2$ 时 Ala 的含量最大，Alb 随着 $n(OH)/n(Al+Ti)$ 的增大而增大，这是因为随着—OH 比例的增大，单核羟基络合物会进一步发生聚合形成 Al_{13} 等多核羟基聚合物。在 $n(OH)/n(Al+Ti)=0.2$ 时，Alc 的含量是最少的，这可能是因为 Ti 水解所造成的影响。随着—OH 的增大 Ti 的羟基聚合物也在增大，同时竞争了要与 Alb 发生进一步反应的羟基，Ti 水解后羟基聚合物的增加增强了混凝剂的吸附架桥和网捕卷扫的能力。在水处理的过程中，Ala 所代表的低聚合水解产物主要是发挥其电中和能力，Alb 组分主要是通过吸附电中和和吸附架桥的共同作用完成对胶体等污染物的处理，Al 高聚合的水解产物主要是通过吸附架桥和网捕卷扫起到混凝作用[9]。结合 Al 的形态分布 $n(OH)/n(Al+Ti)=0.2$ 时对低浊水的处理效果最好，可能是因为 Ala 的电中和能力和 Ti 的羟基聚合物的网捕卷扫的共同作用。

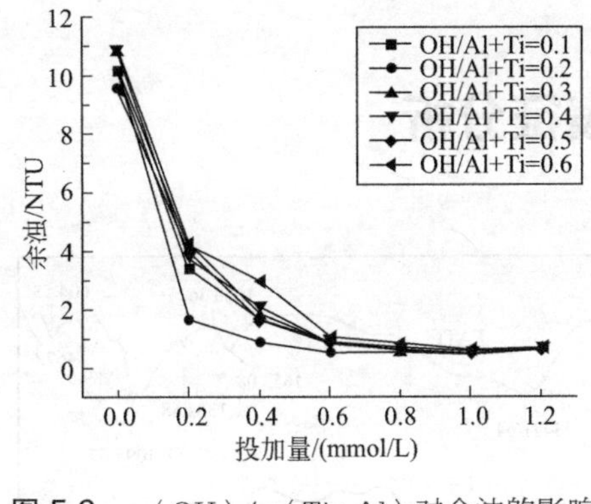

图 5.6 n（OH）/n（Ti+ Al）对余浊的影响

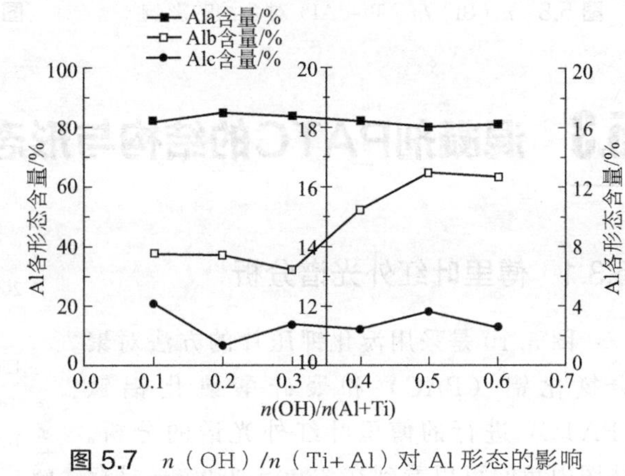

图 5.7 n（OH）/n（Ti+ Al）对 Al 形态的影响

5.2.4 不同 n(Si)/n(Ti+ Al）对 PATC 处理低浊水的影响

为了确定 $n(Si)/n(Ti+Al)$ 对混凝剂处理低浊水效果的影响，进行了进一步的研究，固定温度=50℃，$n(Ti)/n(Al)=0.3$，以及 $n(OH)/n(Al+Ti)=0.2$，改变 $n(Si)/n(Ti+Al)=0.2\sim1.2$ 确定不同条件下对低浊水的处理效果。图 5.8 为不同 $n(Si)/n(Ti+Al)$ 所制得的 PATC 对低浊水的处理情况，从图中我们可以看出，PATC 对低浊水有较好的处理效果，通过图 5.8 我们可以确定 $n(Si)/n(Ti+Al)=1.0$ 时为最佳处理条件，在投加量达到 0.6mmol/L 时达到平稳的状态，且其浊度最低能降至 0.51NTU。结合图 5.9 对不同 $n(Si)/n(Ti+Al)$ 下制得的 PATC 进行 Al 的形态分析，了解降低水浊度的基本反应机理。从图 5.9 可以看到，无论是何种比例的制备条件，Ala 都是含量最高的，说明在我们所制备的混凝剂中 Al 主要是以单核羟铝化合物的形式存在，少部分的以络合的聚合物的形式存在。进一步分析最佳 $n(Si)/n(Ti+Al)=1.0$ 下 Al 的形态分布和其他不同比例下 Al 的形态分布情况，我们可以知道，此时的 Alc 的含量最高，这与 Si 的引入有着密切的关系，根据有关文献[9]，聚硅酸与铝离子之间能够形成更大的络合铝硅聚集体，有助于发挥吸附架桥的能力，高分子的聚硅酸聚合成为网状有助于提高混凝剂的网捕卷扫能力进而助于浊度水的处理。并且 Ti 与 Si 发生的共聚反应增强了混凝剂的稳定性，在水中分散液能形成较大的颗粒，有助于胶体颗粒的去除[10]。在 $n(Si)/n(Ti+Al)=1.2$ 时，相比 $n(Si)/n(Ti+Al)=1.0$ 时，对低浊水的处理效果有少许降低，这可能是因为聚硅酸是一种阴离子型的无机高分子混凝剂，过高的聚硅酸会降低其电中和的能力从而降低其混凝能力[9,10]。

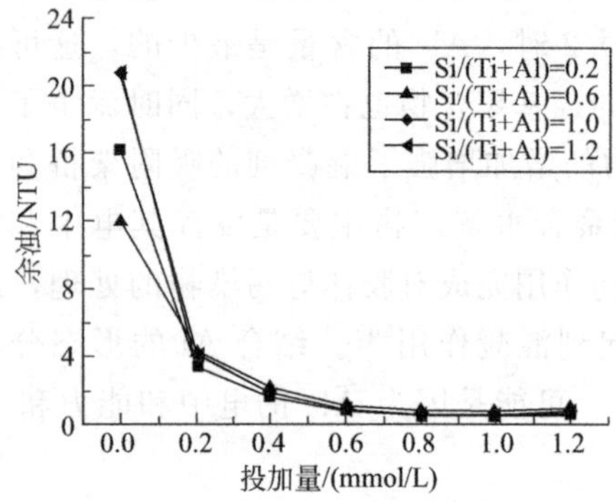

图 5.8 $n(Si)/n(Ti+Al)$ 对余浊的影响

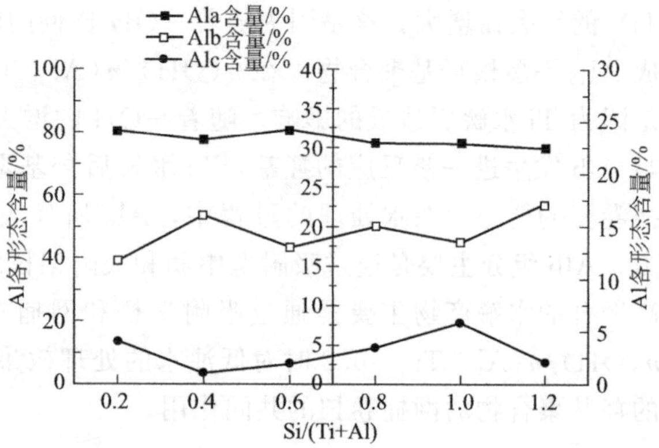

图 5.9 $n(Si)/n(Ti+Al)$ 对 Al 形态的影响

5.3 混凝剂PATC的结构与形态表征分析

5.3.1 傅里叶红外光谱分析

图 5.10 是采用溴化钾压片的方法对聚合氯化铝（PAC）和聚硅酸氯化铝钛（PATC）进行的傅里叶红外光谱的分析。从图中我们可以看到在 3300～3500cm^{-1}存在一个较宽的强吸收峰，这是由于与 Ti 和 Al 相连的—OH 和样品中水分子的—OH 的伸缩振动引起的[11]。波峰较宽，且出现了肩峰，这说明—OH 存在的化学环境是不相同的，并且从两者的图谱对比可看出 PATC 在该波峰点发生了红移现象，且其吸收面积较大，所以应存在着较多的羟基。在波数为 1653.08cm^{-1}时有一个尖峰，是因为由 PATC 结合水中的—OH 弯曲振动引起的。结合图 5.10 聚合氯化铝和聚硅酸氯化铝钛的光谱图，1560.36cm^{-1}处出现了 PAC 红外光谱图汇中未出现的一个尖峰，这可能是由于硅酸聚合的 Si—O—Si 的伸缩振动造成。1384.68cm^{-1}是由于混凝剂中 Al—O—Al 和Si—O—Si

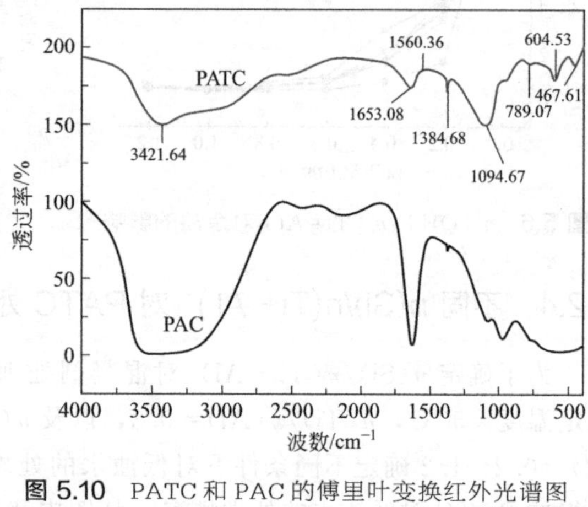

图 5.10 PATC 和 PAC 的傅里叶变换红外光谱图

伸缩振动所引起的吸收峰，而 1094.67cm^{-1} 的吸收峰所出现的可能是因为 Ti—O—Si 和 Si—O—Al 伸缩振动引起的，并且在此波数段 PATC 相比 PAC 发生了一个蓝移现象[12]。在波数为 789.07cm^{-1} 和 604.53cm^{-1} 的吸收峰主要是由 Ti 离子水解产生了四价络合物其中的 Ti—O—Ti 的伸缩振动所引起的[13]。在 PATC 的波数为 467.61cm^{-1} 处出现了一个尖峰，这可能是因为 Ti—O 复合键伸缩振动所形成的，这也说明所制备的混凝剂中的 Ti 不是以单一的离子态形式存在。通过以上的分析，我们可以知道氯化铝、四氯化钛、硅酸钠所发生的聚合反应不仅仅是简单的物理作用，而是发生了相当复杂的化学反应。

5.3.2 X 射线衍射分析

图 5.11 和图 5.12 为 PATC 和 PAC 的 X 射线衍射图谱（XRD），晶体材料在衍射图谱上确定的角度产生衍射峰，而非晶体材料产生衍射峰，而是衍射峰包[14]。通过对比 PAC 和 PATC 的 XRD 光谱，可以确定 PATC 的峰值强度要比 PAC 强得多。图 5.11 为在没有 $TiCl_4$ 的情况下，内部的 PATC 和 Na_2SiO_3 的衍射峰。因此，可以确定钛和硅的引入会产生新物质。利用 Jade6 对所得 XRD 进行分析，可以在 PATC 中鉴定出 $Na_{1.75}Al_{1.75}Si_{0.25}O_4$、$Na_{1.65}Al_{1.65}Si_{0.35}O_4$、$Na_2TiOSiO_4$、$Al_2Si_2O_5(OH)_4$ 等新的衍射结构。因此，我们推断氯化铝、硅酸钠和四氯化钛比混合物等材料之间的含量要高。然而，在此过程中发生了复杂的化学反应，形成了一种新型的无机高分子絮凝剂。

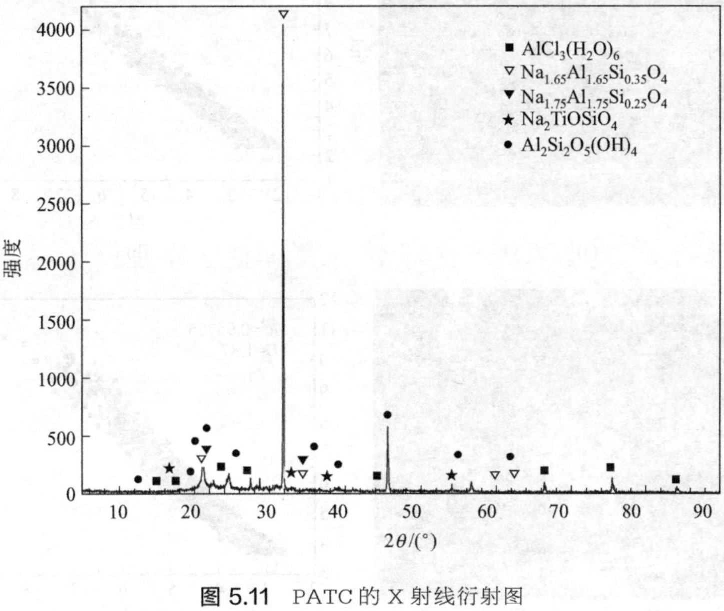

图 5.11 PATC 的 X 射线衍射图

5.3.3 扫描电镜和能谱分析

为了研究非晶态形貌，直观观察了共聚物的表面可视化信息。图 5.13(a) 为放大 500 倍得到的 PAC 的电子显微图，图 5.13(c) 为放大 500 倍得到的 PATC 的电子显微图。图 5.13(b) 和图 5.13(d) 是采用 Image-Pro Plus 6.0 对 PAC 和 PATC 的分形维数进行了分析。

采用边缘面积法作为分析方法。通过确定絮凝剂颗粒的周长和面积，确定絮凝剂的分形维数和絮凝剂颗粒的圆周面积拟合的相关系数。由图 5.13(d) 可知，当 PAC 的线性相关系

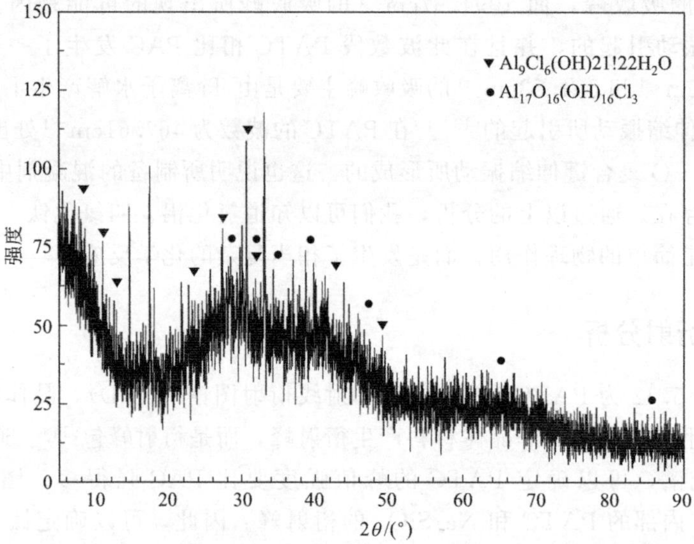

图 5.12 PAC的X射线衍射图

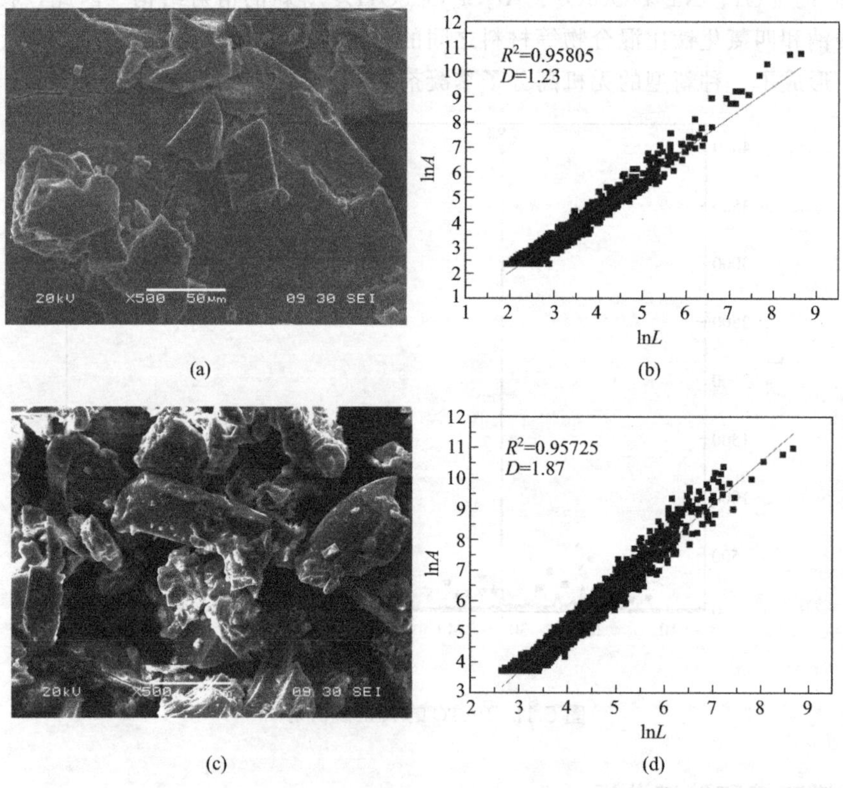

图 5.13 PATC与PAC电镜扫描图

数为0.95805时，其分形维数$D=1.23$；当PATC的线性相关系数为0.95725时，其分形维数$D=1.37$。如图5.13所示，PATC呈不规则结构，表面出现褶皱区域。此外，与PAC相比，PATC的团簇更致密，含有更多的孔隙。一种可能的解释是，通过水解聚合物的复杂形式加入Ti，导致了PATC的致密结构。PAC表面相对光滑，颗粒分布相对分散。此外，PATC表现出一定的网络结构，这可能是由于PATC中Si的引入增加了分子链和分子量[15,16]。产生的大量聚合物水解钛和铝的水解产物诱导羟基的缩合聚合桥，大大提高了混凝效果，缩短了混凝沉淀时间。

图 5.14 为 PAC 和 PATC 的能谱分析。在 PATC 中观察到 O、Cl、Ti、S、Na、Si 等元素。由图 5.14(a) 可以发现在聚合氯化铝过程中没有发现 PATC 中的 Ti、Si 等元素，可以判断 Ti、Si 与聚合氯化铝共同发生了反应得到聚合产物 PATC。

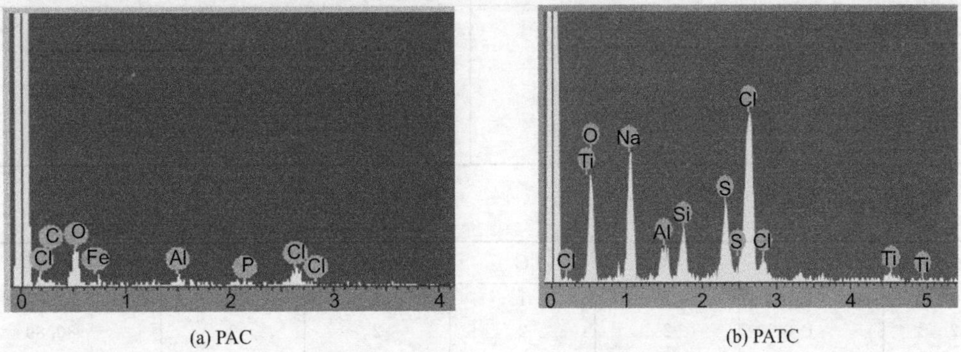

图 5.14 PAC 与 PATC 能谱分析

通过 PATC 的表征结果以及 $TiCl_4$ 水解和硅酸钠聚合的特点，提出了一种可能的反应方案或机理。$TiCl_4$ 的水解是：$TiCl_4 \rightarrow H_2[Ti(OH)_2Cl_4] \longrightarrow [Ti(OH)_n(H_2O)_{6-n}]^{(4-n)+} \longrightarrow [Ti_n(OH)_{2n}(H_2O)_{2n}]^{2n+} \longrightarrow (Ti_nO_{4n})^{4n-} \longrightarrow TiO_2 \cdot nH_2O$，硅酸钠的聚合作用是：$Na_2SiO_3 + 2H^+ \longrightarrow H_2SiO_3 + 2Na^+$，$2SiOH \longrightarrow SiOSi + H_2O$，$SiOH + SiO^- \longrightarrow SiOSi + OH^-$[17~19]，PATC 形成的机制可能是：

$$AlCl_3 + TiCl_4 \longrightarrow TiCl^{3+} \tag{5.1}$$

$$AlCl_3 + 2SiOH + H_2O \longrightarrow (Al{-}O)_x(Si{-}O{-}Si)_y(OH)_z \tag{5.2}$$

$$AlCl_3 + Na_2SiO_3 + 2H^+ + NaOH \longrightarrow Na_xAl_ySi_zO_w \tag{5.3}$$

$$TiCl_4 \longrightarrow TiO^+ + Na_2SiO_3 + 2H^+ \longrightarrow Na_x(TiO)_y(SiO_4)_z \tag{5.4}$$

5.4 PATC絮凝效果正交试验设计与分析

5.4.1 正交试验设计

正交试验是一种高效、快速、经济的研究多因素多水平的设计方法，从全面试验中挑选出具有代表性的点进行实验，本研究为了确定各个因素对 PATC 处理低温低浊水效果的影响以及最佳的反应条件，设计了五因素五水平 [$L_{25}(5^5)$] 正交试验。通过对试验和参考文献的初步分析，确定初始水浊度、PATC 用量、pH 值、搅拌强度、沉淀时间为正交试验的五个因素。以反应后的水浊度去除率为评价指标，PATC 中低浊度水正交试验的具体内容如表 5.1 所示。

初步实验研究表明，本研究制备的 PATC 混凝剂对低温低浊水具有良好的絮凝效果。正交试验模拟水样的初始条件为水温为 5℃。腐殖酸浓度为 10mg/L，pH 范围控制在5～9。浊度处理范围为 5～25NTU。采用预配置的高岭土溶液模拟了水样的初始浊度。用 0.1mol/L

NaOH 和 0.1mol/L HCl 调整模拟水样的 pH 值。根据表 5.2 中确定的 5 个因素和 5 个水平，设计并进行了 25 个正交实验，结果如表 5.2 所示。

表 5.1 $L_{25}(5^5)$ PATC 为絮凝剂的正交试验设计表

水平	A	B	C	D	E
	初始浊度/NTU	PATC 投加量/(mg/L)	pH	搅拌强度/(r/min)	沉淀时间/min
1	5	1.8	5	30	10
2	10	3.6	6	50	20
3	15	5.4	7	70	30
4	20	7.2	8	90	40
5	25	9.0	9	110	50

表 5.2 正交试验 $L_{25}(5^5)$

序号	A	B	C	D	E	浊度去除率/%
1	1	1	1	1	1	5.395
2	1	2	2	2	2	80.89
3	1	3	3	3	3	87.43
4	1	4	4	4	4	90.46
5	1	5	5	5	5	87.62
6	2	1	2	3	4	35.05
7	2	2	3	4	5	95.05
8	2	3	4	5	1	94.71
9	2	4	5	1	2	88.04
10	2	5	1	2	3	86.6
11	3	1	3	5	2	25.0
12	3	2	4	1	3	91.32
13	3	3	5	2	4	94.87
14	3	4	1	3	5	84.32
15	3	5	2	4	1	92.87
16	4	1	4	2	5	47.83
17	4	2	5	3	1	95.62
18	4	3	1	4	2	66.62
19	4	4	2	5	3	94.95
20	4	5	3	1	4	90.19
21	5	1	5	4	3	24.31
22	5	2	1	5	4	29.46
23	5	3	2	1	5	76.13
24	5	4	3	2	1	91.86
25	5	5	4	3	2	93.36

5.4.2 正交实验结果分析

方差分析采用各因素方差平方和与误差平方和之比作为经验分布 F 函数检验，确定各因素是否发挥显著作用。各因素的显著性由统计量 F 值和显著性水平 P 值决定。当 $P<0.05$ 时，有显著的相关性，且值越小，各因素的相关性越好。本研究采用 Minitab 软件对正交实验数据进行分析。表 5.3 中因子 B 的 $P=0.000$ 表明混凝剂用量对凝血效果显著。pH 因子为 0.011($0.01<0.011<0.05$)，说明 pH 对凝血效果有显著影响。而初始浊度、搅拌强度、絮凝时间对混凝效果不显著。根据方差分析表 B>C>A>D>E 中 P 值的大小可以确定这五个因素对低浊度水处理的影响。PATC的用量和模拟水的pH值对混凝过程影响较大。

⊡ **表 5.3　正交试验方差分析**

source	DOF	SeqSS	AdjSS	AdjMS	F	P
A:初始浓度	4	1036.78	1036.78	259.2	6.32	0.051
B:PATC投加量	4	13967.12	13967.12	3491.78	85.2	0.000
C:pH	4	2539.59	2539.59	634.9	15.49	0.011
D:搅拌强度	4	702.85	702.85	175.71	4.29	0.094
E:沉淀时间	4	383.75	383.75	95.94	2.34	0.215
偏差	4	163.94	163.94	40.98		
总计	24	18794.04				
$S=6.40192$　$R\text{-}Sq=99.13\%$　$R\text{-}Sq(\text{adjust})=94.77\%$						

图5.15为使用Minitab软件得到的浊度去除率的主要效果图。由图可知，PATC对低浊度水的最佳反应条件为A2B5C4D2E5。最佳反应条件为初始浊度为10NTU，PATC用量为9mg/L，模拟水样pH为8，搅拌速度为50r/min，沉降时间为50min。

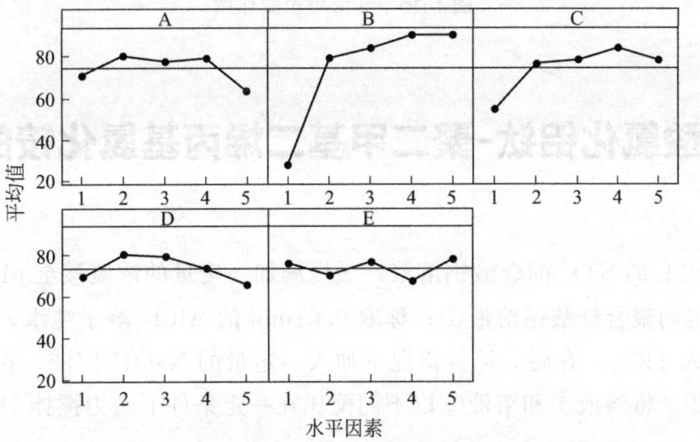

图 5.15　各影响因素去除效果图

5.4.3　zeta电位分析

为进一步探讨PATC与低浊度水在最佳合成条件下的反应机理，本研究对制备的PATC、模拟水样、絮凝剂和模拟水样反应进行了zeta电位分析。结果表明，混凝剂制备的zeta电位为2.28mV，模拟水样的zeta电位约为−33mV。图5.16为模拟水在不同pH条件和不同剂量下的zeta电位分析。从图中可以看出，在模拟水样中加入PATC后，zeta电位增加。因此，发生了电中和作用。但当pH为5或6、PATC的用量为9mg/L时，絮凝剂与模拟水样反应后测得的zeta电位为负值。当pH分别为7、8、9时、PATC的用量为9mg/L时，zeta电位下降。因此，电中和在模拟低浊度水反应的PATC处理中发挥作用。然而，单靠电中和是无法完成整个絮凝过程的。絮凝过程中吸附桥式絮凝剂和扫掠絮凝剂的主要作用是使絮凝剂达到最佳的处理效果。通过对不同pH值模拟水样的比较，发现当用量为1.8mg/L时，反应中zeta电位随着pH值的增加而逐渐呈负值。这一结果的一个可能原因是，pH值越高，负电荷越多，电位就越小。随着PATC用量的增加，zeta电位逐渐增大。

与模拟水样在 pH 值为 5 和 6 相比，那些在 pH 值为 7、8 或 9 和 PATC 剂量的 5.4mg/L 显示 ξ 电位从负到正，因为 pH 值变化引起铝的水解度的变化，并且 Ti 进一步影响电动电势变化。

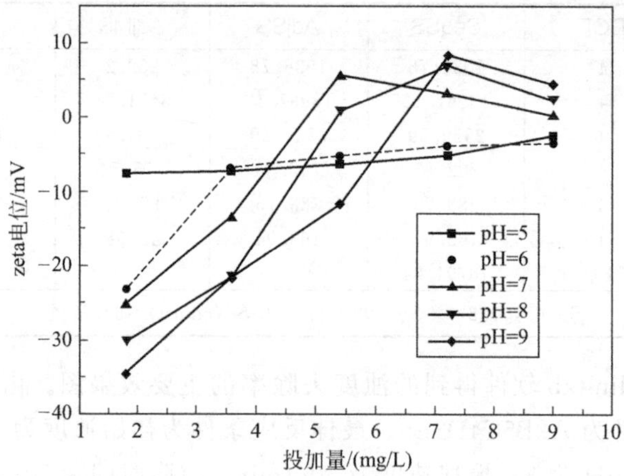

图 5.16　zeta 电位变化图

5.5　聚硅酸氯化铝钛-聚二甲基二烯丙基氯化铵的制备

配置 0.5mol/L 的 SiO_2 的硅酸钠溶液，缓慢滴加一定量的浓硫酸至 pH 小于 3，在室温情况下搅拌 1h 得到聚合硅酸钠溶液①；称取 0.01mol 的 $AlCl_3$ 溶于纯水，冰冻 30min 后向 $AlCl_3$ 溶液中加入 $TiCl_4$，在磁力搅拌情况下加入一定量的 NaOH 溶液，在水浴锅中磁力搅拌 1h 得到溶液②。将溶液①和溶液②以不同配比在一定条件下磁力搅拌 1h，熟化 24h 后得到 PATC。

将 PDMDAAC 溶液按照一定比例添加到①步骤制备的 PATC 中，50℃条件下磁力搅拌 2h，室温熟化 24h，得到 PATC-PDMDAAC。

5.6　PATC-PDMDAAC的结构与形态表征分析

将所制备的 PATC-PDMDAAC 置于 60℃烘箱中烘干研磨处理，将研磨的样品采用溴化钾压片发对其进行傅里叶红外光谱检测，测试的波数是 400～4000cm^{-1}。样品的具体特性由 D8ADVANCEXRD 获得然后用 Jade6 软件进行扫描分析（Livermore，USA），扫描角度控制是 5～90°。通过扫描电镜（SEM，东京）对样品的形貌进行表征，通过能谱分析（EDS，东京）确定样品中的元素和含量分布，采用耐驰 449F3 PC 热分析仪（德国耐驰公司）氮气气氛下对 PATC-PDMDAAC 的 TG-DTA 进行检测，温度区间为 50～900℃，升温速率为 10cm^{-1}。采用 Al-ferron 法测定了不同材料配比的 PATC-PDMDAAC 的铝形态用紫外-可见分光光度计（双光束型 TU-1901）测定了铝铁溶液在 362nm 波长下的吸光度值。

5.6.1 傅里叶红外光谱分析

为了分析 PATC-PDMDAAC 的官能团信息，本研究对比分析了 PATC-PDMDAAC、PDMDAAC 以及 PATC 的红外图。图 5.17 为采用溴化钾压片的方法所得到的 PATC、PATC-PDMDAAC 的红外光谱图，将 3 个样品的红外图进行对比可以看出反应前后物质结构式发生了改变，并且从图中对比分析我们可以看出 PATC 与 PATC-PDMDAAC 的红外光谱图基本类似。PATC-PDMDAAC 在 3024.68cm^{-1}所出现发生蓝移的宽峰可能是因为与 PDMDAAC 存在的 N—H 和 C—H 之间的振动吸收峰重叠，使得 PATC-PDMDAAC 有碳碳双键和氮氢键引起的伸缩振动产生的峰[20,21]。PATC-PDMDAAC 中在 1655.00cm^{-1}产生的峰相对于 PATC 在 1653.08cm^{-1}所产生的峰发生了红移现象并且其吸收峰有所增强，这可能是因为复合絮凝剂中的配位水与中心离子的键合作用加强，并且叠加 C ═O 键的吸收峰

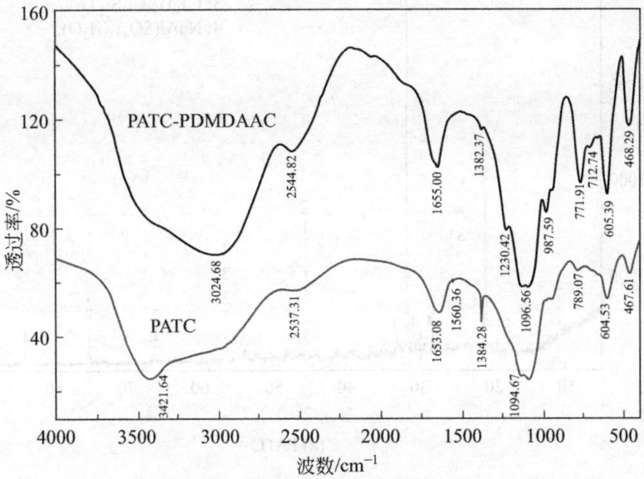

(a) PATC与PATC-PDMDAAC红外图

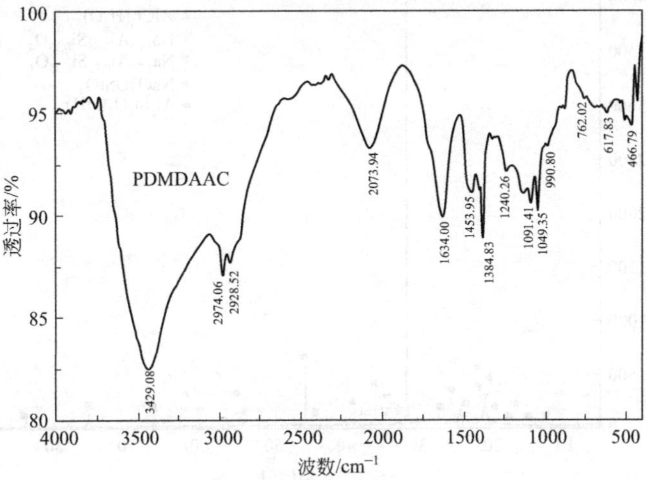

(b) PATC-PDMDAAC红外图

图 5.17 PATC、PDMDAAC 和 PATC-PDMDAAC 红外图

所导致[22]。在无机絮凝剂中 1384.28cm^{-1}处（Al—O—Al、Si—O—Si）和在 PDMDAAC 表征中 1384.83cm^{-1}处出现的尖峰经过复合后转变成一个很弱的吸收峰，造成这种现象的原因可能是因为无机絮凝剂中的 Si—O—Si 出现断裂与 PDMDAAC 中的亚甲基结合形成 C—Si 键使得复合后的絮凝剂在 1380cm^{-1}处的峰减弱，同时使得 771.91 处的吸收峰增强[23,24]。复合絮凝剂出现未复合前都没有的 987.59cm^{-1}的小尖峰，可能是—C—H 键的振动吸收峰[25]。PATC 中由于在波数为 789.07cm^{-1}的吸收峰主要是由 Ti 离子水解产生了四价络合物，其中的 Ti—O—Ti 的伸缩振动所引起的。771.91cm^{-1}处的峰相对于 PATC 出现尖而强的振动吸收峰并出现蓝移的现象，这可能是因为由于 PDMDAAC 的引入与 PATC 中形成的 C—Cl 键的共同作用造成的。这说明了 PATC 与 PDMDAAC 并不仅仅是简单的物理机械混合，它们之间的键发生了相互作用和转化，导致各自所处的化学环境发生了改变。

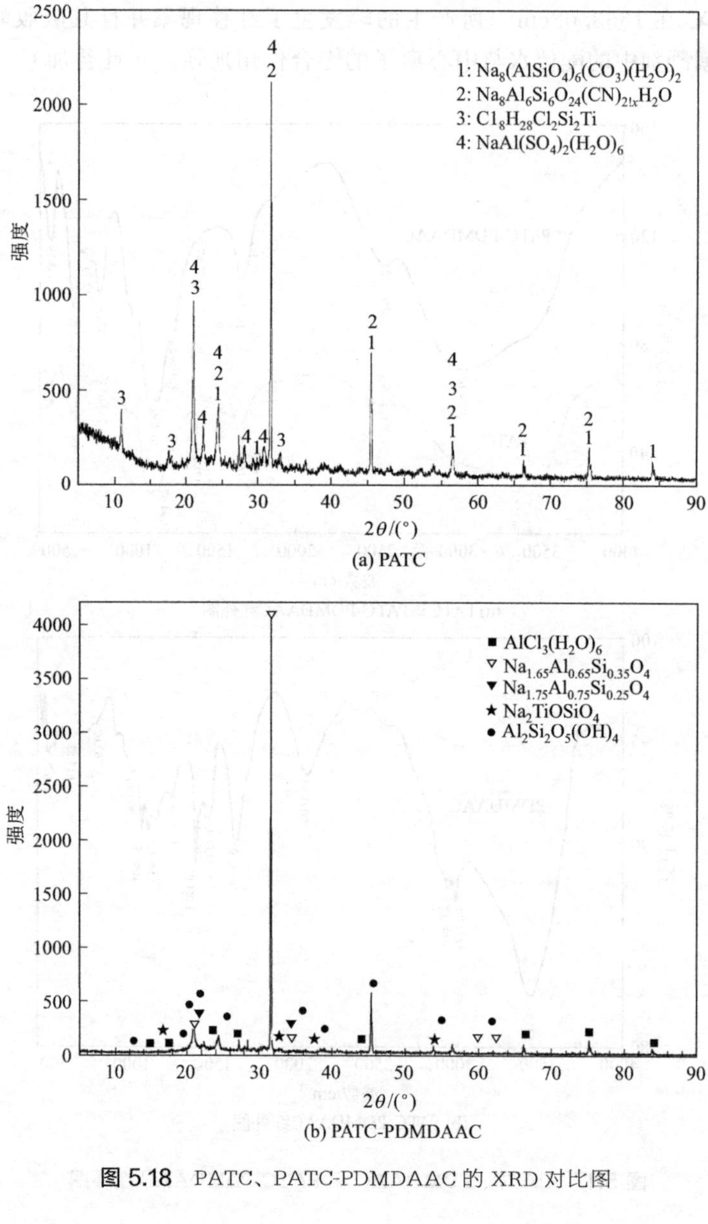

图 5.18 PATC、PATC-PDMDAAC 的 XRD 对比图

5.6.2 XRD 分析

晶体物质可以在衍射图谱中确定的角度产生一系列物质的特征衍射峰，非晶体物质只会出现漫散的峰包而不产生特征峰。为了探讨 PATC-PDMDAAC 中晶体信息，本研究对所制备的 PATC-PDMDAAC 进行了 XRD 分析。研磨干燥后的复合絮凝剂采用 D8ADVANCEXRD 扫描然后用 Jade6 软件进行扫描分析，与标准比色卡对比分析其可能的物相组成。图 5.18 为最佳有机无机配比的 PATC-PDMDAAC 的 XRD 图谱，从图中我们可以看出 PATC-PDMDAAC 的 XRD 图在衍射角为 10°～20°出现了原来 PATC 中 XRD 图未出现的峰，结合 Jade 软件分析与标准比色卡发现复合后的絮凝剂在 10°～20°所出现的峰是可能是因为 PDMDAAC 的引入与 PATC 复合后形成的 $C_{18}H_{28}Cl_2Si_2Ti$ 形成的。在复合后的絮凝剂 XRD 与标准比色卡分析后里面存在的主要物相还有 $Na_8(AlSiO_4)_6(CO_3)(H_2O)_2$，$Na_8Al_6Si_6O_{24}(CN)_{2!x}H_2O$ 和 $NaAl(SO_4)_2(H_2O)_6$ 与 PATC 的物相组成有所不同，这是因为 PDMDAAC 的引入改变了各个物质的组成情况，两者发生相应的化学反应，这也与红外分析的两者不是简单的机械混合所得出的结果相对应。

5.6.3 SEM-EDS 联测表征

扫描电镜是一种能够观察材料表面结构直接而准确的一种方法。本研究对无机絮凝剂聚硅酸氯化铝钛（PATC）以及无机-有机复合絮凝剂（PATC-PDMDAAC）进行扫描电镜分析，并采用能谱仪对两种材料进行元素种类和含量分析。从图 5.19 中我们可以看出无机絮凝剂主要是以颗粒状的形式分布，而复合后的絮凝剂结构比较复杂，有不规则的孔状结构，也有呈现出网状的结构，这可能主要归因于 PDMDAAC 的引入，这会有助于复合絮凝剂发挥较好的吸附架桥的作用，从而使得混凝效果进一步提高。从能谱图上可以看到复合后的絮凝剂相比无机絮凝剂 PATC 新引入了 C、N 元素，这是因为 PDMDAAC 中 C、N 元素的加入所引起。进一步说明了 PATC 与 PDMDAAC 之间是发生了反应。

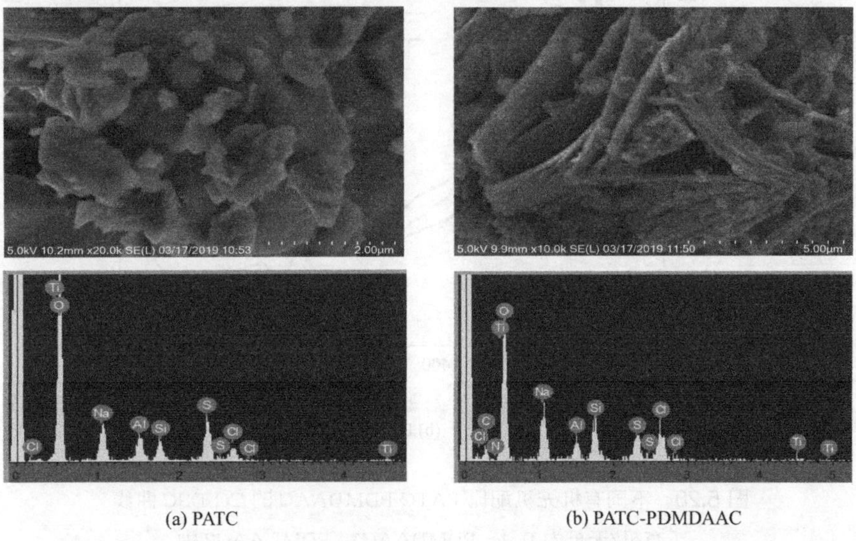

(a) PATC　　　　(b) PATC-PDMDAAC

图 5.19　PATC 和 PATC-PDMDAAC 电镜和能谱分析图

5.6.4 TG-DSC 讨论

本研究通过热重分析和差式扫描热量法对复合絮凝剂 PATC-PDMDAAC 的组分和稳定性进行分析。图 5.20 为不同无机有机配比所制备的复合絮凝剂 PATC-PDMDAAC 的 TG 和 DSC 曲线［n(PDMDAAC)/n(PATC)］＝0.1 为 PATC-PDMDAAC1，n(PDMDAAC)/n(PATC)＝0.15 为 PATC-PDMDAAC2，n(PDMDAAC)/n(PATC)＝0.3 为 PATC-PDMDAAC5)。从 TG 曲线我们可以看出不同配比的复合絮凝剂的失重阶段主要分为 3 部分。有机无机配比为 0.1 的 PATC-PDMDAAC 第一部分失重出现在 30～175.28℃，失重的比例为 13.169%，其对应的吸收峰为 88.584℃。有机无机配比为 0.15 的絮凝剂第一部分失重阶段出现在 30～166.33℃，其失重比例为 13.327%，对应的吸收峰在 97.384℃。有机无机配比为 0.3 的絮凝剂第一部分的失重阶段在 30～164.32℃，这一阶段的失重比例为 12.5958%，

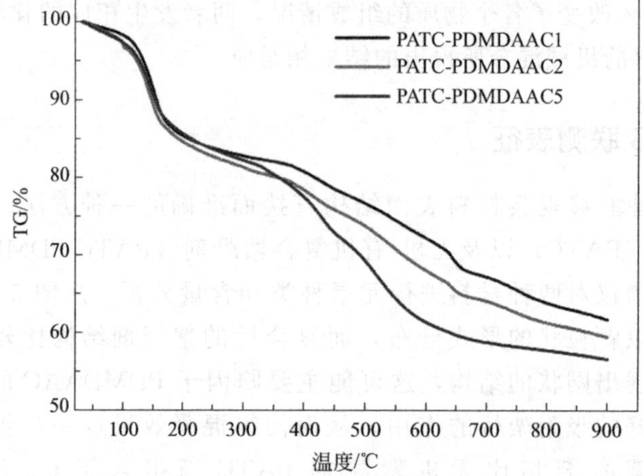

(a) TG曲线

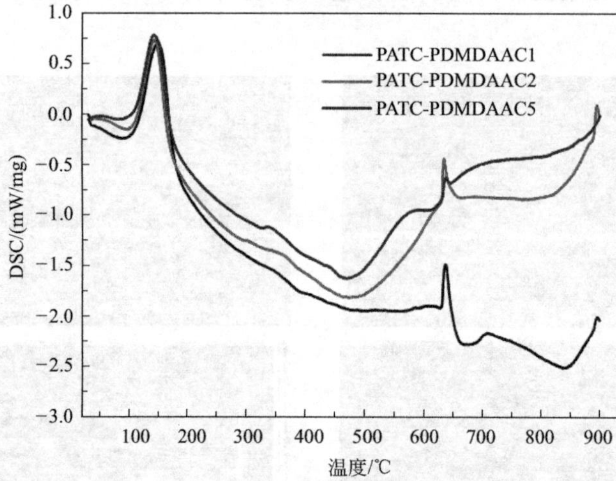

(b) DSC曲线

图 5.20 不同有机无机配比 PATC-PDMDAAC 的 TG-DSC 曲线

（有机/无机为 0.1= PDMDAAC1，PDMDAAC2 中

有机/无机= 0.15，PDMDAAC5 中有机/无机= 0.3）

对应的吸收峰为 81.184℃。这三个不同配比的絮凝剂在这一阶段失重的主要原因都是在于絮凝剂中结晶水的蒸发引起质量的降低[26]。这三种混凝剂在第二阶段的失重比例分别为 16.288%、20.019%以及 18.649%，其对应的吸收峰都在 470℃左右，这一阶段的失重的主要原因可能是样品中的化学键发生断裂，絮凝剂的结构开始发生变化[27]。在温度为 630.96℃、629.14℃以及 504.02℃时，三者均开始第三阶段的失重，失重比例分别为 8.918%、7.28%以及 12.223%，这一段的失重的主要原因可能是在于样品主链开始发生热分解，分子链出现断裂导致质量的降低。最后三者的残余质量分别为 61.625%、59.374%以及 56.532%，它们的最终产品的残余质量都大于 50%，这也说明样品具有较好的稳定性。

5.6.5 Al 的形态分析

复合絮凝剂的 Al 的形态分布会直接影响絮凝剂的性能，而铝的形态分布可能会与有机组分、碱化度以及有机组分和无机组分比例等因素有关。Al-Ferron 逐时络合比色方法是研究水解铝溶液中 Al 的形态分布的一种普遍有效的方法，利用显色剂 Ferron 与铝水解后的各种形态发生络合反应的差异将 Al 的形态分为 3 大类，Ala（单体形态铝）、Alb（中等聚合形态）、Alc（聚合大分子或溶胶聚合物）。本研究对不同物料比的 PATC-PDMDAAC 进行了 Al 的形态分析，结果如图 5.21 所示。从图 5.21 中可以明显看出 PATC-PDMDAAC 中的 Al 主要是以 Ala 的形式存在，随着 PDMDAAC 引入量的增大复合絮凝剂的 Ala 的含量有所降低，由 87.369%减少至 79.802%；而多核羟基络合物 Alb 的含量有微弱的增大，相比 PATC 来说，铝高聚物形态 Alc 的含量也有所增大。混凝剂中 PDMDAAC 的加入对 Al 形态分布的影响在于 PDMDAAC 的 pH 较高，加入 PDMDAAC 会改变体系的 pH，一定程度内提高 pH 会促进反应向中等聚合物（Alb）以及聚合大分子（Alc）进行。PDMDAAC 对 Al 形态所带来的变化进一步说明了 PATC 与 PDMDAAC 不是简单的物理混合。

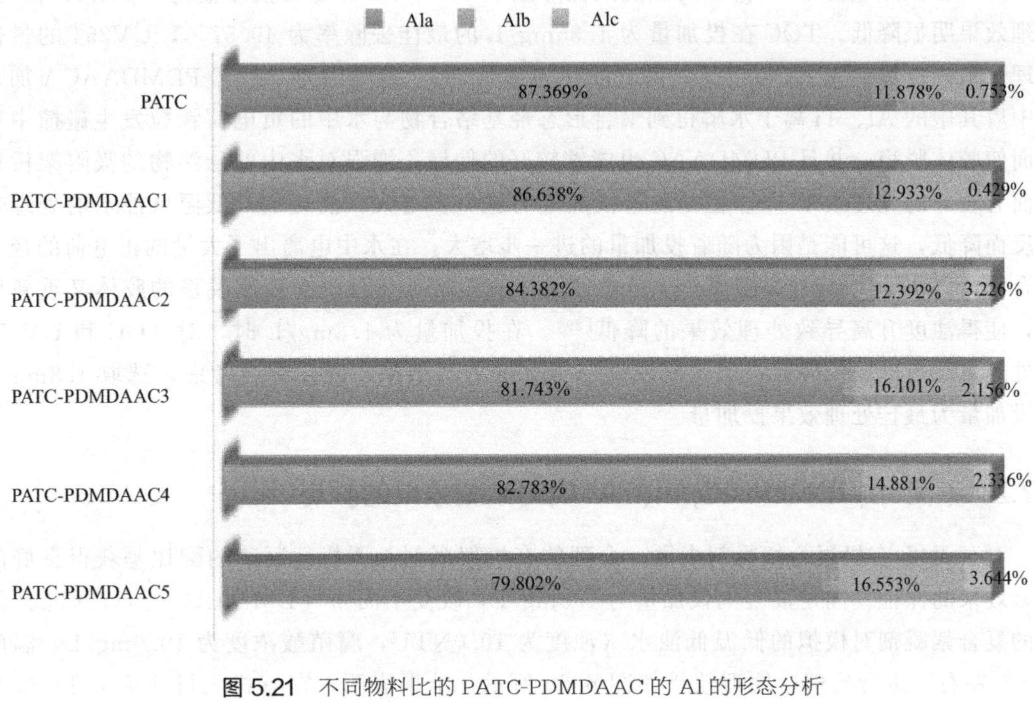

图 5.21 不同物料比的 PATC-PDMDAAC 的 Al 的形态分析

5.7 混凝剂PATC-PDMDAAC的絮凝性能评价

采用腐殖酸和高岭土溶液配制得到的低温低浊水作为模拟水样，其中腐殖酸的溶度为10.0mg/L，并采用高岭土溶液调节模拟水样的初始浊度为10.0NTU左右。腐殖酸-高岭土废水制备如下：将1.0g的HA和0.04克氢氧化钠粉末溶解在800mL的去离子水与机械搅拌1h，腐殖酸完全溶解后定容至1L得到腐殖酸储备溶液浓度的1g/L。将预干燥的5.0g高岭土粉溶于1.0L去离子水中搅拌1h，静置30min后用虹吸法除去上清液（500mL）。取10mL腐殖酸保留液，去离子水稀释至等容1L，用高岭土保留液调节浊度，得到腐殖酸-高岭土模拟废水。在模拟水样中投加所制备的PDMDAAC-PATC（以PATC计），先在210r/min快速搅拌下搅拌2min，然后在50r/min慢速搅拌10min，最后静置沉淀半小时后取距离液面2cm处的上清液，对其浊度、UV254、TOC等指标进行检测。同时对反应过程中的zeta电位进行检测，并结合三维荧光进行结果分析。

5.7.1 PATC-PDMDAAC投加量对絮凝效果的影响

由于絮凝处理是一个物理化学反应，其中存在着一系列的平衡反应，因此药剂的投加量对水处理效果有着较大的影响，本研究通过控制单一变量的方法确定所制备混凝剂的投加量对模拟的低温低浊水的处理效果影响。向浊度为10.0NTU，腐殖酸为10.0mg/L，水温为5℃左右的模拟低温低浊水投加不同量的PATC-PDMDAAC混凝沉淀，其处理效果趋势如图5.22所示。从图5.22我们可以看出在投加量小于1.8mg/L时余浊随着投加量的增大急剧下降，在投加量为1.8mg/L时浊度最低降至0.71NTU，但是在投加量进一步增大时，其处理效果明显降低。TOC在投加量为1.35mg/L的最佳去除率为49.57%，UV254的最优处理效果的投加量为2.25mg/L，其去除率为99.23%。这是因为PATC-PDMDAACA加入水中后其中的Al、Ti离子水解得到聚合形态羟基络合物与水中的负电荷颗粒发生碰撞中和从而使胶体脱稳，并且PDMDAAC也能够较好的伸展，增强对水中的悬浮物的吸附架桥作用而有较好的处理效果[28]。但是随着投加量的进一步增大，混凝剂对低温低浊水的处理效果反而降低，这可能是因为随着投加量的进一步增大，在水中电离出了大量的正电荷的羟基配合物，PDMDAAC的高阳离子度也会使胶体表面带上相反电荷使刚脱稳的胶体又重新稳定，使得浊度升高导致处理效果的降低[29]。在投加量为1.8mg/L时，对TOC和UV254的处理效果有微弱的降低，但是对浊度有很好的处理效果，因此综合考虑，选取1.8mg/L的投加量为最佳处理效果投加量。

5.7.2 不同 m(PDMDAAC)/m(PATC)对絮凝效果的影响

对于无机-有机复合絮凝剂来说，合理的有机絮凝剂与无机絮凝剂的配比是获得良好的絮凝效果的保证。固定混凝剂投加量为1.8mg/L，改变不同 m(PDMDAAC)/m(PATC) 制备的复合絮凝剂对模拟的低温低浊水（浊度为10.0NTU，腐殖酸浓度为10.0mg/L，温度为5℃左右）进行处理，处理效果如图5.23所示。结果表明，在有机无机比为0.1～0.25

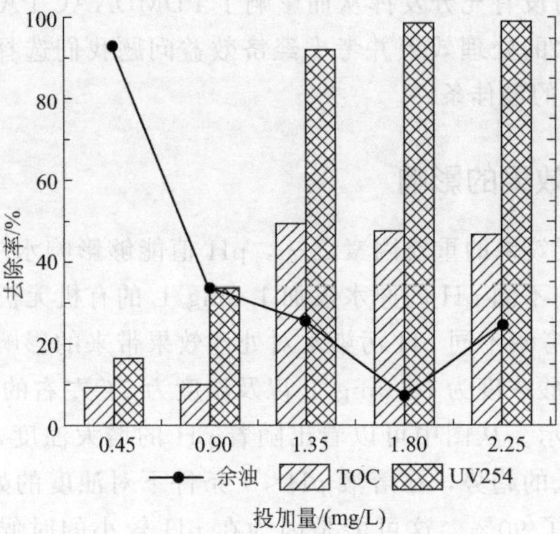

图 5.22 PATC-PDMDAAC 投加量对絮凝效果的影响

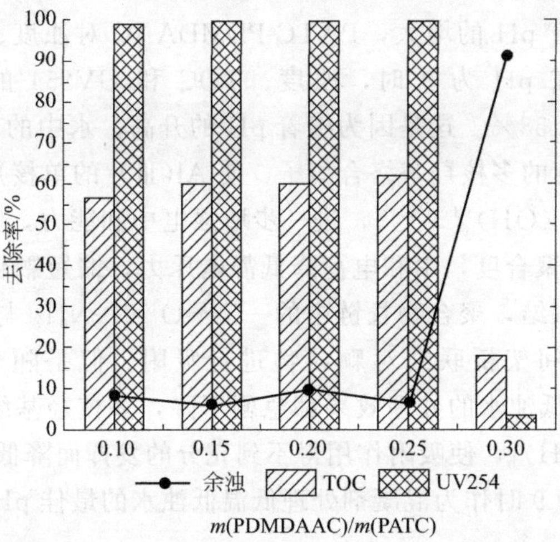

图 5.23 不同 m(PDMDAAC)/m(PATC)对絮凝效果的影响

所制备的 PATC-PDMDAAC 对浊度、TOC 和 UV254 的处理效果较好且有微弱的波动现象；复合比为 0.15 的 PATC-PDMDAAC 对低温低浊水最好的处理效果，其浊度去除可以降至 0.56NTU，对 TOC 和 UV254 的去除率达到了 59.89%和 99.88%；复合比为 0.25 时对 TOC 和 UV254 的处理效果有微弱的增加但是对浊度的处理效果有所降低。这是因为 PDMDAAC 的五元环结构中带有季铵盐类的阳离子表现出高密度的正电性，与 PATC 复合后两者发生反应，PATC 中的离子态的 Ti 和 Al 向聚合形态转变，并且 PDMDAAC 的吡咯环结构周围存在的—CH_3 对正电荷有屏障保护作用，提高溶液的 ζ 电位压缩双电层，同时 PDMDAAC 的长链结构产生吸附架桥作用，进一步提高了对低温低浊水的处理效果，因此在一定范围提高 PDMDAAC 的含量，有利于电中和作用的发挥。当有机无机配比为 0.30 时，其对低温低浊水的处理效果急剧下降，这可能是因为有机含量 PDMDAAC 过高导致混凝剂的有机部分卷扫能力过强，低温低浊水中的悬浮颗粒在与 Al^{3+}、Ti^{4+} 及其羟基络合物的电中和作用以及和有机部分的吸附架桥部分还未达到平衡就开始与有机部分发生卷扫作用导致电中和与吸附架桥能力没有充分发挥从而影响了 PDMDAAC-PATC 对低温低浊水的处理效果。结合对低温低浊水的处理效果并考虑经济效益问题我们选择有机无机配比为 0.15 为制备 PDMDAAC-PATC 的最佳条件。

5.7.3 水样 pH 对絮凝效果的影响

原水 pH 值是影响絮凝效果的重要因素之一，pH 值能够影响水中胶体颗粒的电位，从而影响絮凝作用。本研究向不同 pH 的原水投加 1.8mg/L 的有机无机配比为 0.15 的复合絮凝剂 PATC-PDMDAAC，考察不同 pH 污染水对处理效果带来的影响。采用 NaOH 和 HCl 对浊度为 10.0NTU、腐殖酸浓度为 10.0mg/L 以及温度为 5℃左右的模拟水样的 pH 进行调节。处理结果见图 5.24 所示。从图中可以看出随着 pH 的增大浊度，TOC 以及 UV254 的处理效果都有先增高后降低的趋势，在溶液 pH<7 条件下对浊度的处理效果出现反浊的现象，UV254 去除率都低于了 90%。这可能是因为在 pH 较小的时候，复合絮凝剂 PATC-PDMDAAC 的无机组分在溶液中主要以水合离子的形式存在，其吸附能力较弱，悬浮液的部分胶体颗粒被吸附，上部液体中大量颗粒残留，导致小粒径的絮体以及高浊度的上清液产生而出现反浊的现象。随着 pH 的增大，PATC-PDMDAAC 对浊度、UV254 以及 TOC 的处理效果都随之增加。在 pH 为 9 时，浊度、TOC 和 UV254 的去除率分别是 93%(0.7NTU)、40.16%和 99.58%。这是因为随着 pH 的升高，水中的—OH 增多，水合离子发生进一步水解形成高聚度的多核羟基络合离子，使 Al(Ⅲ) 的单核羟基通过碰撞进一步聚合形成多核羟基络合物 $Al_x(OH)_y^{(3x-y)+}$，进一步增强电中和能力，并且增加反应 pH 有助于聚硅酸和 Al^{3+}、Ti^{4+} 的聚合度，中和电荷降低静电斥力，缩短颗粒间的距离从而有利于聚合物长链对颗粒的架桥联结，聚合物长链中的—C═O 和—NH_2 与表面—OH 或—O^- 形成氢键吸附，并通过颗粒间架桥联结对颗粒物进行吸附。但是随着 pH 的进一步增大，PATC-PDMDAAC 对低温低浊水的处理效果都急剧下降，多核羟基络合离子会在强碱的条件下形成不溶于水的 $Al(OH)_3$，使吸附作用得不到充分的发挥而降低处理效果。综合分析，我们选取模拟水样的 pH 为 9 时作为混凝剂处理低温低浊水的最佳 pH 反应条件。

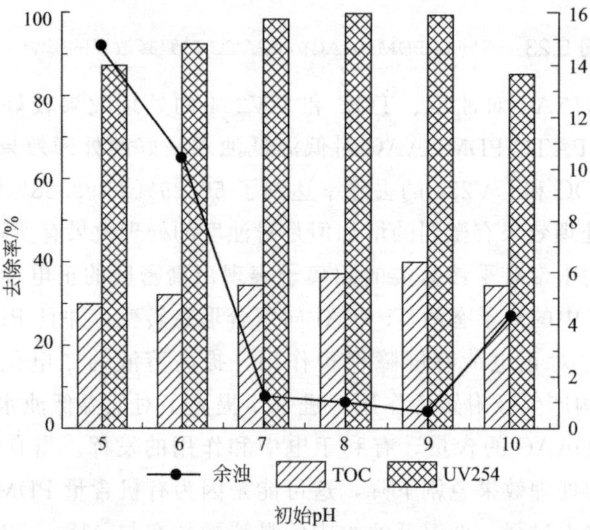

图 5.24 水样初始 pH 对絮凝效果的影响

5.7.4 沉淀时间对絮凝效果的影响

为了确定沉淀时间对絮凝效果的影响，本研究进一步考察了沉淀时间对低温低浊水的处理效果情况。对腐殖酸为 10.0mg/L、浊度为 10.0NTU 左右、水温控制为 5℃，pH 为 9.0 的模拟低温低浊水投加 1.8mg/L 的 PATC-PDMDAAC，沉淀 2min、6min、10min、20min、30min、40min、50min 7 个不同的沉淀时间考察沉淀时间对低温低浊水的处理效果影响。结果如图 5.25 所示，从图中我们可以看出随着沉淀时间的延长，混凝剂处理效果也有所提高。在沉淀时间低于 10min 后对浊度和 TOC 的处理效果不佳，这是因为沉淀时间太短，混凝后形成的絮体还没有聚集成团下沉，没有沉淀完全，并且此时混凝药剂以及部分的絮体没有充分延展，吸附的悬浮颗粒量也远远没有达到饱和的状态而导致处理效果较差。沉淀时间大于 30min 后对浊度、TOC 和 UV254 的处理效果都达到了基本稳定，最好的处理效果能够将浊度降至 1.04NTU，UV254 的去除率达 99.99%，TOC 的去除率最佳为 62.06%。

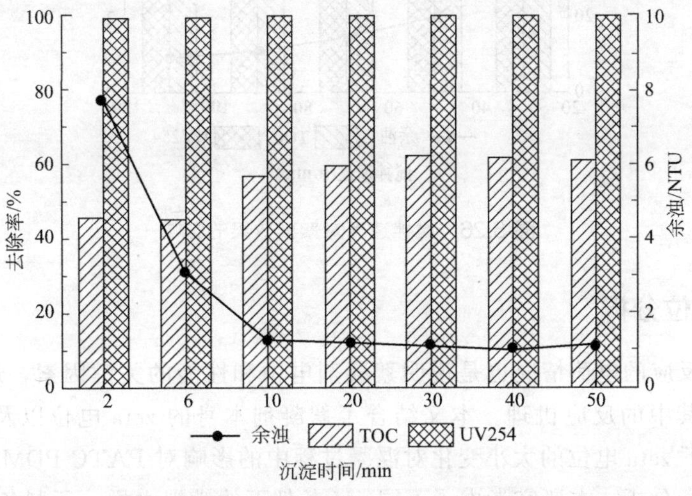

图 5.25 沉淀时间对絮凝效果的影响

5.7.5 不同转速对絮凝效果的影响

搅拌速度过快会将大颗粒的固体搅碎成小颗粒，将能够沉淀的颗粒搅碎成不能沉淀的颗粒。而速度过慢，絮凝剂不能与固体颗粒充分接触，不利于絮凝剂捕集胶体颗粒，且絮凝剂的浓度分布也不均匀，更不利于发挥絮凝剂的作用，因此适宜的搅拌速度有利于提高絮凝效果。固定模拟水样的初始 pH 为 9.0，将模拟水样的初始浊度控制在 10.0NTU，腐殖酸的浓度为 10.0mg/L，投加有机无机配比为 0.15 的混凝剂 1.8mg/L，快速混合过程一样，考察了慢速搅拌过程中搅拌速度为 30r/min、50r/min、70r/min、90r/min 以及 110r/min 对絮凝效果的影响，结果如图 5.26 所示。从图中我们可以看出，在浊度去除效果方面，快速搅拌具有较好的效果，在 110r/min 时浊度的去除率降到最低值 0.94NTU。对于 UV254 的处理效果相对稳定，其去除效果都达 90%以上。快速搅拌可以加快混凝剂与水中胶体颗粒的接触，腐殖酸分子中的—COOH 与 Ti^{4+} 和 Al^{3+} 或者水解产物发生络合或者螯合作用使胶体颗粒双电层被压缩，使得电中和效果得以充分发挥，在搅拌过程中，PDMDAAC 的长链通过活性部位和没有完全脱稳的胶粒和细小悬浮物通过静电引力、范德华力和氢键作用力等发生吸附链接作用，使絮体能够实现进一步的碰撞聚集，形成尺寸较大的絮凝体，对TOC的去除效果出现先增加后降低的趋势，在转速为70r/min时达到最好的处理效果，其去除率为55.19%。这可能是因为搅拌速度过快的话会导致已经聚集的絮体又被打碎，高分子的长链也会被打碎，使得混凝效果降低。结合对浊度的处理趋势以及经济效益上，将搅拌速率控制为110r/min。

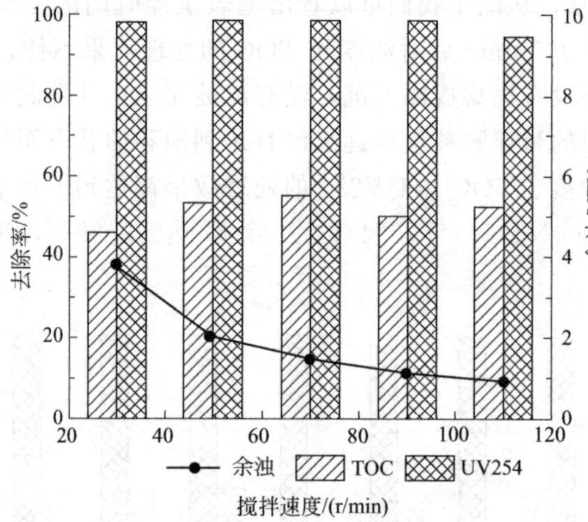

图5.26 搅拌速率对絮凝效果的影响

5.7.6 zeta电位分析

絮凝剂及其反应的电荷情况也是说明絮凝剂电中和性能的关键因素，通常采用zeta电位的形式来理解其中的反应机理。本文结合了絮凝剂本身的zeta电位以及在不同投加量、不同pH值条件下zeta电位的大小变化对混凝过程中的影响对PATC-PDMDAAC处理低温低浊水的机理进行分析。本研究考虑了不同pH条件下的模拟水样，所制备的PATC-PDMDAAC在pH＝5、6、7、8、9、10以及投加量为0.45mg/L、0.9mg/L、1.35mg/L、1.8mg/L、2.25mg/L和2.7mg/L交叉条件对低温低浊水的处理效果（以浊度、UV254以及TOC的去除效果为对象）以及zeta电位的分析。结果显示所制备的复合絮凝剂的zeta电位为3.75mV左右，相比无机絮凝剂的zeta电位有所增大。这是因为PDMDAAC是阳离子型有机高分子复合絮凝剂，其表面带有正电荷，因此与PATC复合后电位会有所增大。PATC-PDMDAAC对模拟水样的处理效果和zeta电位结果如图5.27(a)中我们看出，受初始水样pH的影响，随着pH的增大初始水样电位在－26～－45.1mV之间变化。随着投加量的增大，反应过程中的zeta电位都是趋于不断在增大的趋势，并且pH为中性和碱性的环境中随着投加量的增大zeta电位都出现了由负转正的情况。对于UV254的处理效果来说投加量大于1.35mg/L后pH对其去除率的效果影响不大，而在偏碱性条件下对浊度和TOC的效果要好一些，综合混凝剂对低温低浊水的处理效果分析发现在pH为9、投加量为1.8mg/L时效果最好，TOC和UV254的去除率分别为96.68%和65%，浊度能降至0.81NTIU，此时对应的zeta电位为2.1mV，处理效果达到最佳时的zeta电位大于0，这说明PATC-PDMDAAC对低温低浊水的处理不仅仅是电中和作用，同时有吸附作用。

这与前面所提到的 Al 的形态分析混凝剂中 Ala 占的比例较大，能够发挥较好的电中和作用分析结果相吻合。综合分析，PATC-PDMDAAC 处理低温低浊水的主要可能是电中和与吸附架桥发挥的主要作用。

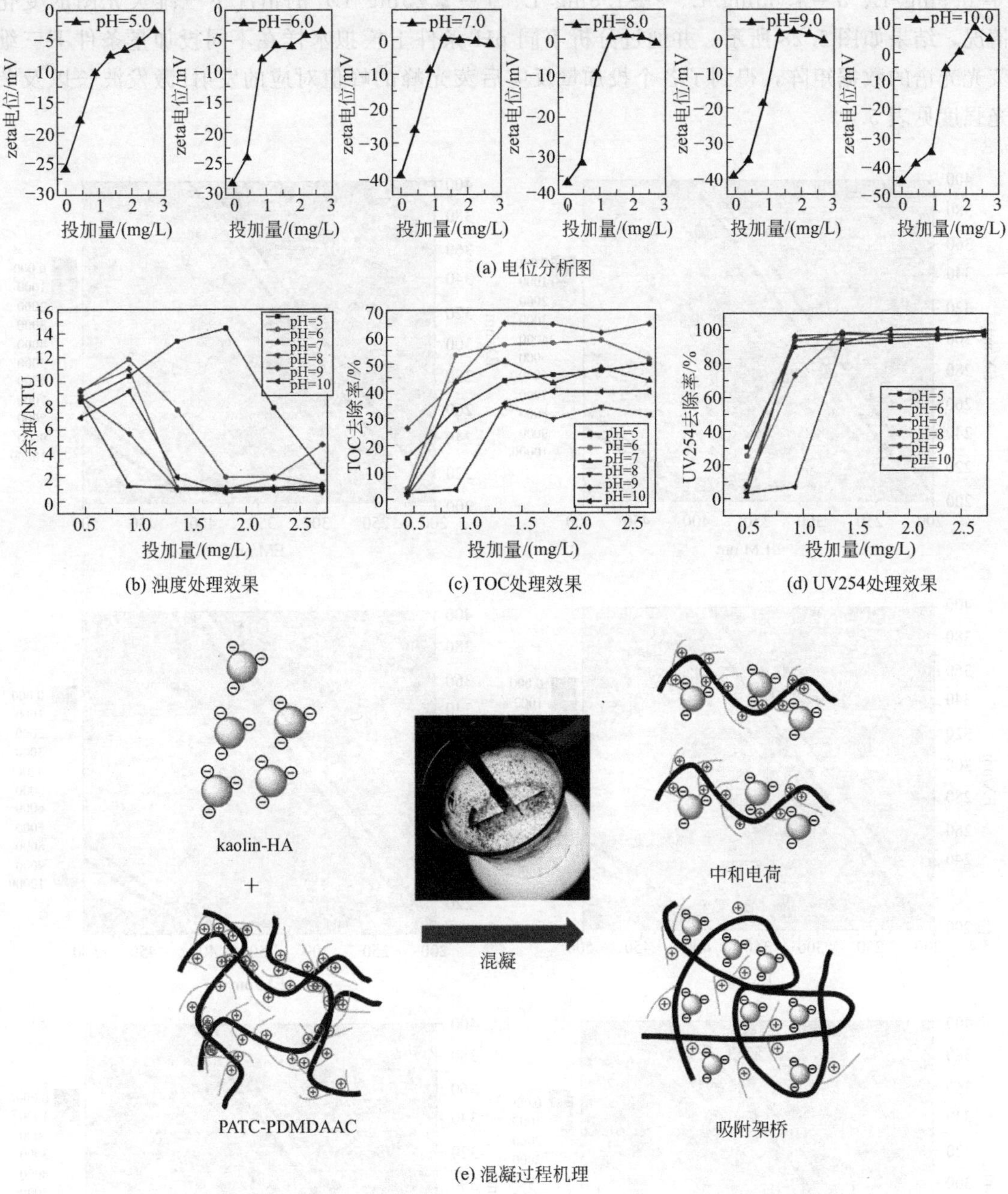

图 5.27 不同 pH 和不同投加量情况下 zeta 电位分析图和处理效果

5.7.7 三维荧光分析

三维荧光光谱技术有测试速度快、选择性好以及不会破坏样品结构等优势而被广泛地应用于定量或者定性地描述水中有机物的物理化学性质。本研究在 zeta 电位分析的实验上对不同反应条件的三维荧光光谱进行了分析，采用日本日立的荧光分光光度计（F-4600），其中激发波长（EX）的范围为 200～400nm，步长设置为 2nm，发射波长（EM）的范围为 200～500nm，步长设置为 3nm，扫描速度控制为 12000nm/min。主要是考察了在酸、碱和中性（pH＝5、pH＝7、pH＝9）的模拟水中不同混凝剂投加量（a＝0mg/L、b＝0.45mg/L、c＝0.9mg/L、d＝1.35mg/L、e＝1.8mg/L、f＝2.25mg/L）的情况下三维荧光图的变化情况，结果如图 5.28 所示。并通过分析不同 pH 条件下模拟水样在不同投加量条件下三维荧光光谱的数据矩阵，得到了各个投加量反应后荧光峰的峰值对应的发射/激发波长以及荧光强度见表 5.4。

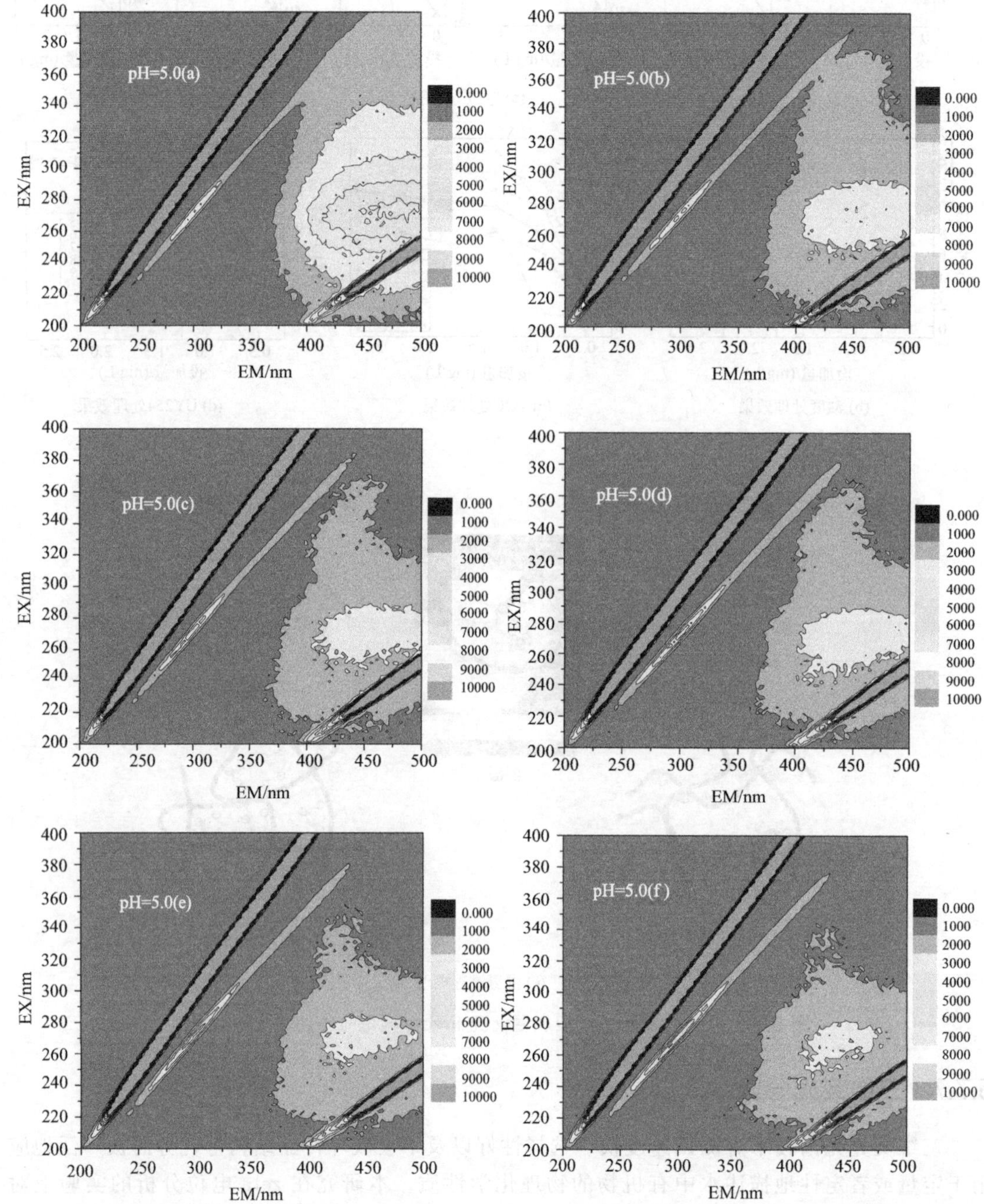

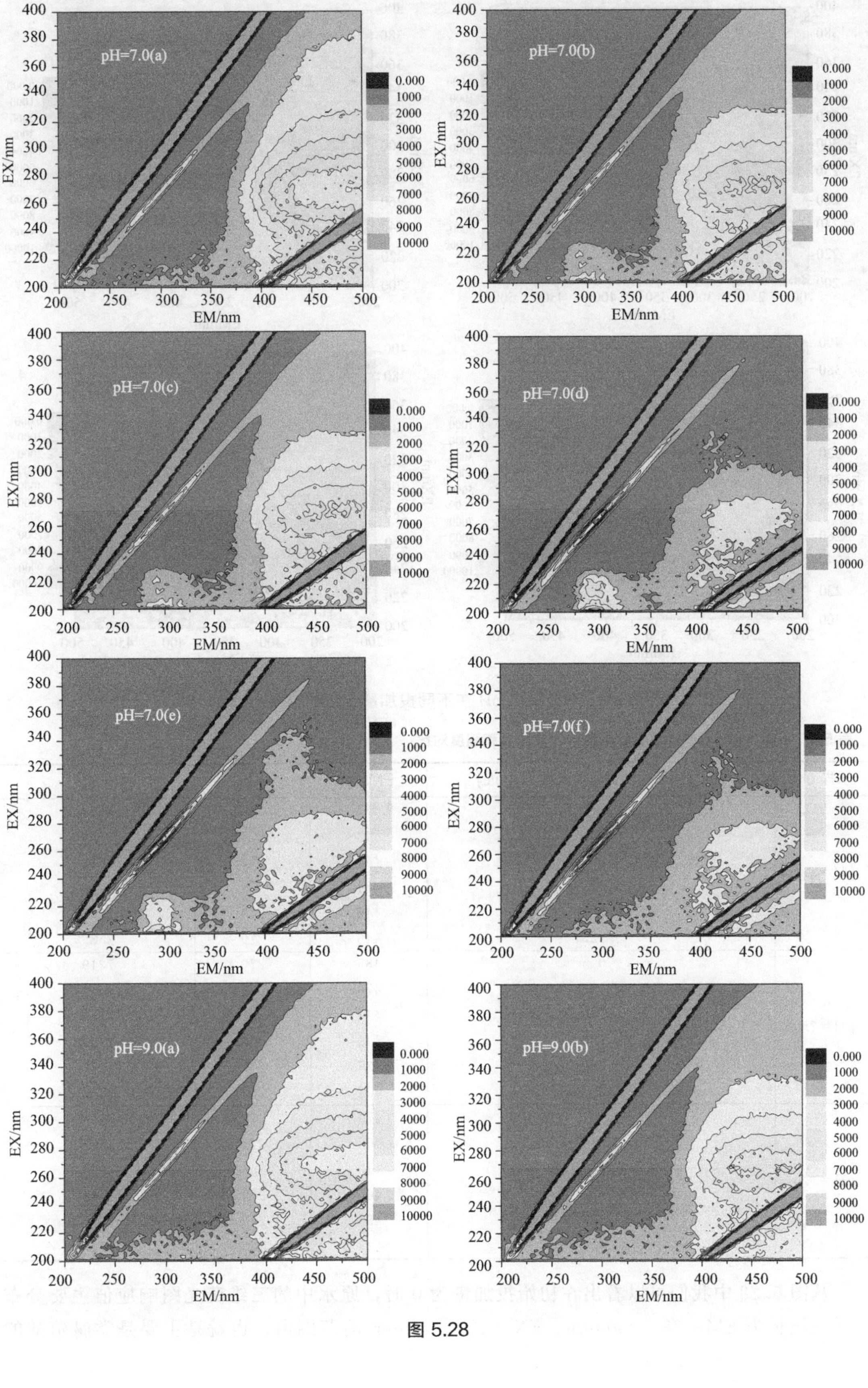
pH=7.0(a)
pH=7.0(b)
pH=7.0(c)
pH=7.0(d)
pH=7.0(e)
pH=7.0(f)
pH=9.0(a)
pH=9.0(b)
EX/nm
EM/nm
0.000
1000
2000
3000
4000
5000
6000
7000
8000
9000
10000

图 5.28

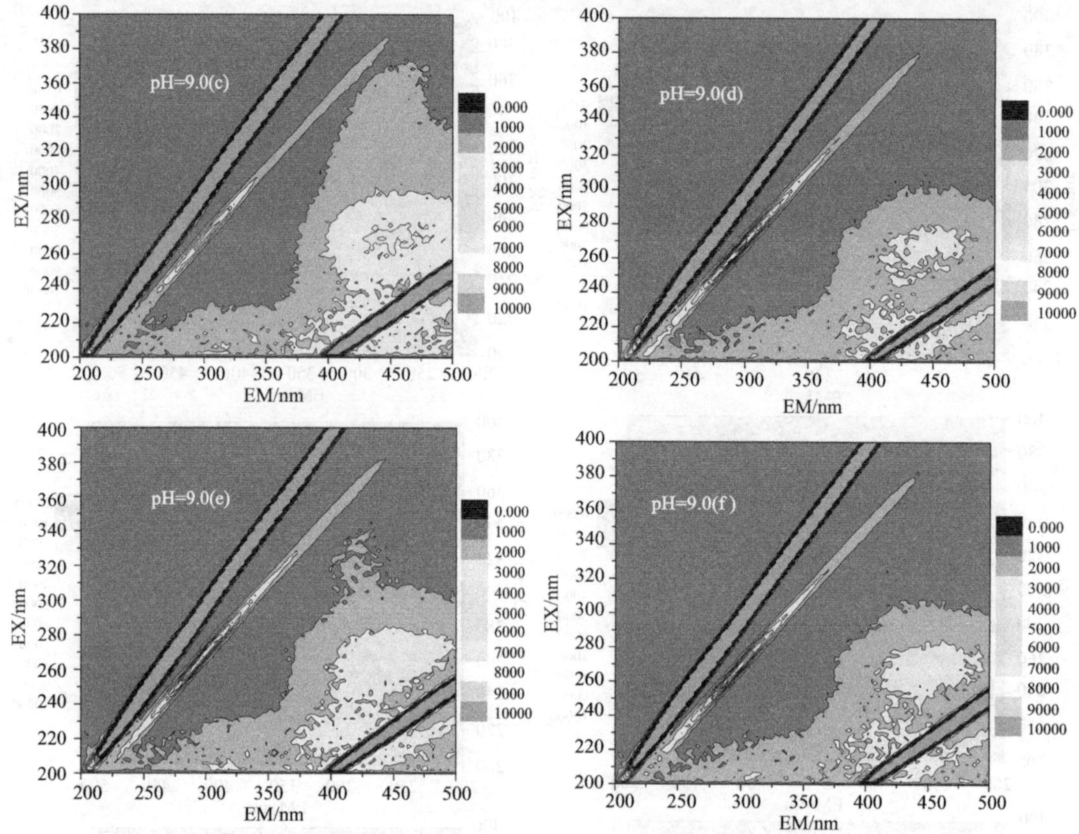

图 5.28　不同原水 pH 在不同投加量下三维荧光光谱图

表 5.4　不同水样 pH 条件下混凝前后荧光峰位置和强度对比

水样 pH	PATC-PDMDAAC 投加量/(mg/L)	EM/nm	EX/nm	荧光强度
pH＝5.0	0	473	274	5558
	0.045	443	274	3069
	0.090	461	272	2822
	0.135	434	270	2990
	0.180	446	270	2655
	0.225	446	270	2589
pH＝7.0	0	485	270	7219
	0.045	476	270	5504
	0.090	446	256	3199
	0.135	446	260	2802
	0.180	437	260	3079
	0.225	437	262	2843
pH＝9.0	0	476	272	7053
	0.045	452	274	5603
	0.090	440	258	3360
	0.135	464	266	2532
	0.180	455	262	2856
	0.225	443	262	2717

从图 5.28 中我们可以看出在初始投加量为 0 时，原水中的三维荧光图响应值主要分布在激发波长为 EM＝380～500nm、EX＝250～400nm 的范围内，也就是主要是类腐殖酸的

分布区域，并且 pH 为 7 和 9 的荧光强度 7219 和 7053 高于 pH 为 5 的荧光强度 5558。这可能是因为 pH 的升高，腐殖酸分子中含有的大量酸性官能团发生解离，导致成键的电子裸露出来使得荧光增强。

随着 PATC-PDMDAAC 投加量的增加，其荧光强度有逐渐降低的趋势，荧光的范围也在一定程度的缩小，并且荧光峰的位置也发生了一定的偏移，混凝剂与腐殖酸发生反应过程中的能量转化造成了荧光峰位置的偏移，这说明 PATC-PDMDAAC 的加入对腐殖酸类的物质具有一定的降解效果，这可能是因为腐殖类的有机物中的负电荷与混凝剂发生了电中和反应造成的，在原水的 pH 为 5 时其荧光强度在投加量为 0.225mg/L 时其荧光强度的去除率最高可达 53.418%。在原水的 pH 为 7 时在 PATC-PDMDAAC 的投加量为 0.135mg/L 时其荧光强度降到最低值，荧光强度的去除率为 61.186%，这与同等初始条件下在混凝剂的投加量为 0.135mg/L 时 TOC 为最佳的去除率也是相吻合的。从 pH 为 9 的不同投加量混凝后的三维荧光图我们可以看到，和在 pH 为 5 和 7 的情况一样，在投加量为 0 时（原水的三维荧光图），基本都在 EM/EX＝476/272 范围内腐殖质的特征峰较为明显，荧光强度也较高。同样，随着混凝剂的投加，反应后的水样的三维荧光强度在减弱，荧光强度的最高的去除率为 64.0578%。以上也说明了 PATC-PDMDAAC 对腐殖酸有较好的处理效果，并且能够与相应条件下的 TOC 处理效果相对应。这也说明了 TOC 的大小与荧光强度值有较好的相关性。并且，结果表明 pH 升高后荧光强度的去除效果也有提高，这可能是因为随着 pH 的升高，投加的混凝剂水解生成的低电荷的正电多核络离子或金属化合物凝聚物对脱稳的微粒产生黏结架桥作用，使胶粒聚集沉淀，所以混凝效果较好。在较低的 pH 条件下，混凝剂的金属离子不能很好地水解，絮体就难以形成，电中和能力不能够得到充分的发挥，只能依靠混凝剂本身的吸附架桥作用。随着 pH 的增大，使得废水颗粒以及胶体所带的电性发生变化，混凝剂的金属离子能够形成大量的水解产物，使得电中和的能力增强，使絮体的卷扫功能得以发挥，提高了絮凝效果。但是过高的 pH 处理效果也会降低，这是因为原水的 pH 太高时会导致混凝剂中的金属离子还没来得及实现电中和就开始快速的水解，使得混凝剂的效果变差。

5.7.8 动力学分析

为了进一步了解絮凝过程，本文研究了在不同 PATC-PDMDAAC 的投加量条件下的絮凝动力学。在配置的腐殖酸-高岭土模拟水样中投加不同投加量的复合絮凝剂，以固定 210r/min 的快速搅拌速度控制不同的搅拌时间进行混凝实验，沉淀时间固定为 30min，采集不同样品的上清液进行余浊的确定和动力学分析。本文采用粒子碰撞絮凝动力学模型，根据文献其表达式为：

$$(N_0/N_t)^{1/2}=1+0.5KN_0t$$

式中，N_0 是高岭土的初始含量（本文以初始浊度计）；N_t 是经过 t(min) 时间后高岭土的含量（以余浊计）；$K(s^{-1})$ 是粒子碰撞和聚集的动力学常数。根据实验所得的数据，可以对 N_0/N_t 与 t 之间的函数关系进行线性拟合，拟合结果如图 5.29 所示。

根据粒子碰撞絮凝动力学模型的表达式，利用 $(N_0/N_t)^{1/2}$ 与时间 t 的关系可以计算出颗粒聚集的动力学常数（K）。$(N_0/N_t)^{1/2}$ 与时间 t 的关系如图 5.29 所示，分析了不同投加量条件下 $(N_0/N_t)^{1/2}$ 与时间 t 的关系，其关系结果见表 5.5。从表中我们可以看出在最佳投加量为 1.8mg/L 时的 KN_0 值最大为 $27.8\times10^{-4}s^{-1}$，这说明了在最佳投加量条件下颗粒之间的碰撞是有效的，但是过高或者过低的投加量条件下其 KN_0 值都出现了适当的降低，这是因为在投加量较低的条件下，模拟水样中水主要是呈现负电荷的形式，所投加的 PATC-PDMDAAC 的量太小时导致溶液体系中正电荷的密度较小，因此有效碰撞的颗粒较少，KN_0 值较低。混凝剂的投加量增大使得溶液体系中的正电荷数量增多，从而便于模拟水中负电荷离子的吸附，有利于粒子间的碰撞和接触使得 K 值增大，但是投加量过高时，会引起一定程度的静态排斥，使得有效的粒子间的连接点降低，从而导致 K 值的降低。

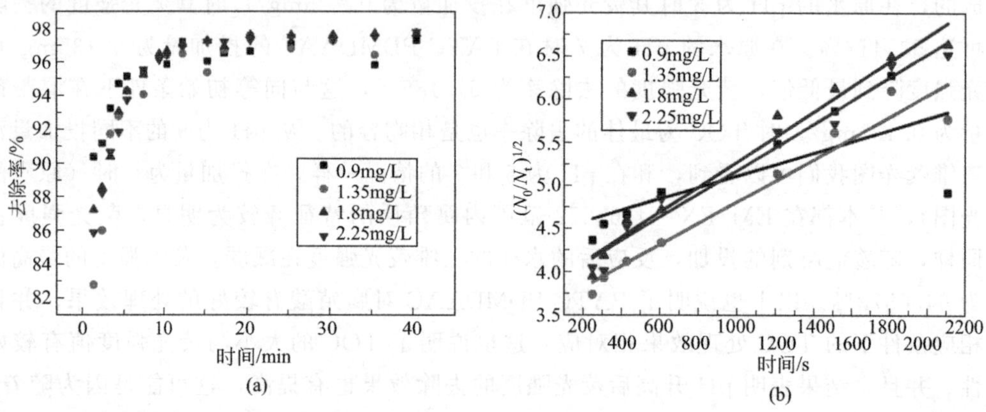

图 5.29 (a) 不同 PATC-PDDAAC 投加量浊度去除率随絮凝时间的变化；(b) $(N_0/N_t)^{1/2}$ 随絮凝时间的变化

表 5.5 不同混凝剂投加量絮凝动力学模拟结果

投加量	1.35mg/L		1.80mg/L		2.25mg/L		2.70mg/L	
	$KN_0/(\times10^4s^{-1})$	R^2	$KN_0/(\times10^4s^{-1})$	R^2	$KN_0/(\times10^4s^{-1})$	R^2	$KN_0/(\times10^4s^{-1})$	R^2
PATC-PDMDAAC	21.4	0.833	27.80	0.995	23.40	0.858	24.60	0.909

5.7.9 湘江低温低浊水处理效果对比

本研究对比了不同有机无机配比复合的絮凝剂、无机絮凝剂（PATC）以及常规的絮凝剂 PAC 和 PFS 对湘江实际低温低浊水的处理情况。湘江取水采样点位置在湘江一大桥和三大桥之间，其水温为 7.5℃±0.3℃，pH 为 7.24±0.2，浊度均在 30NTU 以下。从图 5.30

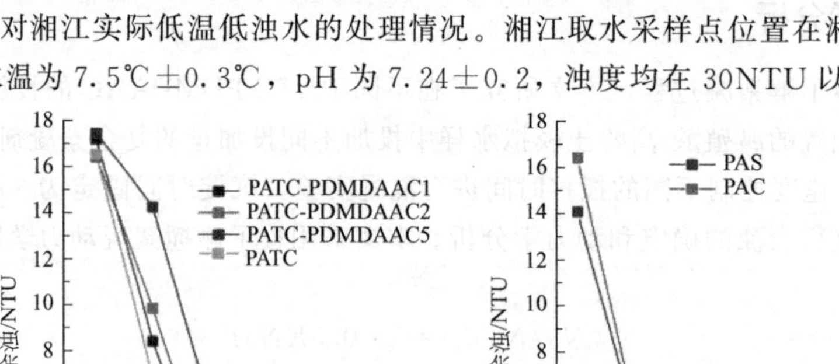

图 5.30 不同 PATC-PDDAAC 配比、PATC、PAS 以及 PAC 对湘江低温低浊水的处理效果对比

中我们看出 PATC 和 PATC-PDMDAAC 对湘江的低温低浊都有较好的处理效果，其中 PATC-PDMDAAC2 能够使湘江低温低浊水浊度降至 0.45NTU，其投加量为 3.6mg/L；PATC 投加量为 3.6mg/L 时能够将浊度降至 0.58NTU，而 PAS 和 PAC 在投加量为 5.4mg/L 时只能将浊度降为 0.76NTU 和 1.09NTU。可以发现复合的絮凝剂比常规的絮凝剂对湘江水的处理效果都要好，在保证处理处理效果的同时投加量也比常规所投加的絮凝剂要低，并且 PATC-PDMDAAC 能够将浊度降至更低，但是过高或者过低的有机无机配比都不利于对低温低浊水的处理。这可能是因为无机复合有机增强了复合絮凝剂的吸附架桥的效果，使得电中和与吸附架桥同时发挥提高了其处理效果。

参考文献

[1] 常鼎伟，任壮，武文洁．PATS 的制备表征及其处理低浊水效能与残留铝控制［J］．环境工程学报．2017，11（08）：4615-4620.

[2] 王成金，高乃云，赵世龈．聚硅酸铝铁絮凝剂研究进展［J］．四川环境，2009，28（4）：5.

[3] 杨海燕，陈忠林，李圭白，等．聚硅酸金属盐混凝剂处理低浊水对残余铝的影响．哈尔滨工业大学学报，2004，（03）：313-316.

[4] 赵艳侠．钛盐混凝剂的混凝行为、作用机制、絮体特性和污泥回用研究［D］．济南：山东大学，2014.

[5] 黄鑫．聚合钛盐混凝剂的研究［D］．济南：山东大学，2017.

[6] 常鼎伟，任壮，武文洁．PATS 的制备表征及其处理低浊水效能与残留铝控制．环境工程学报，2017，（08）：4615-4620.

[7] 张卫飞．聚合氯化铝中 Al（Ⅲ）的形态分布影响因素及混凝性能研究．杭州：浙江大学，2003.

[8] 杨海燕，左金龙，吴菁，等．PAFS 混凝剂处理南方低浊水的混凝试验研究．哈尔滨商业大学学报（自然科学版），2006，（05）：31-34.

[9] 刘温霞，隆言泉，王启常，等．用 Al-Ferron 逐时络合比色法研究聚合硅酸硫酸铝的结构形态．中国造纸学报，2001，（01）：59-66.

[10] 岳钦艳，高宝玉，H. H. Hahn，等．聚硅氯化铝（PASiC）混凝剂的特性及混凝动态过程．中国环境科学，2002，（03）：36-39.

[11] 高宝玉，Sdu. Edu. Cn，岳钦艳，等．聚硅氯化铝（PASC）混凝剂的混凝性能．环境科学，2000，（02）：46-49.

[12] 李肖，李伟，段晋明．聚硅酸钛制备及其助凝特性．环境工程学报，2015，（05）：2207-2212.

[13] Hayashi K，Takahashi M，Nomiya K. Novel Ti-O-Ti bonding species constructed in a metal-oxide cluster［J］. Dalton Transactions，2005（23）：3751.

[14] Wu Y F，Liu W，Gao N，et al. A study of titanium sulfate flocculation for water treatment［J］. Water Research，2011，45（12）：3711.

[15] 朱国成，柳俊斐，周腾智，等．新型固体聚硅硫酸铁混凝剂的制备及结构表征［J］．光谱学与光谱分析，2016，36（8）：2455-2461.

[16] Fu Y，Yu S L. Characterization and coagulation performance of solid poly-silicic-ferric（PSF）coagulant［J］. Journal of Non-Crystalline Solids，2007，353（22-23）：2213.

[17] Zhao Y X，Phuntsho S，Gao B Y，et al. Preparation and Characterization of Novel Polytitanium Tetrachloride Coagulant for Water Purification［J］. Environmental Science & Technology，2013，47（22）：12966-12975.

[18] Baillon F，Provost E，Fürst W. Study of titanium（Ⅳ）speciation in sulphuric acid solutions by FT-

Raman spectrometry [J]. Journal of Molecular Liquids, 2008, 143 (1): 8-12.
[19] Lange K R, Spencer R W. Mechanism of activated silica sol formation [J]. Environmental Science & Technology, 1968, 2 (3).
[20] 陆兰英. 一种 PAC-PDMDAAC 复合混凝剂的制备及应用 [D]. 重庆：重庆大学，2012.
[21] Zhang Y, Xu J. Synthesis of Ultra High Molecular Weight Poly (dimethyldiallyl ammonium chloride) [J]. Russian Journal of Applied Chemistry. 2016, 89 (2): 315-323.
[22] Zheng L, Xu S, Peng Y, et al. Preparation and swelling behavior of amphoteric superabsorbent composite with semi-IPN composed of poly (acrylic acid) /Ca-bentonite/poly (dimethyldiallylammonium chloride) [J]. Polymers for Advanced Technologies, 2007, 18 (3): 194-199.
[23] Liao L, Zhang P. Preparation and Characterization of Polyaluminum Titanium Silicate and its Performance in the Treatment of Low-Turbidity Water [J]. Processes, 2018, 6 (8): 125.
[24] 龚竹青，刘立华，郑雅杰. 聚二甲基二烯丙基氯化铵与聚合硫酸铁复合絮凝剂的制备及应用研究 [J]. 环境污染治理技术与设备，2004 (10)：35-39.
[25] 蒋绍阶，李晓恩，冯欣蕊. 有机-无机杂化高分子絮凝剂 PAC-PDMDAAC 的合成与表征 [J]. 高分子学报，2014 (4)：466-472.
[26] 杨军. 有机混凝剂 PDMDAAC 的合成与相关应用研究 [D]. 重庆：重庆大学，2012.
[27] Francis S, Varshney L, Sabharwal S. Thermal degradation behavior of radiation synthesized polydiallyldimethylammonium chloride [J]. European Polymer Journal, 2007, 43 (6): 2525-2531.
[28] 李潇潇，张跃军，赵晓蕾，等. 聚二甲基二烯丙基氯化铵对聚合硫酸铁处理冬季长江水的助凝效果 [J]. 工业用水与废水，2009 (2)：24-27.
[29] 王昕蕾. 有机-无机杂化絮凝剂 PAM-PAFC 的合成、表征及应用 [D]. 重庆：重庆大学，2018.

第6章 聚磷氯化铁镁钛

随着对聚合氯化铁（PFC）性能的深入研究，其混凝作用机理也被进一步明确，近年来部分学者将其他金属元素引入 PFC，形成铁基复合型无机高分子混凝剂，实现优势互补，提高混凝处理效果。研究表明，镁盐混凝剂在去除色度、浊度方面有良好的效果，形成的絮体颗粒粗大沉重，沉降速度快，而且可在较高 pH 值下进行处理，可以同时发挥消毒和稳定的效果。在铁基混凝剂中引入适量的镁盐成分可有效降低其出水色度以及拓展其在混凝脱色方面的应用，使混凝效果更好应用范围更广。钛盐作为一种新型混凝剂的研发受到了研究者的广泛关注，初步研究发现，将钛盐引入到铁基混凝剂中，钛离子可以取代部分的铁离子，并且钛离子具有水解聚合为多核高分子聚合产物的优势，能够和铁离子一起产生良好的吸附电中和作用，改善单独铁基混凝剂的不足，提高其混凝性能。据报道含钛混凝剂处理后出水中钛的残留量极低，且无生物毒性，而且混凝过程中产生的污泥，通过高温煅烧能够制备具有优良光催化活性的纳米 TiO_2 材料[1,2]，具有环境友好的优点。PO_4^{3-} 作为一种络合剂在铁基混凝剂的制备过程中被广泛掺入，PO_4^{3-} 的引入能够有效增强铁基混凝剂稳定性的同时促进混凝剂的聚合[3]。研究将氯化铁、氯化镁、四氯化钛、磷酸氢二钠复合共聚制备成铁基复合型无机高分子混凝剂 PFMTC，采用单因素实验结合 Ferron 逐时络合比色分光光度法研究 PFMTC 的混凝性能以及混凝剂中 Fe_a、Fe_b、Fe_c 3 种形态含量的变化，并通过红外光谱、X 射线衍射、扫描电镜与能谱对 PFMTC 的微观形貌及组分结构进行表征分析。

6.1 聚磷氯化铁镁钛的制备与表征

（1）PFMTC 制备方法

室温下，按照 Mg/Fe 物质的量比为（0.4～1.4）：1，将 $MgCl_2$ 加入到 0.01mol/L $FeCl_3$ 溶液中，充分搅拌后置于冷冻 10～20min；再按照 Ti/(Fe＋Mg) 物质的量比为（0.1～0.6）：1，将一定体积的 $TiCl_4$ 加入到冷冻后的溶液中，充分搅拌；然后按照 OH/Ti＋Mg＋Fe 物质的量比为（0.1～0.6）：1，在磁力搅拌高速剪切的条件下缓慢加入 1.0mol/L

的 NaOH 溶液，调节碱化度；接着按照 PO_4^{3-}/Fe 物质的量比为（0.1～0.6）：1，将一定物质的量的 Na_2HPO_4 加入到溶液中，最后将其置于 30～80℃的恒温水浴条件下，持续磁力搅拌反应 2h，静置熟化 24h，即制备出 PFMTC。

混凝实验：用某校湖水和高岭土配制，pH 值为 8.20±0.10，浊度为 120NTU±10NTU。混凝操作采用六联搅拌器，实验模拟水样分别倒入六个 1L 的圆筒混凝烧杯中，混凝剂的投加量以有效 Fe 成分计。混凝搅拌先以 210r/min 快速搅拌 2min，再以 50r/min 慢速搅拌 10min，最后静置沉降 30min 后取距液面 2cm 处清液，进行水样分析测其余浊与出水 pH 值。

（2）混凝剂铁形态表征

根据文献[4]，采用高铁试剂（Ferron）逐时络合比色分光光度法研究 PFMTC 中的 Fe 的形态。Ferron 试剂与自由的铁离子及其各级的羟基络合物的络合动力学差异，导致络合物吸光度随时间变化，因而可根据不同 Fe 的水解形态与 Ferron 试剂络合的速率不同来测定不同形态铁的含量。研究表明，可将 Fe 的水解形态划分为 Fe_a、Fe_b、Fe_c 三部分：在 0～1min 即可与 Ferron 试剂反应络合的以 Fe_a 表示，包括自由离子铁离子与铁的单核羟基络合物；在 1～240min 内完成与 Ferron 试剂络合的以 Fe_b 表示，包括一系列铁的多核羟基络合物或称低聚合度铁的无机高分子；在 240min 后与 Ferron 试剂络合反应极慢和不反应的以 Fe_c 表示，包括铁的高聚物和铁的失稳溶胶或凝胶形态。铁的总量（Fe_T）等于以上三部分之和，及 $Fe_T=Fe_a+Fe_b+Fe_c$。其中 Fe_a、Fe_b、Fe_c 含量的计算公式如下所示：

$$Fe_a(\%)=(OD_1-OD_0)/(OD_3-OD_0)\times100\%$$

$$Fe_b(\%)=(OD_2-OD_1)/(OD_3-OD_0)\times100\%$$

$$Fe_c(\%)=100\%-Fe_a-Fe_b$$

式中，OD_0 为空白试样煮沸后的吸光度值；OD_1 为 1min 时测试样品对应的吸光度值；OD_2 为 240min 时测试样品对应的吸光度值；OD_3 为测试样品在 240min 后煮沸冷却后对应的吸光度值。

研究 PFMTC 形态时，铁离子浓度为 $0\sim10\times10^{-5}$ mol/L 与 pH 值为 5.2 的缓冲溶液中进行，此时 Fe 与 Ferron 试剂生成的络合物在 600nm 波长有最大吸收，且络合物的吸光度与 Fe 浓度呈线性关系。根据文献[5,6]，配制铁标准溶液，加入 Ferron 试剂，在 TU-1901 型紫外可见分光光度计上 600nm 波长测定吸光度（*A*），以 Fe 离子的浓度为横坐标，*A* 为纵坐标绘制标准曲线（如图 6.1 所示），图中曲线关系为：

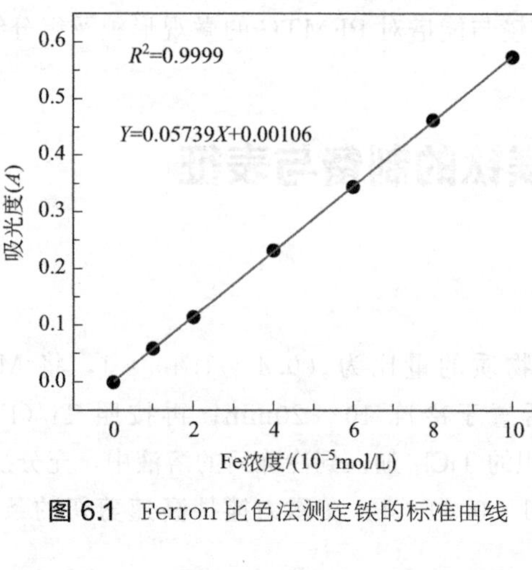

图 6.1 Ferron 比色法测定铁的标准曲线

$$Y=0.05739X+0.00106$$

式中，X 为铁离子的浓度；Y 为吸光度 A。

6.2 制备条件对Fe形态与混凝效果的影响

6.2.1 反应温度对除浊效果与 Fe 形态的影响

当 $n(Mg)/n(Fe)$ 为 0.4、$n(Ti)/n(Fe+Mg)$ 为 0.3、$n(OH)/n(Ti+Mg+Fe)$ 为 0.3、$n(PO_4^{3-})/n(Fe)$ 为 0.3 时，改变反应温度，研究反应温度对制备的混凝剂除浊效果与 Fe 形态的影响，实验结果如图 6.2 所示。

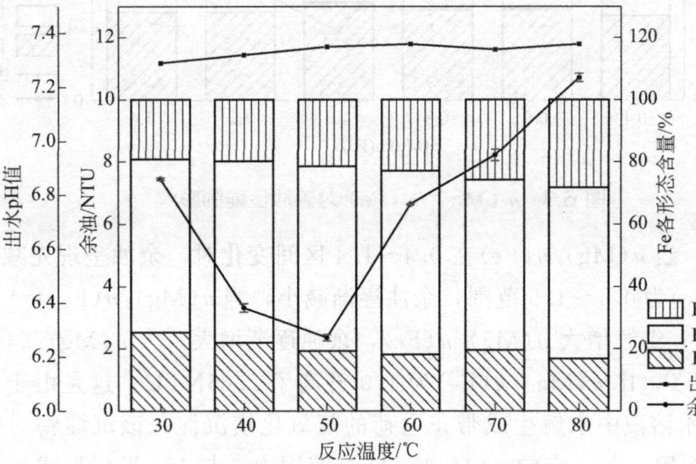

图 6.2 反应温度对除浊性能的影响

由图 6.2 可知，在 30～80℃反应温度范围内，余浊呈现先减小后增大的趋势。反应温度为 30℃时，余浊为 7.45NTU，当温度升高至 50℃时，余浊降低至最低的 2.35NTU，继续升高温度至 80℃，余浊逐渐升高到 10.7NTU。这是由于 $FeCl_3$、$MgCl_2$、$TiCl_4$ 三者水解反应均为吸热反应，所以适当升高反应温度可提升其水解速率，使 Fe(Ⅲ)、Mg(Ⅱ) 与 Ti(Ⅳ) 共聚物中的羟基增多，形成高聚合度的羟基配合物，有利于增强混凝剂的吸附架桥和网捕卷扫能力。另一方面，从 Ferron 逐时络合比色法研究 PFMTC 中 Fe 的形态分析可知，反应温度对铁形态分布存在一定影响。在反应温度 30～80℃ 范围内，Fe_a 比例从 25.25%逐渐减少到 16.75%，Fe_b 比例先从 55.55%增加到 59.34%，后减少至 54.97%，Fe_c 比例逐渐从 19.19%增加至 28.27%。这是由于反应温度的升高促进 Fe(Ⅲ) 朝着更深层次的水解聚合，Fe_a 向 Fe_b 转化，Fe_b 向 Fe_c 转化。研究表明 Fe_b 是铁基混凝剂处理效果较好时的主要成分[7~9]，当反应温度为 50℃时，Fe_b 所占比例达到最高的 59.35%，且剩余浊度降至最低的 2.35NTU。因此，选取反应温度 50℃ 为优化制备条件。随着反应温度的增大，出水 pH 值稳定在 7.29～7.36 之间，可见反应温度的变化对出水 pH 值基本无影响。

6.2.2 $n(Mg)/n(Fe)$ 对除浊效果与 Fe 形态的影响

当反应温度为 50℃，$n(Ti)/n(Fe+Mg)$ 为 0.3，$n(OH)/n(Ti+Mg+Fe)$ 为 0.3，

$n(PO_4^{3-})/n(Fe)$ 为 0.3，改变 $n(Mg)/n(Fe)$，研究 $n(Mg)/n(Fe)$ 对制备的混凝剂除浊效果与 Fe 形态的影响，实验结果如图 6.3 所示。

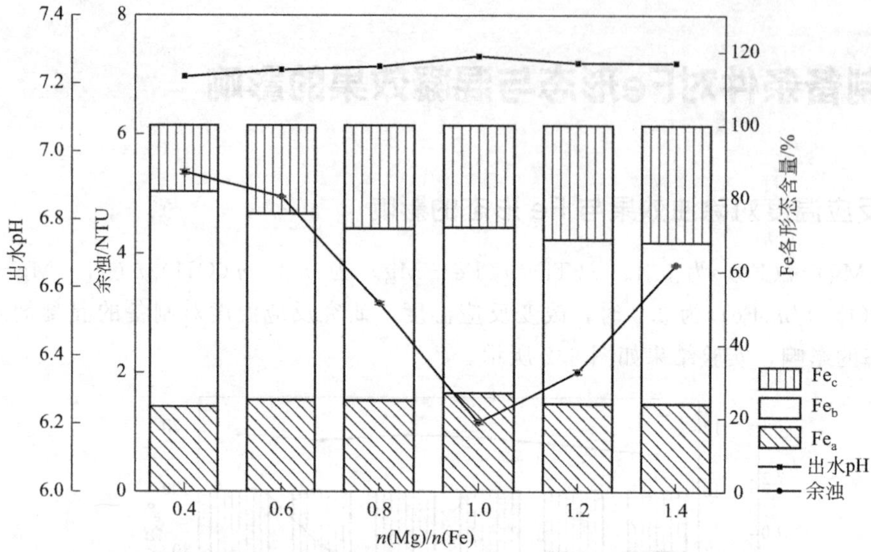

图 6.3 n（Mg）/n（Fe）对除浊性能的影响

由图 6.3 可知，当 $n(Mg)/n(Fe)$在 0.4～1.4 区间变化时，余浊呈现先减小后增大的趋势。在 $n(Mg)/n(Fe)$为 0.4～1.0 范围，余浊逐渐减小，当 $n(Mg)/n(Fe)=1.0$ 时，余浊降至最低的 1.16NTU；继续增大 $n(Mg)/n(Fe)$，余浊逐渐增大，当 $n(Mg)/n(Fe)$为 1.4 时，余浊升高至 3.81NUT，比 $n(Mg)/n(Fe)$为 1.0 升高了 2.65NTU。这是由于混凝剂中所携带的 Mg(Ⅱ) 能在水溶液中水解生成带正电荷的氢氧化镁沉淀，该沉淀物对带负电荷胶体颗粒具有强烈吸附作用，在一定的 $n(Mg)/n(Fe)$范围内，与 Fe(Ⅲ) 形成的高聚合度的带正电荷的羟基配合物通过吸附电中和作用将水体中的污染胶体和颗粒吸附形成絮体，进而通过沉淀作用去除[10,11]。另一方面，从 Ferron 逐时络合比色法研究 PFMTC 中 Fe 的形态分析可知，铁形态分布受到了共存金属离子 Mg(Ⅱ) 的影响。$n(Mg)/n(Fe)$在 0.4～1.4 内变化时，Fe_a 比例保持稳定在 23%～25%，Fe_b 比例从 58.65%逐渐减少至 43.98%，Fe_c 比例从 18.14%逐渐增加至 31.94%。这可能是由于随着 Mg(Ⅱ) 浓度的增加，Mg(Ⅱ) 与 Fe(Ⅲ) 形成了 Mg—O—Fe 新键，有利于 Fe_b 向 Fe_c 转化；而 Fe_b 是铁基混凝剂高处理效果主要成分，在 Mg(Ⅱ) 与 Fe(Ⅲ) 化学络合与水解的综合结果 $n(Mg)/n(Fe)$为 1.0 时，PFMTC 中 Mg(Ⅱ) 与 Fe(Ⅲ) 的混凝协同增效作用达到最佳。因此，选取 $n(Mg)/n(Fe)=1.0$ 为优化制备条件。随着 $n(Mg)/n(Fe)$的增大，出水 pH 值稳定在 7.22～7.28 之间，可见 $n(Mg)/n(Fe)$的变化对出水 pH 值基本无影响。

6.2.3 n（Ti）/n（Fe+ Mg）对除浊效果与 Fe 形态的影响

当反应温度为 50℃、$n(Mg)/n(Fe)$ 为 1.0、$n(OH)/n(Ti+Mg+Fe)$ 为 0.3，$n(PO_4^{3-})/n(Fe)$为 0.3 时、改变 $n(Ti)/n(Fe+Mg)$，研究 $n(Ti)/n(Fe+Mg)$对制备的混凝剂除浊效果与 Fe 形态的影响，实验结果见图 6.4。

由图 6.4 可知，$n(Ti)/n(Fe+Mg)$在 0.1～0.6 内变化时，余浊呈现先减小后增大的趋

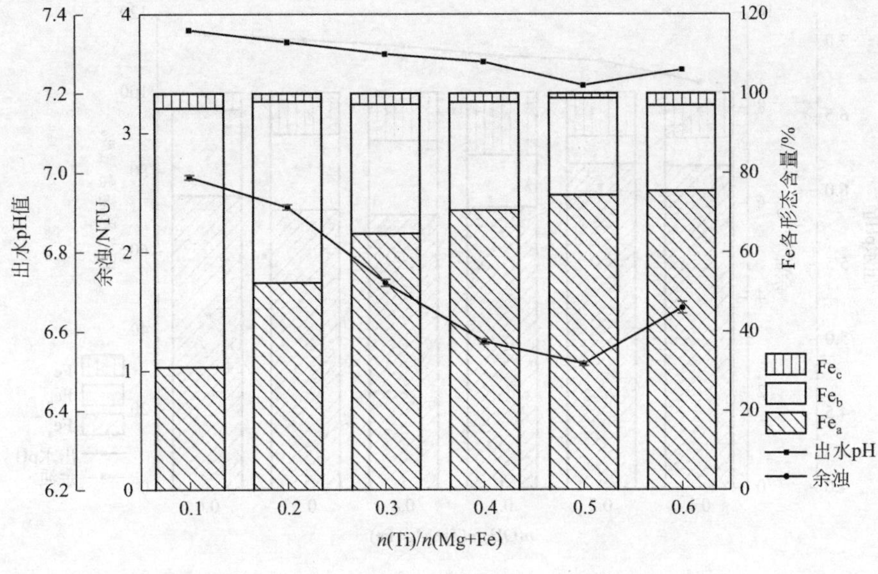

图 6.4 n（Ti）/n（Fe+ Mg）对除浊性能的影响

势。当n(Ti)/n(Fe+Mg)为0.5时，余浊降至最低的1.06NTU，比n(Ti)/n(Fe+Mg)为0.1时的余浊2.64NTU降低了1.58NTU，这是由于四氯化钛中Ti(Ⅳ)的引入，将水解成单核或多核带正电荷的钛羟基络合物[12]，这些钛络合物会通过吸附电中和作用将水体中的胶体颗粒吸附电中和形成絮体，进而通过沉淀作用去除；继续增大n(Ti)/n(Fe+Mg)至0.6时，余浊升高至1.53NTU，比n(Ti)/n(Fe+Mg)为0.5时的余浊升高了0.47NTU，这是由于四氯化钛中Ti(Ⅳ)水解过程中会产生H^+，过多四氯化钛的引入会产生更多的H^+，使混凝体系的pH降低，对混凝造成了不利影响，从而导致除浊效果降低[13]。另一方面，从Ferron逐时络合比色法研究PFMTC中Fe的形态分析可知，铁形态分布受到了共存金属离子Ti(Ⅳ)的影响。n(Ti)/n(Fe+Mg)在0.1～0.6内变化时，Fe_a比例从31.05%逐渐增加到75.45%，Fe_b比例从65.26逐渐减少至21.56%，Fe_c比例保持稳定在1.2%～3.6%。这是由于随着Ti(Ⅳ)比例升高，在溶液中会有更多的H^+释放，抑制了Fe(Ⅲ)的水解形成高聚合的Fe_c，从而导致Ti(Ⅳ)与Fe(Ⅲ)化学络合与水解的综合结果在n(Ti)/n(Fe+Mg)为0.5时，PFMTC中Fe(Ⅲ)与Ti(Ⅳ)的混凝协同增效作用达到最佳。因此，选取n(Ti)/n(Fe+Mg)=0.5为优化制备条件。随着n(Ti)/n(Fe+Mg)的增大，出水pH值在7.22～7.36变化，可见n(Ti)/n(Fe+Mg)对出水pH存在一定影响，适度的n(Ti)/n(Fe+Mg)比例有利于钛羟基络合物的形成，且不会引起出水pH值迅速降低。

6.2.4 n（OH）/n（Ti+ Mg+ Fe）对除浊效果与Fe形态的影响

当反应温度为50℃、n(Mg)/n(Fe)为1.0、n(Ti)/n(Fe+Mg)为0.5、n(PO_4^{3-})/n(Fe)为0.3时，改变n(OH)/n(Ti+Mg+Fe)，研究n(OH)/n(Ti+Mg+Fe)对制备的混凝剂除浊效果与Fe形态的影响，实验结果见图6.5。

由图6.5可知，n(OH)/n(Ti+Mg+Fe)在0.1～0.6内变化时，余浊呈现先减小后增大的趋势。当n(OH)/n(Ti+Mg+Fe)为0.5时，对浊度去除效果最好，剩余浊度降至0.91NTU，比n(OH)/n(Ti+Mg+Fe)为0.1时的余浊7.96NTU降低了7.05NTU，而继

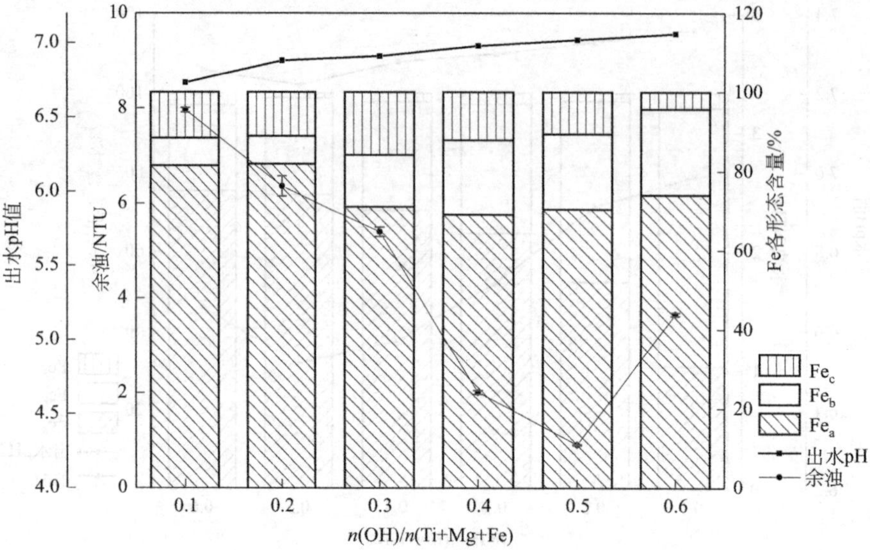

图 6.5　n（OH）/n（Ti+ Mg+ Fe）对除浊性能的影响

续增大 n(OH)/n(Ti+Mg+Fe)为 0.6 时，余浊升高至 3.65NTU，比 n(OH)/n(Ti+Mg+Fe)为 0.5 时的余浊升高了 2.47NTU。这可能是由于随着 n(OH)/n(Ti+Mg+Fe)的增大，PFMTC 中 Ti(Ⅳ) 水解产物的形态逐渐从单体向聚合态转化，然后 Ti(Ⅳ) 水解产物的形态进一步从聚合态向高聚物转化，但是部分高聚合度的钛羟基聚合物不稳定，容易分解[14]；所以在 n(OH)/n(Ti+Mg+Fe)较小时，Ti(Ⅳ) 的水解产物聚合度低，吸附架桥网捕能力弱，导致除浊效果不理想；继续增大 n(OH)/n(Ti+Mg+Fe)时，Ti(Ⅳ) 的水解形成单核或者多核钛羟基聚合物，具有极强的吸附电中和与架桥网捕能力[15]，能够有效地对水体中胶体颗粒进行吸附电中、架桥网捕作用形成絮体，使污染物脱稳沉淀分离出来；当 n(OH)/n(Ti+Mg+Fe)大于 0.5 时，Ti(Ⅳ) 的水解产物的形成的高聚合度产物稳定性降低，容易分解，吸附电中和、架桥网捕能力有所减弱，从而导致除浊效果有所下降。另一方面，从 Ferron 逐时络合比色法研究 PFMTC 中 Fe 的形态分析可知，铁形态分布受到了碱化度[n(OH)/n(Ti+Mg+Fe)] 的影响。n(OH)/n(Ti+Mg+Fe)在 0.1～0.6 变化时，Fe_a 比例先从 81.50%逐渐减少至 69.06%，后增加到 74.07%，Fe_b 比例从 6.94%逐渐增加至 21.60%，Fe_c 比例先从 11.56%逐渐增加到 15.85%后减少至 4.32%。这是由于碱化度太低不利于 Fe(Ⅲ) 的水解聚合，水解产物以低聚合度的 Fe_a 占绝大部分，随着碱化度增加时，部分 Fe_a 逐渐向 Fe_b、Fe_c 转化，从而使 Fe_b、Fe_c 含量增加；而当碱化度继续增加时，Fe(Ⅲ) 水解较为活跃，部分 Fe_c 稳定性降低，Fe_c 所占比例降低，吸附架桥与网捕能力降低，从而余浊升高。在 n(OH)/n(Ti+Mg+Fe)为 0.1～0.6 范围内，Fe_a、Fe_b、Fe_c 三种形态分布的变化同 Ti(Ⅳ) 水解形成的钛羟基聚合物产生的混凝协同增效作用在 n(OH)/n(Ti+Mg+Fe)为 0.5 时达到最佳。因此，选取 n(OH)/n(Ti+Mg+Fe)＝0.5 为优化制备条件。随着 n(OH)/n(Ti+Mg+Fe)的增大，出水 pH 从 6.73 逐渐增大至 7.06，可见 n(OH)/n(Ti+Mg+Fe)对出水 pH 存在一定影响，适度比例的 n(OH)/n(Ti+Mg+Fe)不仅有利于羟基聚合物的形成，还有助于提高出水的 pH，有利于混凝后续工艺的处理。

6.2.5 $n(PO_4^{3-})/n(Fe)$ 对除浊效果与 Fe 形态的影响

当反应温度为 50℃、$n(Mg)/n(Fe)$ 为 1.0、$n(Ti)/n(Fe+Mg)$ 为 0.5、$n(OH)/n(Ti+Mg+Fe)$ 为 0.5 时，改变 $n(PO_4^{3-})/n(Fe)$，研究 $n(PO_4^{3-})/n(Fe)$ 对制备的混凝剂除浊效果与 Fe 形态的影响，实验结果见图 6.6。

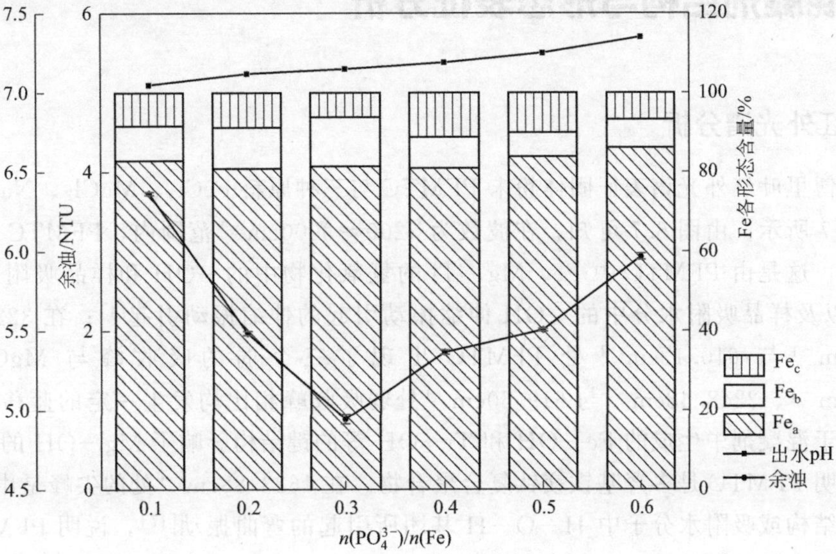

图 6.6 $n(PO_4^{3-})/n(Fe)$ 对除浊性能的影响

由图 6.6 可知，$n(PO_4^{3-})/n(Fe)$ 在 0.1～0.6 内变化时，余浊呈现先减小后增大的趋势。当 $n(PO_4^{3-})/n(Fe)$ 为 0.3 时，对浊度去除效果最好，剩余浊度降至 0.89NTU，比 $n(PO_4^{3-})/n(Fe)$ 为 0.1 时的余浊 3.73NTU 降低了 2.84NTU。而继续增大 $n(PO_4^{3-})/n(Fe)$ 为 0.6 时，余浊升高至 2.94NTU，比 $n(PO_4^{3-})/n(Fe)$ 为 0.3 时的余浊升高了 2.05NTU。这是由于铁基混凝剂的制备中，在一定范围内，随着 PO_4^{3-} 的加入有利于形成 Fe-P-Fe 桥键，既能促进生成 Fe^{3+} 多核聚合物，增强混凝剂的网捕卷扫与架桥吸附能力，又能有效延缓混凝剂的水解-聚合-沉淀的过程，提高铁基混凝剂的稳定性[16]。而当 $n(PO_4^{3-})/n(Fe)$ 增加至 0.4 时，除浊效果开始下降，这可能是由于加入的 PO_4^{3-} 增加，同时游离态的 PO_4^{3-} 也增加，在混凝过程中与带正电荷的聚合物发生吸附电中和作用，导致混凝体系具有的吸附电中和能力有所下降，从而使除浊效果降低。另一方面，从 Ferron 逐时络合比色法研究 PFMTC 中 Fe 的形态分析可知，在 $n(PO_4^{3-})/n(Fe)$ 为 0.1～0.3 范围内，PO_4^{3-} 浓度的增大，Fe_a 和 Fe_c 所占比例逐渐减少，而 Fe_b 所占比例逐渐增加；在 $n(PO_4^{3-})/n(Fe)=0.3$ 时，Fe_b 所占比例达到最高的 12.36%；在 $n(PO_4^{3-})/n(Fe)$ 为 0.3～0.6 范围内，PO_4^{3-} 浓度的增大，Fe_a 所占比例逐渐增加，而 Fe_b 和 Fe_c 所占比例逐渐减少；在 $n(PO_4^{3-})/n(Fe)=0.4$ 时，Fe_c 所占比例达到最高的 11.11%。这表明 PO_4^{3-} 作为一种与 Fe^{3+} 亲和力较强的阴离子，可影响 Fe_a、Fe_b 和 Fe_c 形态在体系中的分布，参与 Fe(Ⅲ) 聚合反应，在铁原子之间起桥连作用，形成 Fe—P—Fe 桥键同 Fe—OH—Fe 键共同控制着混凝性能。Fe_b 是铁基混凝剂高处理效果主要成分，$n(PO_4^{3-})/n(Fe)=0.3$，Fe_b 所占比例达到最高的 12.36%，且剩余浊度降至最低的 0.89NTU，两者吻合。因此，选取 $n(PO_4^{3-})/n(Fe)=0.3$

为优化制备条件。随着$n(PO_4^{3-})/n(Fe)$的增大，出水 pH 从 7.05 逐渐增大至 7.35，可见$n(PO_4^{3-})/n(Fe)$对出水 pH 存在一定影响，适度的$n(PO_4^{3-})/n(Fe)$比例不仅有利于 Fe—P—Fe 桥键的形成，而且也提高了出水 pH，有利于混凝后续工艺的处理。

6.3 混凝剂结构与形态表征分析

6.3.1 红外光谱分析

采用傅里叶红外光谱表征固体粉末 PFMTC 与三种原料 $FeCl_3$、$MgCl_2$、Na_2HPO_4，结果如图 6.7 所示。由图 6.7 可知，在波数为 3200～3600cm^{-1}范围内，PFMTC 存在一个较宽吸收峰，这是由 PFMTC 中 Fe、Mg、Ti 的氢氧化物中的—OH 和样品吸附水分子中的—OH，以及样品吸附水分中的—OH 伸缩振动引起的伸缩振动引起[4]；在 3227.69cm^{-1}、2229.70cm^{-1} 与 610.12cm^{-1} 处 PFMTC 出现了三个弱的吸收峰与 $MgCl_2$ 谱图中 3246.46cm^{-1}、2248.48cm^{-1}与 619.60cm^{-1}处弱吸收峰相比均发生一定的蓝移现象，可以解释为由于混凝剂中生成的 Fe—OH 和 Ti—OH 等的键结构影响了 Mg—OH 的伸缩振动吸收峰，说明 PFMTC 是多羟基铁镁钛复合聚合物。在 1633.88cm^{-1}处的尖峰是由于 PFMTC 中所含的结构或吸附水分子中 H—O—H 基团所引起的弯曲振动[17]，说明 PFMTC 中存在大量羟基聚合物结构特征。波数在 1587.40cm^{-1}与 1384.80cm^{-1}处存在两个尖弱的吸收峰与 $FeCl_3$ 谱图中 1586.81cm^{-1}与 1384.97cm^{-1}两处相吻合，可能是 Fe—OH—Fe、Fe—O—Fe 键引起。在 Na_2HPO_4 谱图中 1100～1000cm^{-1}处尖强吸收峰是—HPO_4 基团与—PO_4 基团的红外特征峰，而在 PFMTC 谱图中 1037.49cm^{-1}处出现了宽弱的吸收峰，这是由于形成了 Fe—P、Ti—P 等基团键逐渐弱化了—HPO_4 与—PO_4 基团尖强的吸收峰，取而代之各种比较弱的吸收峰叠加在一起形成的宽弱的吸收峰；而在 867.07cm^{-1}处的弱吸收峰是 Fe—P—Ti 基团的非对称伸缩振动引起的，Fe—P—Ti 基团键有利于形成高分子量的混凝剂，并在混凝过程中表现出更加优良的混凝性能[18]。在 458.94cm^{-1} 处出现的弱峰，可能

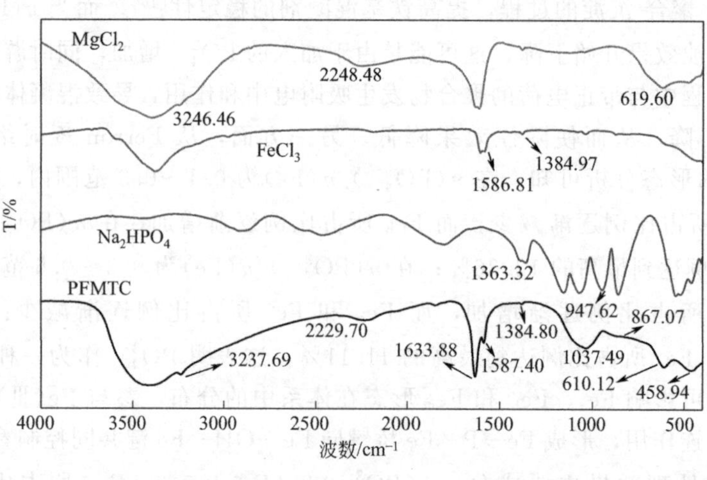

图 6.7 PFMTC 傅里叶红外图谱

是由 Ti—O 复合键桥的伸缩振动引起的[4]，说明 PFMTC 中 Ti 不是以单一离子形态存在。因此，通过对 PFMTC 的红外光谱图分析，可说明 $FeCl_3$、$MgCl_2$、$TiCl_4$、Na_2HPO_4 之间发生了相互作用，形成了新基团键，进而形成了复杂的聚合物。

6.3.2 PFMTC 的结构与形貌分析

将 PFMTC 样品覆于电导胶上，经喷金处理后置于扫描电子显微镜下观察样品的表面形貌，结果如图 6.8 所示。由图 6.8(a) 可知，在放大 1000 倍的尺寸下，PFMTC 结构单元呈现交联紧密的空间立体网状结构，这可能是 Ti^{4+} 作用的结果。Ti^{4+} 水解生成不同聚合度的络合离子，这些络合离子与 Fe^{3+}、Mg^{2+} 水解产物发生羟基架桥作用或者配位结合，形成具有空间立体网状结构的共聚物，使 PFMTC 在混凝过程中具有更加优良的吸附架桥和网捕卷扫能力。由图 6.8(b) 可知，在放大 5000 倍的尺寸下，PFMTC 结构单元表面凹凸不平，形成了错综复杂的孔隙，吸附空位增多，这样的结构增大了混凝剂的比表面积，使其在混凝过程中更有利于吸附水中微小的胶体离子[19]，从而提高其混凝性能。

(a)

(b)

图 6.8 PFMTC 的扫描电镜

表 6.1 为 PFMTC 表面局部面扫描分析时元素百分含量数据，图 6.9 为 PFMTC 表面局部面扫描分析结果。通过分析可知 PFMTC 中 O、Cl、Fe 和 Mg 元素质量分数分别为 35.25%，36.86%，9.90%，9.69%；此外还存在 Ti 与 P 元素，其中 Ti 元素质量分数为 7.86%，P 元素质量分数为 0.44%。可见 PFMTC 是含 Fe、Mg、Ti 三种金属元素的复合无机混凝剂，而 PO_4^{3-} 作为一种络合剂在混凝剂的制备过程中被掺入，引入的 PO_4^{3-} 在能够有效增强混凝剂稳定性的同时促进混凝剂的聚合，从而生成高分子的化学络合复合混凝剂 PFMTC。

表 6.1 PFMTC 扫描分析的元素百分含量

元素	O	Mg	P	Cl	Ti	Fe	总量
含量/%(质量分数)	35.25	9.69	0.44	36.86	7.86	9.90	100

6.3.3 X 射线衍射谱图分析

图 6.10 为 PFMTC 的 X 射线衍射谱图。图 6.10(a) 为应用 MDI Jade 软件对 PFMTC

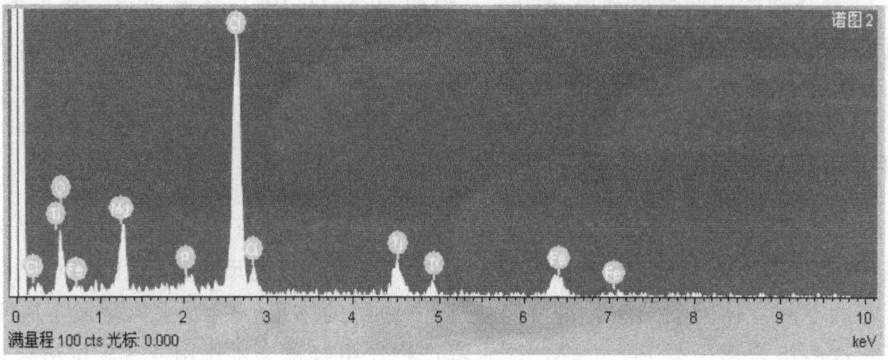

图 6.9 PFMTC 能谱谱图

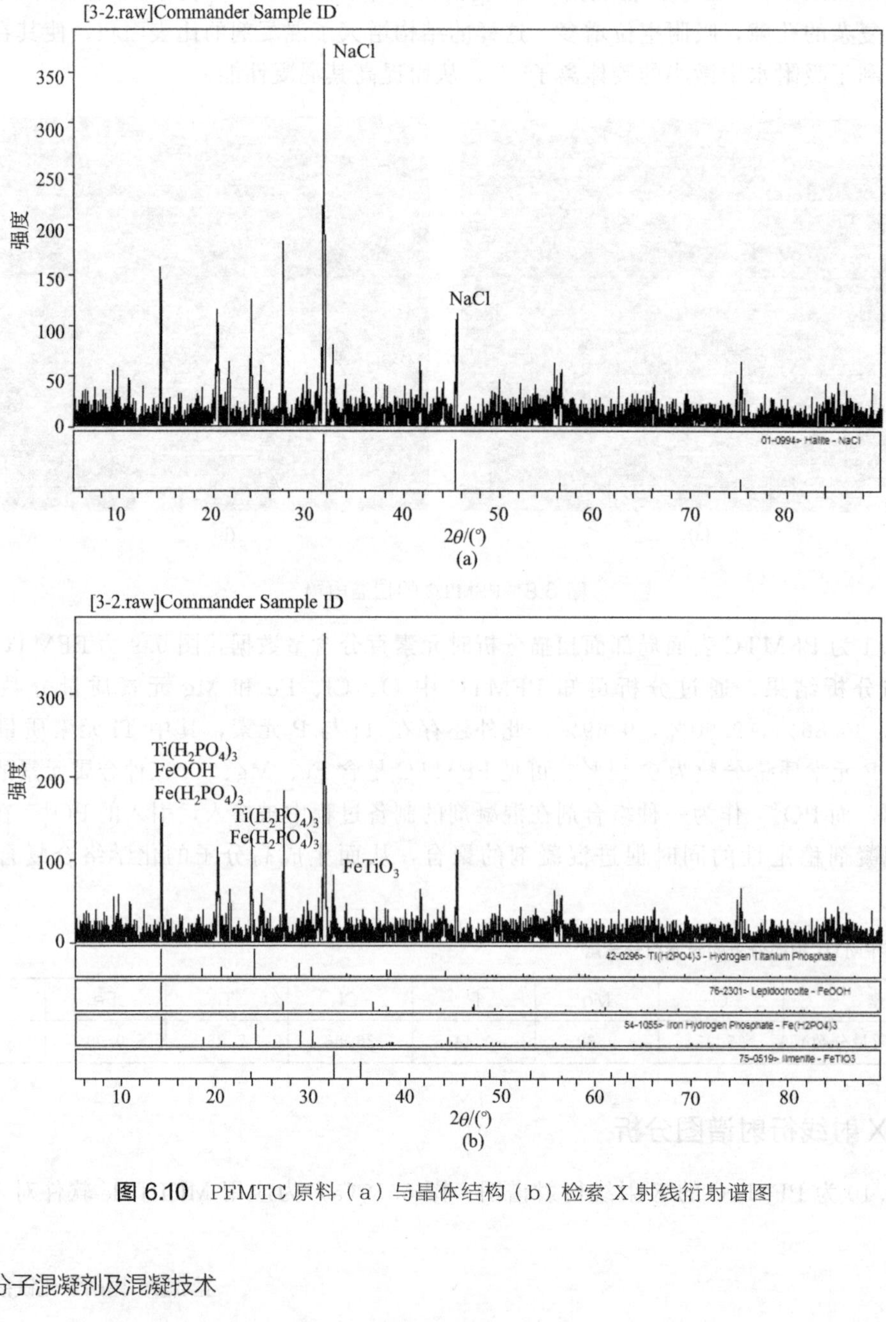

图 6.10 PFMTC 原料（a）与晶体结构（b）检索 X 射线衍射谱图

进行 X 射线衍射标准卡片软件库进行匹配分析，由图可知，样品中的晶相与 NaCl 最为接近，匹配率（FOM）为 11.5，不存在 $FeCl_3$、$MgCl_2$、Na_2HPO_4 衍射峰，证明 Fe^{3+}、Mg^{2+}、Ti^{4+}、PO_4^{3-} 参加了反应，共同形成了无定形的多核羟基聚合物，否则在样品的 X 射线衍射谱图中会出现相应的衍射峰。

图 6.10(b) 为应用 MDI Jade 软件对 PFMTC 进行 X 射线衍射标准卡片软件库进行匹配分析，由图可知，对比 PDF 标准卡片出现了一些新的晶体结构，如 $Ti(H_2PO_4)_3$、FeOOH、$Fe(H_2PO_4)_3$、$FeTiO_3$ 以及一些无定形态的晶体结构。结果证明，Ti^{4+} 和 PO_4^{3-} 的引入生成了一些复杂的物相结构，形成新基团键（如 Ti—P—Ti、Fe—P—Fe、Fe—O—Ti）。有研究表明聚合物中复杂的络合物结构有利于混凝剂在混凝过程中对颗粒的网捕和架桥作用发生，从 PFMTC 的扫描电镜图 6.8 亦可知，PFMTC 结构单元呈现交联紧密的空间立体网状结构，具有较强的网捕与架桥能力。总之，PFMTC 的 X 射线衍射图谱表明包含 Fe、Ti 和 P 元素的新晶体结构的在 PFMTC 中有生成。

参考文献

[1] ZHAO Y X, GAO B Y, ZHANG G Z, et al. Coagulation and sludge recovery using titanium tetrachloride as coagulant for real water treatment: A comparison against traditional aluminum and iron salts [J]. Separation & Purification Technology, 2014, 130 (23): 19-27.

[2] 刘维，吴冰，曹江林，等. 钛对聚合硫酸铁制备与性能的影响 [J]. 环境化学，2012，31 (4)：437-442.

[3] 陈伟，郑怀礼，翟俊，等. 聚合硫酸铁钛混凝剂的制备及红外、紫外-可见光谱分析 [J]. 光谱学与光谱分析，2016，36 (4)：1038-1043.

[4] 陈伟. 铁钛混凝剂的制备及在除藻和控制藻源膜污染中的应用研究 [D]. 重庆：重庆大学，2016.

[5] 田宝珍，汤鸿霄. Ferron 逐时络合比色法测定 Fe (Ⅲ) 溶液聚合物的形态 [J]. 环境化学，1989，2 (4)：27-34.

[6] ZHANG P, ZHANG W, ZHU G C, et al. Preparation of polymeric phosphate aluminum-ferric chloride (PPAFC) and its application in humic acid removal [J]. Journal of Chemical & Pharmaceutical Research, 2014, 6 (6): 906-911.

[7] LIAO Y, TANG X, YANG Q, et al. Characterization of an inorganic polymer coagulant and coagulation behavior for humic acid/algae-polluted water treatment: polymeric zinc-ferric-silicate-sulfate coagulant [J]. Rsc Advances, 2017, 7 (32): 19856-19862.

[8] MOUSSAS P A, ZOUBOULIS A I. A new inorganic-organic composite coagulant, consisting of polyferric sulphate (PFS) and polyacrylamide (PAA) [J]. Water Research, 2009, 43 (14): 3511-3524.

[9] LU R, ZHANG Y, ZHOU F, et al. Novel polyaluminum ferric chloride composite coagulant from Bayer red mud for wastewater treatment [J]. Desalination & Water Treatment, 2014, 52 (40-42): 7645-7653.

[10] 文彦杰，韩春英，张丽丹，等. 聚硅酸铁镁水处理剂的制备及应用研究 [J]. 北京化工大学学报（自然科学版），2012，39 (4)：90-94.

[11] 张景香，陆金仁，单宝田，等. 聚硅酸铁镁混凝剂制备及其脱色作用的研究 [J]. 工业水处理，2009，29 (8)：56-58.

[12] ZHAO Y X, PHUNTSHO S, GAO B Y, et al. Preparation and characterization of novel polytitanium

tetrachloride coagulant for water purification [J]. Environmental Science & Technology, 2013, 47 (22): 12966-12975.

[13] CHEKLI L, GALLOUX J, ZHAO Y X, et al. Coagulation performance and floc characteristics of polytitanium tetrachloride and titanium tetrachloride compared with ferric chloride for coal mining wastewater treatment [J]. Separation & Purification Technology, 2015, 152: 94-100.

[14] CHEKLI L, ERIPRET C, Park S H, et al. Coagulation performance and floc characteristics of polytitanium tetrachloride (PTC) compared with titanium tetrachloride ($TiCl_4$) and ferric chloride ($FeCl_3$) in algal turbid water [J]. Separation & Purification Technology, 2017, 175: 99-106.

[15] WU Y F, LIU W, GAO N Y, et al. A study of titanium sulfate flocculation for water treatment. [J]. Water Research, 2011, 45 (12): 3704-3711.

[16] 郑怀礼，焦世珺，何强，等. 聚磷硫酸铁复合混凝剂中铁的形态分布研究 [J]. 光谱学与光谱分析，2011，31 (2)：551-554.

[17] ZHU G C, ZHENG H L, CHEN W, et al. Preparation of a composite coagulant: Polymeric aluminum ferric sulfate (PAFS) for wastewater treatment [J]. Desalination, 2012, 285 (1): 315-323.

[18] 朱国成，柳俊斐，周腾智，等. 新型固体聚硅硫酸铁混凝剂的制备及结构表征 [J]. 光谱学与光谱分析，2016，36 (8)：2455-2461.

[19] HUANG X, GAO B, WANG Y, et al. Coagulation performance and flocs properties of a new composite coagulant: Polytitanium-silicate-sulfate [J]. Chemical Engineering Journal, 2014, 245 (6): 173-179.

第7章 聚合氯化铝镁钛

聚合氯化铝（PAC）是当前产量最多、应用范围最广泛的混凝剂，但各类水质差异较大，传统PAC已经无法满足要求。为适合各类水质净化需求，逐渐衍生出多种聚铝复合型无机高分子混凝剂，并在水处理领域得到了广泛应用[1]。这些聚铝复合型无机高分子混凝剂仍存在以下不足，一是絮体沉降较慢和韧性较差[2]；二是这些常规复合混凝剂会产生大量污泥，造成二次污染[3,4]。基于此提出在聚铝的基础上引入其他高电荷金属离子，以产生新的复合混凝剂，以提高聚铝复合混凝剂效率。如加入Mg(Ⅱ)、Ti(Ⅳ)来增大混凝剂的分子大小，提高混凝剂的聚集能力、稳定性和耐久性，使复合混凝剂具有更高效的性能[5]。研究表明含钛混凝剂，具有安全无毒、生物适应性高等优点[6,7]。Ti(Ⅳ)离子电荷高，电荷半径比值大，容易水解得到TiO^{2+}，钛酰离子常成为链状聚合形式的离子$(TiO)_n^{2n+}$[8]。一些学者[3,9~11]研究得出以四氯化钛作为混凝剂去除水中有机物及颗粒悬浮物时，$TiCl_4$电荷中和与物理包埋机理起着重要作用，且形成的絮体大，沉降速度快，有更紧凑的结构等。同时，钛酸盐提供生产一种有价值的副产品，降低污泥对环境的影响[9,11]。镁盐作为水处理剂，具有絮体形成快、颗粒大且密实、絮体沉降速度快、除浊和脱色效果好等优点，在铝盐混凝剂中加入适量镁盐可增强混凝剂的混凝脱色广谱性，提高混凝效果[12]，且镁离子无毒，易于从污泥中分离[13,14]。

研究通过在$AlCl_3$与$MgCl_2$溶液中加入$TiCl_4$溶液，综合调控共聚反应的水浴反应温度、Mg与Al物质的量配比、Ti与Al物质的量配比、碱化度、促使形成羟基化、具有更高聚合度、便于后续处理的聚合氯化铝镁钛（PCAMT），并通过混凝实验确定了最佳的混凝条件。

7.1 聚合氯化铝镁钛的制备

(1) 聚合氯化铝镁钛（PCAMT）制备

称取一定质量的六水合氯化铝与六水合氯化镁于烧杯中，加入适量去离子水使其充分溶解；将得到的混合溶液于−20～5℃冰箱中放置20～30min后取出，再缓慢加入一定体积四氯化钛溶液，滴加一定量NaOH溶液调节碱化度，置于水浴锅中反应一定时间，最后常温静置熟化24h，即制备出聚合氯化铝镁钛（PCAMT）。

(2) 混凝实验

用某校湖水和高岭土配制，pH值为7.25～7.85，原水浊度126.0～136.0NTU。混凝剂投加量以有效Al成分计。混凝搅拌先210r/min快速搅拌2min，再50r/min慢速搅拌10min，最后静置沉降30min后取距液面2cm处清液，测其剩余浊度。

(3) 混凝剂形态表征

研究PCAMT中Al形态时，采用高铁试剂（Ferron）逐时络合比色分光光度法研究。当铝离子浓度为$0\sim8\times10^{-5}$ mol/L时，与pH值为5.2的缓冲溶液反应，此时Al与Al-Ferron试剂生成的络合物在362～370nm波长有最大吸收，且络合物的吸光度与Al浓度呈线性关系。根据文献[15]，配制铝标准溶液，加入Ferron试剂，在TU-1901型紫外可见分光光度计上与362nm波长测定吸光度（A），以Al的浓度为横坐标，吸光度A为纵坐标绘制标准曲线（见图7.1），图中曲线关系为

$$Y=0.00947+0.08558X$$

式中，X为铝的浓度；Y为吸光度A。

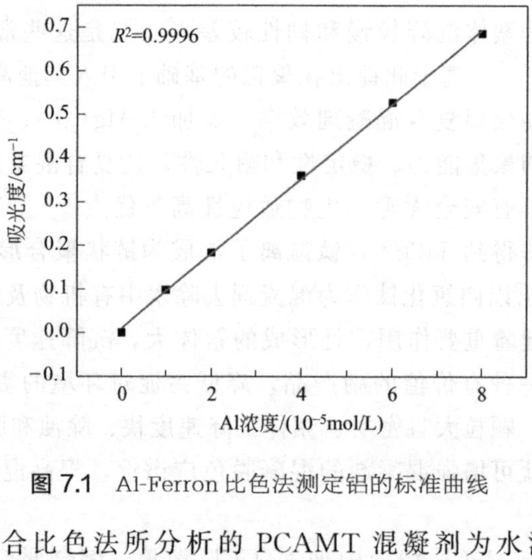

图7.1 Al-Ferron比色法测定铝的标准曲线

采用Ferron逐时络合比色法所分析的PCAMT混凝剂为水浴反应温度30～80℃、$n(\mathrm{Mg})/n(\mathrm{Al})$为0.5、$n(\mathrm{Ti})/n(\mathrm{Al})$为0.5、$n(\mathrm{OH})/n(\mathrm{Al+Mg+Ti})$为0.6时Al的形态。

7.2 制备条件对Al形态与混凝效果的影响

7.2.1 温度对Al形态与混凝效果的影响

为研究反应温度对混凝剂PCAMT中Al形态与混凝效果的影响，改变反应温度，固定其他影响条件，混凝效果以浊度为考察指标，结果如图7.2所示。

图7.2是反应温度为30～80℃条件下Al形态含量分布和余浊趋势图。由图7.2可知，

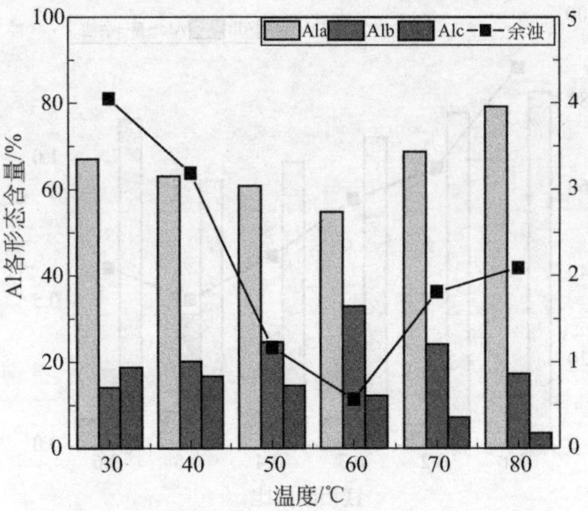

图 7.2　反应温度对 Al 形态和混凝效果的影响

反应温度对 Al 形态含量分布存在一定影响。Ala 是主要的形态，其含量在 54.8%～79.1%变化，随着反应温度的升高，Ala 含量呈现先减小后增大的趋势，Alb 含量呈现先增大后减小的趋势，由 18.1%升至 32.9%，最终降低至 17.3%，而 Alc 含量则呈现逐渐减小趋势，由 18.8%降低至 3.5%。混凝后剩余浊度先减小后增大，反应温度为 60℃时，剩余浊度降低至 0.57NTU。这是由于一方面低温水黏度较大，使水中杂质颗粒布朗运动强度减弱，碰撞机会减小，不利于胶粒脱稳[16]。另一方面，Al(Ⅲ) 水解为吸热反应，PCAMT 在较低温度下水解困难，适当升高反应温度可加速 Al(Ⅲ) 水解，使 Al(Ⅲ) 配合物中的羟基增多，形成多核羟铝络合物 Alb。Alb 有较强电中和能力，可使水体中的颗粒物脱稳形成絮体沉淀下来[17]。当温度高于 60℃时，由于反应温度过高，Al(Ⅲ) 形成的高聚合度配合物 Alc 相对稳定性降低，配合物分解速率加快，羟基配合物上羟基数量减少，导致聚合物聚合度降低，从而使 PCAMT 架桥、网捕性能降低，浊度去除率下降。因此，选取反应温度 60℃为优化制备条件。

7.2.2　n(Mg)/n(Al) 对 Al 形态与混凝效果的影响

为研究 n(Mg)/n(Al)对混凝剂 PCAMT 中 Al 形态与混凝效果的影响，固定其他影响条件，改变 n(Mg)/n(Al)比值，混凝效果以余浊为考察指标，结果如图 7.3 所示。

图 7.3 是 n(Mg)/n(Al)为 0.1～0.6 条件下 Al 形态含量分布图和余浊趋势图。由图可知，随着 n(Mg)/n(Al)的增大，Ala 含量先减小后增大，由 82.2%降至 61.6%再升到 76.1%，Alb 和 Alc 都是先增大后减小，百分含量分别在 17.1%～30.5%和 0.6%～7.8%之间变化，剩余浊度呈现先减小后增大的趋势。当 n(Mg)/n(Al)由 0.1 变为 0.5 时，余浊由 1.32NTU 降至 0.51NTU。n(Mg)/n(Al)比例较小时，对浊度去除较差，其原因可能是金属离子较少时，混凝作用原理为胶粒间的范德华力和氢键作用，作用力较弱，混凝效果不佳；随着镁离子的增加，增强了混凝剂的电中和能力与压缩双电层能力，使小分子的悬浮物得以聚集，增强了混凝效果；但随着 n(Mg)/n(Al)物质的量比继续增加，余浊上升，这可能是由于大量 Mg 离子易吸附在胶粒表面使其带正电荷，使胶粒与聚氯化铝镁钛混凝剂相互排斥，阻碍了混凝剂对胶粒的吸附架桥作用，所以除浊效果下降。因此，选取 n(Mg)/n(Al)＝0.5 为优化制备条件。

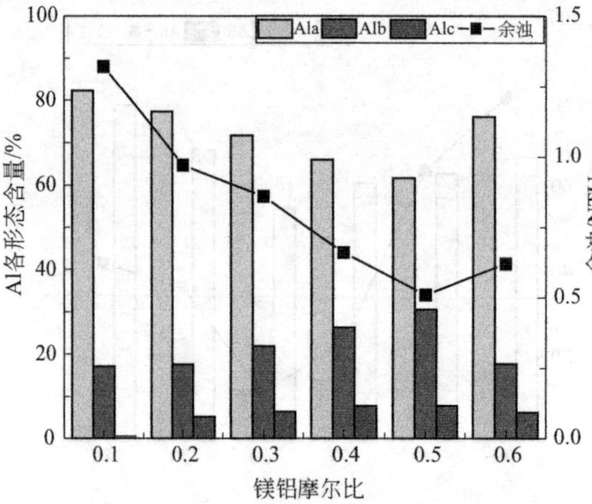

图 7.3 n（Mg）/n（Al）对 Al 形态和混凝效果的影响

7.2.3 n（Ti）/n（Al）对 Al 形态与混凝效果的影响

为研究 n(Ti)/n(Al)对混凝剂 PCAMT 中 Al 形态与混凝效果的影响，固定其他影响条件，改变 n(Ti)/n(Al)比值，混凝效果以余浊为考察指标，结果如图 7.4 所示。

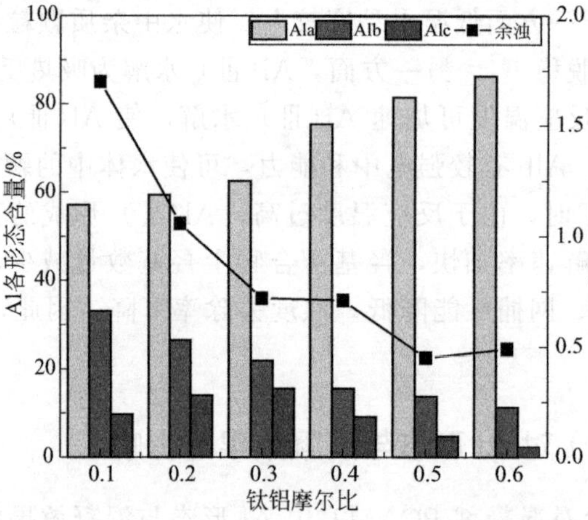

图 7.4 n（Ti）/n（Al）对 Al 形态和混凝效果的影响

图 7.4 是 n(Ti)/n(Al)为 0.1～0.6 条件下 Al 形态含量分布图和余浊趋势图。由图可知，n(Ti)/n(Al)比值大小对 Al 形态含量分布存在明显影响。随着 n(Ti)/n(Al)的增大，Ala 含量逐渐增加，由 61.1%升至 86.2%，Alb 含量逐渐减少，由 33.1%降低至 11.3%，Alc 含量先增加后逐渐减少，由 5.7%升高为 15.5%再降低至 2.4%。这是由于 Ti(Ⅳ）对水中 OH^- 的竞争作用强于 Al(Ⅲ)。当聚合物中 Ti(Ⅳ）在 PCAMT 组成中占主导地位时，Ti(Ⅳ）的水解形态倾向于中高聚合度的钛配合物，多核聚合物吸附到颗粒上，从而使 PCAMT 混凝剂具有一定链网状结构，使其能够在相邻颗粒之间形成凝结架桥，从而便于形成絮体。随着 n(Ti)/n(Al)继续增加，Ti(Ⅳ）含量增加，Al(Ⅲ）含量相对减少，混凝性能有所下降，这可能是由于过多钛离子水解呈酸性，pH 值降低，限制了高分子量大分子聚合物的形成，从而影响混凝效率[18]。混凝结果表明，在 Ti/Al 物质的量比为 0.5 时，聚合氯化铝镁钛溶液（PCAMT）中 Ti(Ⅳ）和 Al(Ⅲ）的混凝协同作用最佳，对浊度的去除效

果最优，浊度由 1.7NTU 降至 0.45NTU。因此，选取 $n(Ti)/n(Al)=0.5$ 为优化制备条件。

7.2.4 n（OH）/n（Al+Mg+Ti）对 Al 形态与混凝效果的影响

为研究 $n(OH)/n(Al+Mg+Ti)$ 对混凝剂 PCAMT 中 Al 形态与混凝效果的影响，固定其他影响条件，改变 $n(OH)/n(Al+Mg+Ti)$ 比值，混凝效果以余浊为考察指标，结果如图 7.5 所示。

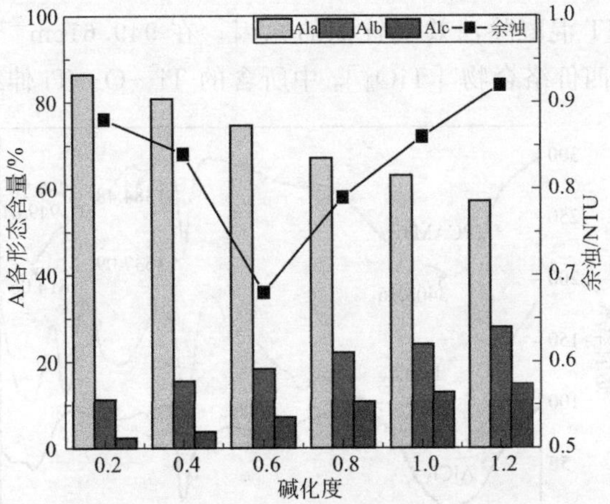

图 7.5　$n(OH)/n(Al+Mg+Ti)$ 对 Al 形态和混凝效果的影响

图 7.5 是 $n(OH)/n(Al+Mg+Ti)$ 为 0.2～1.2 条件下 Al 形态含量分布图和余浊趋势图。由图可知，$n(OH)/n(Al+Mg+Ti)$ 比值大小对 Al 形态含量分布存在一定影响。随着 $n(OH)/n(Al+Mg+Ti)$ 的增大，Ala 含量逐渐减少，由 86.4%降低至 57.1%，Alb、Alc 含量逐渐增加，分别由 11.2%升至 27.9%，由 2.3%升至 14.8%。这是由于 $n(OH)/n(Al+Mg+Ti)$ 较小时，OH^- 浓度低，Al(Ⅲ) 主要与 OH^- 络合生成单核羟基配离子，因此 PCAMT 中 Al(Ⅲ) 主要以单核羟基配离子形态存在，单位正电荷高，电中和能力强，但架桥能力弱，浊度去除率不高；随着 $n(OH)/n(Al+Mg+Ti)$ 的增大，OH^- 浓度升高，部分单核羟基配离子进一步与羟基聚合生成 Al_{13} 等多核羟基配离子，聚合铝基本形态结构单元相应增大，从低聚合体向高聚合体转化，因此 Ala 含量逐渐减少，Alb 与 Alc 含量逐渐增大。当 $n(OH)/n(Al+Mg+Ti)$ 为 0.6 时，对浊度去除效果最好，剩余浊度降至 0.68NTU。当 $n(OH)/n(Al+Mg+Ti)$ 大于 0.6 时，Ti(Ⅳ) 水解化合物所形成的高聚合度产物稳定性降低，容易分解，所以混凝效果有所下降[19]。因此，选取 $n(OH)/n(Al+Mg+Ti)=0.6$ 为优化制备条件。

7.3 PCAMT的结构与形态表征分析

7.3.1 傅里叶红外光谱分析

$AlCl_3$、$MgCl_2$ 以及 PCAMT 的红外谱图如图 7.6 所示。三种物质在 3200～3500cm^{-1} 波长范围内都可归因于—OH 的伸缩振动的分子间关联，且都存在 1610～1650cm^{-1} 范围内的峰，意味着三种物质都具有水的弯曲振动[20]。其中，PCAMT 在波数 3403.66cm^{-1} 处都有较强的羟基吸收峰，代表羟基—OH 的伸缩振动，波数 1637.09 处则是 H—O—H 的弯曲振动吸收峰。PCAMT 在波数 614.06cm^{-1} 处吸收峰可能是由于桥键—OH 中的 O 受不同电负性 Al 和 Mg 的不对称吸引，产生弯曲振动耦合而分形所致。在波数 1384.48cm^{-1} 左右吸收峰可能是 Al—OH、Mg—OH 弯曲振动所导致[21]。PCAMT 在波数 940～1510cm^{-1} 处有较多强吸收峰来看，在 PCAMT 中除了 Al—OH—Al 和 Mg—OH—Mg 的吸收峰耦合作用外，可能还存在 Al—OH—Al、Mg—OH—Mg 及 Al—OH—Mg 受邻近基团的影响，导致其弯曲振动发生一定畸变，部分向低频红移的作用。所以 PCAMT 是以羟基桥联的铝镁复杂多聚物，这是 PCAMT 混凝除浊效果较优的原因。在 949.61cm^{-1} 和 964.70cm^{-1} 处较弱峰为钛离子水解产生的四价络合物 $[TiO_4]_n$ 中所含的 Ti—O—Ti 伸缩振动峰[22]。

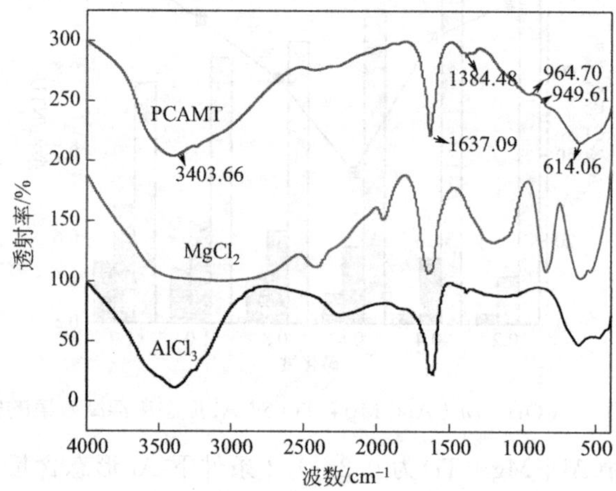

图 7.6　PCAMT 的红外图谱

7.3.2　X 射线衍射谱图分析

晶态物质在 X 射线衍射图谱确定的 2θ 角位置上会产生一套特征衍射峰，而非晶态物质则不会产生敏锐的衍射峰，只在 2θ 角位置左右产生一个漫散的峰包[23]。图 7.7 为 $AlCl_3$、$MgCl_2$ 以及混凝剂 PCAMT 的 X 射线衍射图。由图 7.7 可知，PCAMT 峰型不规则，具有明显非晶体形态，可以推测，其形成了无定型结构共聚物，说明 Al(Ⅲ)、Mg(Ⅱ)、Ti(Ⅳ)存在相互作用，反应形成了铝镁钛共聚物。而从其两种原料的 XRD 图谱对比可以推测，聚合物中不是所有无机金属盐都参与了络合形成无定型聚合物的过程，PCAMT 混凝剂中还存在无机金属盐本身形态，混凝时无机低分子金属盐及形成的各种高聚物可以同时发挥作用。

7.3.3　扫描电镜与能谱分析

图 7.8 是 n(Ti)/n(Al)比值为 0.5 条件下 PCAMT 样品扫描电镜图，图 7.8(a) 和图 7.8(b) 是分别放大 1000 倍和 2000 倍的电镜扫描图。由图看出团簇程度明显，团簇之间孔隙明显且形成一定网状结构。紧凑的网状结构有利于凝聚胶体颗粒并在絮状物之间形成桥联聚集，可增强吸附效果[24,25]。这可能由于随着镁盐和钛盐含量增加，金属离子在溶液中形成的水解产物发生羟基架桥作用，生成不同聚合度的络合离子。这些高电荷金属络合离子吸附在铝离子水解产物表面或者与铝离子水解产物发生羟基架桥或者配位结合，形成具有空间立体网状结构的大分子共聚物，使其具有较强吸附能力[26]。

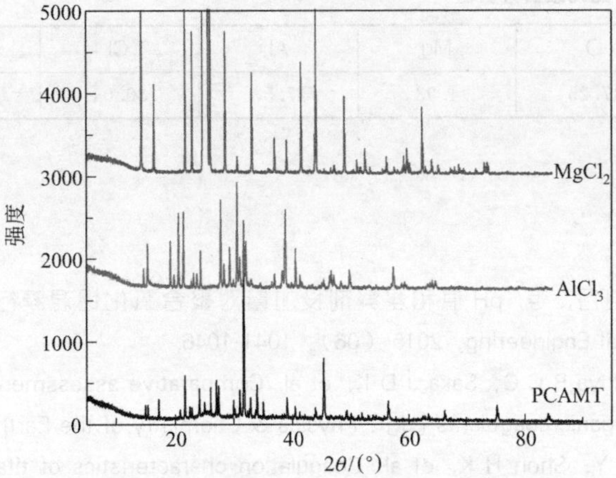

图 7.7 PCAMT 的 X 射线衍射谱图

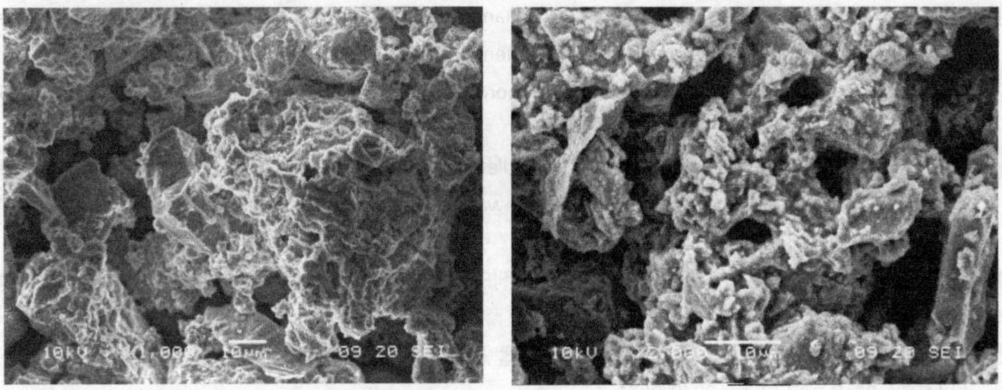

(a) (b)

图 7.8 PCAMT 的电镜扫描

表 7.1 为 PCAMT 表面局部面扫描分析时元素百分含量数据。图 7.9 为 PCAMT 表面局部面扫描分析结果。通过分析发现混凝剂 PCAMT 以 O、Al 和 Cl 元素为主，且 Al 元素质量分数为 17.58%，此外还存在 Mg 和 Ti 元素，质量分数分别为 4.93%和 10.20%。可见四氯化钛、氯化铝和氯化镁已经成功聚合形成了无机复合混凝剂 PCAMT。

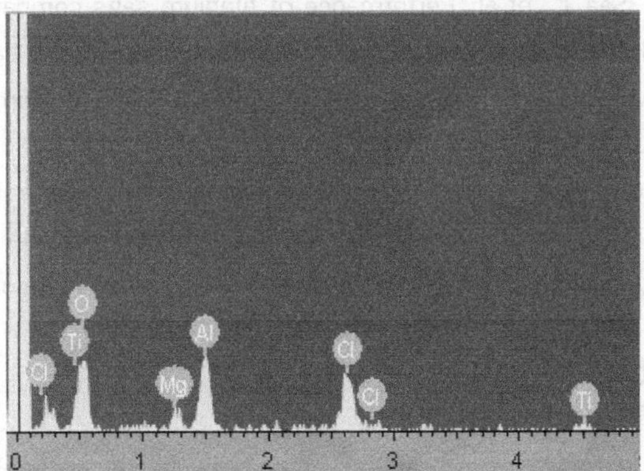

图 7.9 PCAMT 能谱谱图

表 7.1 PCAMT 扫描分析的元素百分含量

元素	O	Mg	Al	Cl	Ti	总量
含量/%(质量分数)	37.25	4.93	17.58	30.04	10.20	100

参考文献

[1] 魏宁，张忠国，刘丹，等. pH 值和混凝剂投加量对聚合氯化铝混凝行为的影响［J］. Chinese Journal of Chemical Engineering，2015（06）：1041-1046.

[2] Manda I K M，Chidya R C G，Saka J D K，et al. Comparative assessment of water treatment using polymeric and inorganic coagulants［J］. Physics & Chemistry of the Earth，2016，93：119-129.

[3] Zhao Y X，Gao B Y，Shon H K，et al. Coagulation characteristics of titanium（Ti） salt coagulant compared with aluminum（Al） and iron（Fe） salts［J］. Journal of Hazardous Materials，2011，185（2-3）：1536-1542.

[4] Zhan C，Weijun Z，Dongsheng W，et al. Enhancement of activated sludge dewatering performance by combined composite enzymatic lysis and chemical re-flocculation with inorganic coagulants：Kinetics of enzymatic reaction and re-flocculation morphology［J］. Water Research，2015，83（2015）：367-376.

[5] AK Tolkou，AI Zouboulis. Synthesis and coagulation performance of composite poly-aluminum-ferric-silicate-chloride coagulants in water and wastewater［J］. Desalination & Water Treatment，2015，53（12）：3309-3318

[6] 陈伟，郑怀礼，翟俊，等. 聚合硫酸铁钛混凝剂的制备及红外、紫外-可见光谱分析［J］. 光谱学与光谱分析，2016，36（4）：1038-1043.

[7] 王彩霞，张伟军，王东升，等. 钛盐混凝剂调理对活性污泥絮体理化性质的影响作用机制［J］. 环境科学，2016，37（6）：2243-2251.

[8] Tang Y C，Huang X H，Wu C N，et al. As（Ⅲ） Removal from Low-Arsenic Concentration Drinking Water by Coagulation with Quadrivalent Titanium Coagulants［J］. Advanced Materials Research，2011，284-286（3）：1417-1422.

[9] Shon H K，Vigneswaran S，Kandasamy J，et al. Preparation of titanium oxide，iron oxide，and aluminium oxide from sludge generated from Ti-salt，Fe-salt and Al-salt flocculation of wastewater［J］. Journal of Industrial & Engineering Chemistry，2009，15（5）：719-723.

[10] Chekli L，Corjon E，Saa T，et al. Performance of titanium salts compared to conventional $FeCl_3$ for the removal of algal organic matter（AOM） in synthetic seawater：Coagulation performance，organic fraction removal and floc characteristics［J］. Journal of Environmental Management，2017，201（2017）：28-36.

[11] Chekli L，Eripret C，Park S H，et al. Coagulation performance and floc characteristics of polytitanium tetrachloride（PTC） compared with titanium tetrachloride（$TiCl_4$） and ferric chloride（$FeCl_3$） in algal turbid water［J］. Separation & Purification Technology，2017，175（2017）：99-106.

[12] 刘雄才，张玉，周集体，等. 镁铁复合混凝剂的表征及应用研究［J］. 中国环境科学，2009，29（6）：646-650.

[13] Wei Y，Ding A，Dong L，et al. Characterisation and coagulation performance of an inorganic coagulant—poly-magnesium-silicate-chloride in treatment of simulated dyeing wastewater［J］. Colloids & Surfaces A Physicochemical & Engineering Aspects，2015，470（12）：137-141.

[14] Li H, Liu S, Zhao J, et al. Removal of reactive dyes from wastewater assisted with kaolin clay by magnesium hydroxide coagulation process [J]. Colloids & Surfaces A Physicochemical & Engineering Aspects, 2016, 494 (2016): 222-227.

[15] Huang X, Gao B, Wang Y, et al. Coagulation performance and flocs properties of a new composite coagulant: Polytitanium-silicate-sulfate [J]. Chemical Engineering Journal, 2014, 245 (6): 173-179.

[16] Kang L S, Cleasby J L. Temperature Effects on Flocculation Kinetics Using Fe (Ⅲ) Coagulant [J]. Journal of Environmental Engineering, 1995, 121 (12): 893-901.

[17] 郑蓓，李涛，葛小鹏，等. 不同铝聚合形态对聚合铝混凝效果的影响 [J]. 环境科学，2010, 31 (8): 1813-1818.

[18] Kyeong-Jun Jeon, Johng-Hwa Ahn. Evaluation of titanium tetrachloride and polytitanium tetrachloride to remove phosphorus from wastewater [J]. Separation & Purification Technology, 2018, 197 (2018): 197-201

[19] Xiaoxia, Xili, Jihong, et al. Preparation and coagulation efficiency of polyaluminium ferric silicate chloride composite coagulant from wastewater of high-purity graphite production [J]. 环境科学学报（英文版），2011, 23 (7): 1122-1128.

[20] Y Liao, X Tang, Q Yang, W Chen, et al. Characterization of an inorganic polymer coagulant and coagulation behavior for humic acid/algae-polluted water treatment: polymeric zinc-ferric-silicate-sulfate coagulant [J]. Rsc Advances, 2017, 7 (32): 19856-19862

[21] 桑义敏，常雪红，车越，等. 镁铝复合脱色混凝剂的微观结构形态及混凝机制 [J]. 环境科学，2013, 34 (9): 3502-3506.

[22] 宋敏娟，刘红，刘娟，等. 聚合硅酸钛铝复合混凝剂的结构及性能 [J]. 环境工程学报，2012, 6 (8): 2661-2665.

[23] C Sun, J Qiu, Z Zhang, et al. Coagulation behavior and floc characteristics of a novel composite poly-ferric aluminum chloride-polydimethyl diallylammonium chloride coagulant with different OH/(Fe (3+) + Al (3+)) molar ratios [J]. Water Science and Technology: a Journal of the International Association on Water Pollution Research, 2016, 74 (7): 1636-1643.

[24] Zeng Y, Park J. Characterization and coagulation performance of a novel inorganic polymer coagulant-Poly-zinc-silicate-sulfate [J]. Colloids & Surfaces A Physicochemical & Engineering Aspects, 2009, 334 (1-3): 147-154.

[25] 张程琛，李柏林，姚亚，等. 酸-碱改性粉煤灰基铝铁复合混凝剂的除磷机理 [J]. 环境科学与技术，2017, 40 (9): 28-32.

[26] 郑怀礼，张会琴，蒋绍阶，等. 聚磷硫酸铁的形貌结构与混凝机理 [J]. 光谱学与光谱分析，2011, 31 (5): 1409-1413.

第8章

聚钛氯化铝-阳离子聚丙烯酰胺

聚合氯化铝作为一种新型无机高分子混凝剂，其混凝效果优于传统无机混凝剂，如硫酸铝、硫酸亚铁、三氯化铁等[1]，在混凝过程中具有反应速度快、生成的絮体粒径较大、易于沉降、应用范围较广等优点。随着对 PAC 性能的深入研究，其混凝作用机理也被进一步明确，近年来部分学者将其他金属元素引入常规无机高分子混凝剂当中，形成无机复合混凝剂[2]，实现优势互补，提高对水的混凝处理效果。研究表明，将钛盐引入到铝系高分子混凝剂中，钛离子可以取代部分铝离子，并且钛离子具有水解聚合为多核高分子聚合产物的优势，能够和铝离子一起产生良好的吸附电中和作用，改善了单独铝系混凝剂的不足，提高了混凝剂的混凝能力[3]。据报道钛基混凝剂处理后水中钛的残留量极低，且无生物毒性，具有环境友好的优点[4]。但单一的无机复合混凝剂对胶体颗粒物质的吸附架桥能力又明显弱于有机高分子混凝剂。有机高分子混凝剂具有产品稳定、混凝效果好等优点[5]，其中代表性的阳离子聚丙烯酰胺混凝剂（CPAM）不仅具有正电荷密度高，而且具有优良吸附架桥能力，能有效与废水中带负电荷的胶体颗粒结合[6,7]。因此，在一定条件下，将 PAC、$TiCl_4$、CPAM 进行复合，据协同增效的原理，应具备更强的吸附电中和与吸附架桥网捕能力，则可得到混凝性能更为优良的复合混凝剂聚钛氯化铝-阳离子聚丙烯酰胺（PTA-CPAM）。

8.1 聚钛氯化铝-阳离子聚丙烯酰胺(PTA-CPAM)的制备

（1）聚钛氯化铝（PTA）的制备

室温下，按照 Ti/Al 摩尔比为（0.05～0.5）∶1，将 $TiCl_4$ 溶液滴加到 PAC 溶液中，充分搅拌；再按照 OH/Al 摩尔比为（0.05～0.4）∶1，加入 1.0mol/L 的 NaOH 溶液，调节碱化度（*B* 值），搅拌均匀；将其置于 30～80℃的恒温水浴条件下，持续磁力搅拌反应 2h，然后静置熟化 24h，即制备出 PTA。

(2) 聚钛氯化铝-阳离子聚丙烯酰胺（PTA-CPAM）的制备

配制 1.0g/L 的 CPAM 溶液按 m(CPAM)/m(Al)为 0～0.6：1 添加到 PTA 中，室温下磁力搅拌 2h，室温熟化 24h，即得到 PTA-CPAM 复合混凝剂。

(3) 混凝实验

实验水样取自湖南科技大学月湖，水质特性如下：pH 值为 7.5～8.0，UV254 为 0.065 左右，COD 为 22 左右，浊度变化在 7.00～11.00NTU。在 1L 月湖水样中分别加入一定投加量的混凝剂 PTA 与 PTA-CPAM（以 Al 的 mg/L 计），先以 210r/min 快速搅拌 2min，再以 50r/min 慢速搅拌 10min，最后静置沉降 30min 后取距液面 2cm 处清液，测其剩余浊度。在探讨初始浊度对混凝效果影响时，所用模拟水样使用高岭土配置。

8.2 混凝剂的表征

8.2.1 傅里叶变换红外光谱分析

图 8.1 为 PTA 和 PTA-CPAM 的傅里叶红外光谱曲线。由图 8.1 可知，波数在 3200～3500cm^{-1}范围内，比较宽的吸收峰是由—OH 基团伸缩振动引起[8]，波数在 1632.16cm^{-1}（PTA）、1630.98cm^{-1}（PTA-CPAM）处的强烈吸收峰是混凝剂中水分子 H—O—H 基团所引起的弯曲振动。PTA 中不存在—$COOCH_2$—基团中 C ═O 的伸缩振动吸收峰，而 PTA-CPAM 在波数为 1733.23cm^{-1}处出现—$COOCH_2$—中 C ═O 的伸缩振动吸收峰。此外，PTA-CPAM 在波数 1457.81cm^{-1}处出现了—CH_2—N^+（CH_3）$_3$ 的弯曲振动吸收峰，在 1092.02cm^{-1} 处出现了—$COOCH_2$—基团中 C—O—C 的不对称伸缩振动吸收峰，在 1041.64cm^{-1}处出现了 C—N 键的伸缩振动吸收峰。在 PTA-CPAM 上 972.19cm^{-1}处的峰来自 Al—OH—Al 的面内弯曲振动吸收峰键伸缩振动吸收峰，859.14cm^{-1}处的峰为钛离子产生水解产生的四价络合物［TiO_4］$_n$ 中所含的 Ti—O—Ti 伸缩振动峰构成[9]，551.64cm^{-1}处的峰为 Al—OH 的弯曲振动吸收峰。这可说明 PAC、$TiCl_4$、CPAM 之间发生了相互作用，引起了 PAC、$TiCl_4$、CPAM 三者发生化学反应，而不是单纯的物理混合。

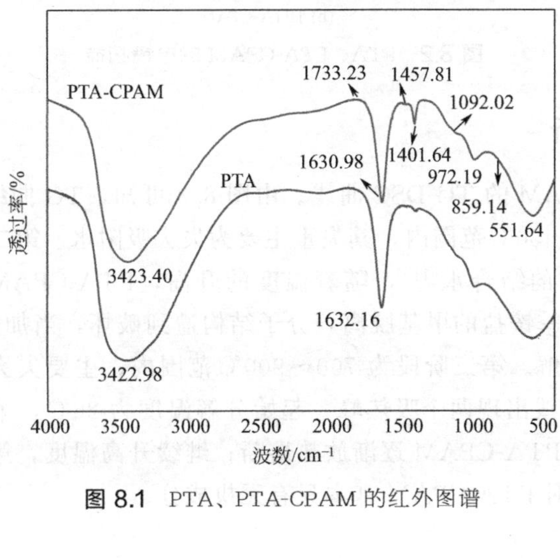

图 8.1 PTA、PTA-CPAM 的红外图谱

8.2.2 扫描电镜分析

将 PTA、PTA-CPAM 样品覆于电导胶上，经喷金处理后置于扫描电子显微镜下观察样品的表面形貌，结果如图 8.2 所示。由图 8.2 可知，在 50μm 的尺寸下，可看出 PTA-CPAM 团聚程度明显大于 PTA，这可能由于 CPAM 的引入，将 PTA 吸附架桥连接起来形成具有一定的网状结构，网状结构对微小颗粒具有优良的架桥吸附混凝能力[10]，能够形成密实的絮体，加快沉降速度。为了更有效分析混凝剂表面结构，根据 image-pro Plus 6.0 软件分析计算颗粒的分形维数，对产物颗粒周长（L）和颗粒面积（A）取对数，建立产物颗粒周长（L）和颗粒面积（A）的对数的线性关系程度，可以知道 PTA、PTA-CPAM 的平均分形维数分别为 1.399、1.435，有研究表明，具有较高的形貌分形维数的混凝剂在混凝过程中表现出更强的吸附架桥和网捕能力。

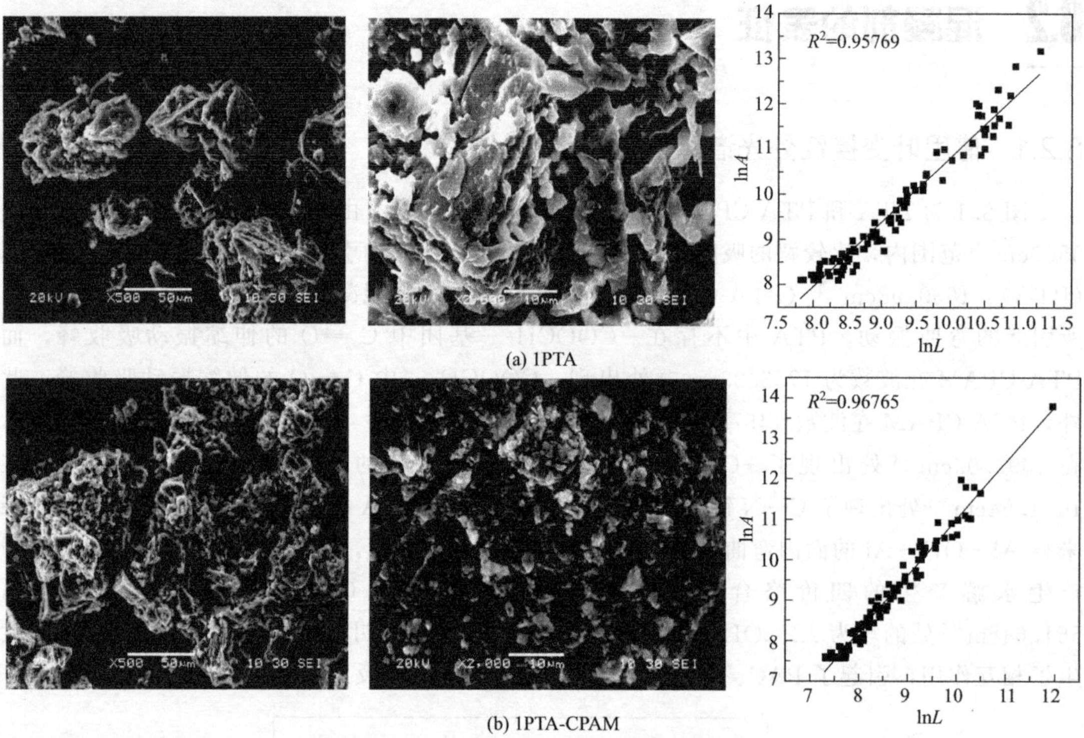

图 8.2 PTA、PTA-CPAM 的电镜扫描

8.2.3 差热热重分析

图 8.3 是 PTA-CPAM 的 TG-DSC 曲线。由图 8.3 可知，TG 曲线显示含有三个热失重阶段。第一阶段为 26～150℃范围内，其失重主要为失去吸附水。第二阶段为 200～700℃范围内，首先失去羟基中的结合水[11]，随着温度的升高，PTA-CPAM 开始发生分解反应，酰胺基上的亚胺反应及季铵盐的甲基脱离，分子结构遭到破坏，当加热到 700℃时，样品中的机物成分基本氧化分解。第三阶段为 700～900℃范围内，主要失去结构水，最后样品的质量趋于恒定。DSC 曲线出现两个吸热峰，起始分解温度为 26℃，第一个吸热峰峰值出现在 391.3℃附近，此时 PTA-CPAM 逐渐放热熔断；继续升高温度，第二个微弱的吸热峰出现在 931.3℃附近，此时 PTA-CPAM 基本只有无机成分。

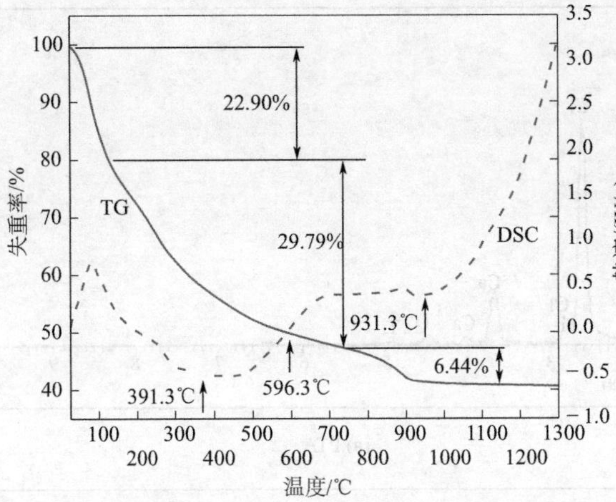

图 8.3 PTA-CPAM 的热重曲线

8.2.4 能谱分析

表 8.1 为 PTA 与 PTA-CPAM 表面局部面扫描分析时的元素百分含量数据，图 8.4 为 PTA 与 PTA-CPAM 表面局部面扫描的分析结果。通过分析发现混凝剂 PTA 以 O、Cl 和 Al 元素为主，且 Al 元素的质量分数为 13.44%，此外还存在 Ca、Ti、Si 三种元素，其中 Ti 的质量分数为 2.19%。可见 $TiCl_4$ 成功引入到 PAC 中，与 PAC 形成了无机复合混凝剂 PTA。PTA-CPAM 是在 PTA 的基础上引入 CPAM，通过扫描分析元素发现其同 PTA 相比出现了 C 元素，且 C 元素的质量分数为 27.68%，这是因为 CPAM 是以碳链为骨架的线型高分子聚合物，C 元素在其组成元素中占有较高的质量分数，可见 CPAM 成功与 PTA 复合形成了无机-有机复合混凝剂 PTA-CPAM。

表 8.1 PTA、PTA-CPAM 扫描分析的元素含量

样品	元素	元素浓度	强度校正	含量/%（质量分数）	质量的离散程度/%	含量/%（原子分数）
PTA	O	1.78	0.4997	42.81	1.89	61.26
	Al	0.99	0.8827	13.44	0.65	11.40
	Si	0.06	0.8152	0.92	0.25	0.75
	Cl	2.17	0.8355	31.08	1.19	20.07
	Ca	0.74	0.9236	9.57	0.58	5.47
	Ti	0.14	0.7809	2.19	0.38	1.05
总量				100.00		
PTA-CPAM	C	1.10	0.2428	27.68	2.55	40.93
	O	2.78	0.4706	35.98	1.95	39.95
	Al	1.43	0.8808	9.85	0.51	6.49
	Si	0.04	0.8397	0.32	0.15	0.20
	Cl	2.51	0.8287	18.45	0.86	9.25
	Ca	0.84	0.9424	5.41	0.34	2.40
	Ti	0.13	0.7886	1.02	0.20	0.38
	Fe	0.17	0.8100	1.29	0.28	0.41
总量				100.00		

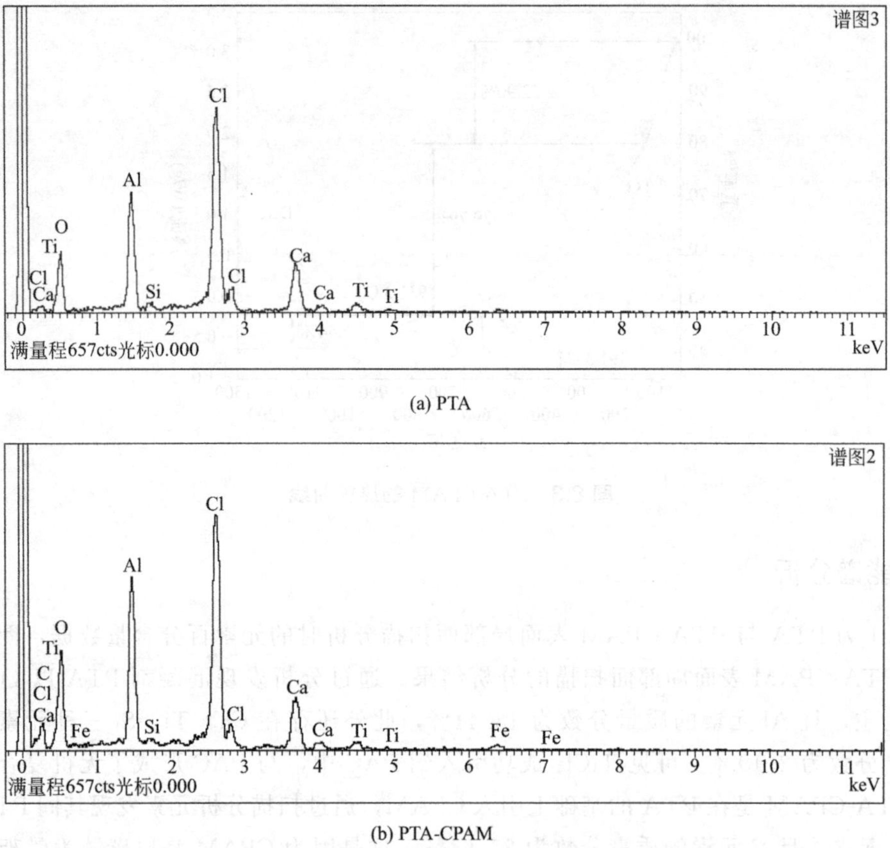

(a) PTA

(b) PTA-CPAM

图 8.4 PTA、PTA-CPAM 能谱谱图

8.3 PTA-CPAM净水性能研究

8.3.1 m（CPAM）/m（Al）对净水性能的影响

固定其他条件，研究 m(CPAM)/m(Al)比值对浊度去除效果的影响，研究结果见图 8.5。由图 8.5 可知，随着 m(CPAM)/m(Al)比值增大，浊度的去除率呈现先增大后减少的趋势，CPAM 的引入大幅提高了混凝性能，当 m(CPAM)/m(Al)比值由 0 变为 0.4 时，余浊由 0.73NTU 逐渐降低至 0.31NTU，达到最低值。这是由于 CPAM 作为一种人工合成有机高分子混凝剂，其分子链上带有氨基，能够形成阳离子链节，与水样中带负电荷的胶体颗粒进行电荷中和作用，降低 ζ 电位，压缩扩散层。且 CPAM 的长链产生吸附架桥作用，胶体颗粒被吸附、卷扫和网捕相互集结形成大的絮体。当 m(CPAM)/m(Al)＝0.4 时，CPAM 与 PTA 的复合达到最优，除浊效果最好。当继续增大 m(CPAM)/m(Al)的比值，会使水样中 CPAM 浓度过高，导致胶体表面已完全被所吸附的高分子物质所覆盖，胶体不再通过架桥而混凝；与此同时溶液中的正电荷密度过高，容易使胶体粒子带正电荷产生排斥，从而除浊效果也随之下降。因此选取 m(CPAM)/m(Al)＝0.4 为优化制备条件。

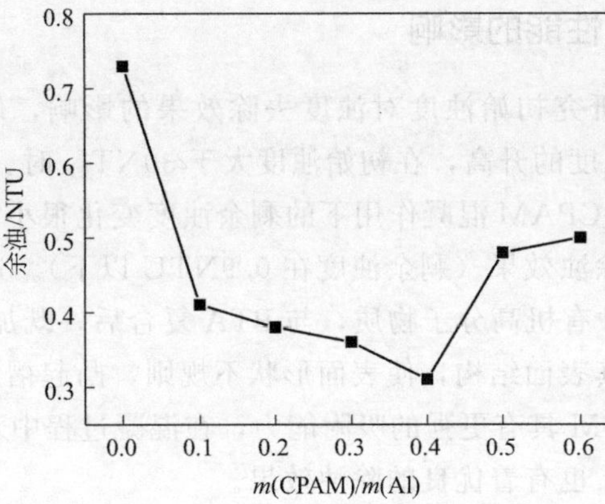

图 8.5　m（CPAM）/m（Al）对除浊性能的影响

8.3.2　初始 pH 对净水性能的影响

固定其他反应条件，研究初始 pH 值对浊度去除效果的影响，研究结果见图 8.6。由图 8.6 可知，在同一 pH 值条件下，PTA-CPAM 均比 PTA 混凝除浊效果好。当水样初始 pH＝5～6 时，PTA 混凝后的剩余浊度为 1.10～0.75NTU，而 PTA-CPAM 混凝后的剩余浊度为 0.51～0.47NTU。这是由于 PTA 水解产物主要是 Al^{3+} 的多核聚合阳离子能够电中和胶体颗粒所携带的负电荷，导致颗粒物脱稳形成絮体[12]。而 PTA-CPAM 混凝作用中既有 Al^{3+} 的多核聚合阳离子能够电中和胶体颗粒所携带的负电荷，又有阳离子聚丙烯酰胺链上带有氨基，能够形成阳离子链节，与水样中带负电荷的胶体颗粒进行电荷中和作用[13]，导致颗粒物脱稳形成絮体。在 6＜pH＜7 时，两种混凝剂中的 Al^{3+} 部分水解生成 $Al(OH)_3$，导致水解产物 Al^{3+} 多核聚合阳离子的减少，电中和作用减弱，部分携带负电荷的胶体颗粒依靠吸附在 $Al(OH)_3$ 表面共沉去除，因而余浊有所升高。当 7＜pH＜9 时，混凝剂部分水解生成 $Al(OH)_4^-$，同性电荷的排斥作用导致颗粒物容易脱稳，且在碱性环境下，混凝剂水解产物主要是 Ti^{4+} 多核高聚合度的钛配合物[14]，Ti^{4+} 水解需要更多的 OH^-，水样的 pH 升高有利于 Ti^{4+} 的水解，这些高聚合度的钛配合物能够吸附卷扫网捕以及电中和胶体颗粒[15～17]，PTA-CPAM 在阳离子聚丙烯酰胺的协同作用下，强化了对颗粒物去除，除浊效果较 PTA 更好。

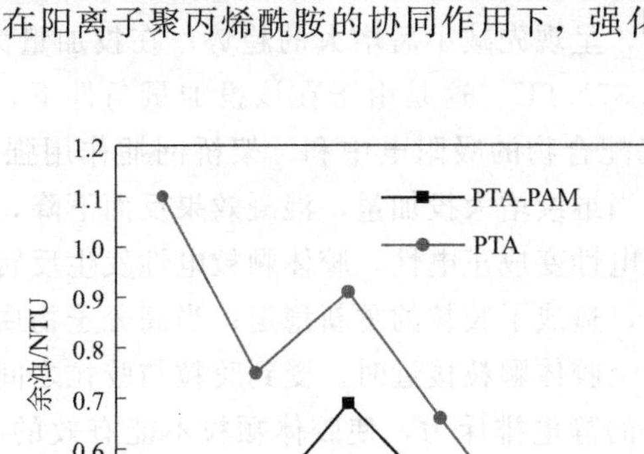

图 8.6　PTA、PTA-CPAM 不同 pH 值下的除浊性能

8.3.3 初始浊度对净水性能的影响

固定其他反应条件，研究初始浊度对浊度去除效果的影响，研究结果见图 8.7。由图 8.7 可知，随着水样初始浊度的升高，在初始浊度大于 30NTU 时，PTA 混凝后出水剩余浊度大于 1.0NTU，但 PTA-CPAM 混凝作用下的剩余浊度变化很小，即 PTA-CPAM 在低浊和高浊水样中都有较好的除浊效果（剩余浊度在 0.9NTU 以下）。这主要是因为阳离子聚丙烯酰胺（CPAM）作为一种有机高分子物质，与 PTA 复合后，既加强了其吸附电中和能力，而且高分子又有助于改变其表面结构，使表面形状不规则，凸起褶皱较多，分子颗粒的比表面积增大，使得 PTA-CPAM 具有更强的吸附能力，在混凝过程中对胶体颗粒发挥优越的架桥作用，即便在高浊度下，也有着优良的除浊效果。

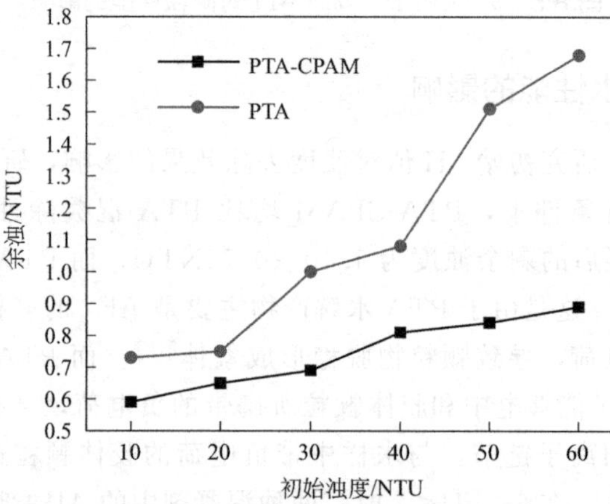

图 8.7 PTA、PTA-CPAM 不同浊度下的除浊性能

8.3.4 不同混凝剂的净水性能

固定其他反应条件，研究 PTA-CPAM、PAC、聚合硫酸铝、聚合硫酸铝铁对浊度去除效果，研究结果见图 8.8。由图 8.8 可知，一方面，PTA-CPAM 投加量在 1.5～18mg/L 范围内，余浊随投加量的增加，呈现先减小后增大的趋势，在投加量为 9mg/L 时，除浊效果达到最佳，剩余浊度低至 0.37NTU。这是由于在该投加量条件下，此时水溶液中的 PTA-CPAM 水解产生的多核羟基配合物的吸附电中和、架桥网捕作用强，使水样中的胶体颗粒形成的絮团脱稳现象明显。当继续增大投加量，混凝效果反而下降，因为投加过多混凝剂导致胶体颗粒表面由原来的负电性变成正电性，胶体颗粒电性发生反转。电性反转的胶体颗粒逐渐产生同种电荷排斥作用，造成了胶粒的重新稳定；当高分子物质投加量过多时，胶体颗粒表面被高分子所覆盖，两个胶体颗粒接近时，受到胶粒与胶粒之间因高分子压缩变形产生的反弹力和带电高分子之间的静电排斥力，使胶体颗粒不能有效的凝集[18～20]。另一方面，PTA-CPAM 与 PAC、PAS、PFAS 相比，除浊性能明显优于其他混凝剂。当 PTA-CPAM 与 PAC、PAS、PFAS 的投加量分别为 9mg/L、10.5mg/L、12mg/L、13.5mg/L 时，剩余浊度分别降至最低的 0.37NTU、0.48NTU、0.98NTU、1.78NTU，可见 PTA-CPAM 具有更强的吸附电中和与吸附架桥网捕能力，协同增效作用成功在 PTA-CPAM 上得到了体现。

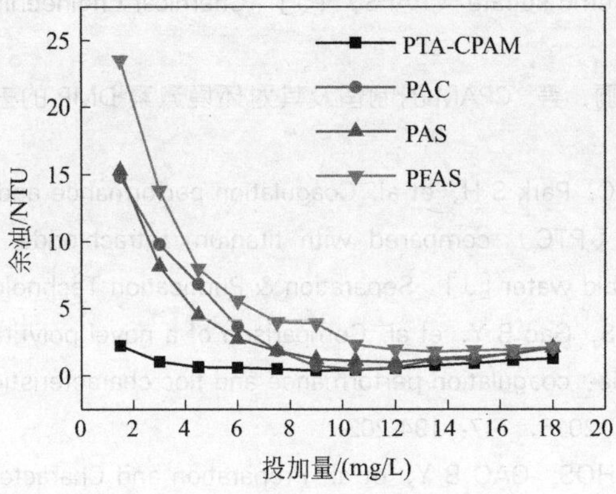

图 8.8　不同混凝剂的除浊性能

参考文献

［1］　蒋绍阶，冯欣蕊，李晓恩，等. PAC-PDMDAAC有机-无机杂化混凝剂的合成与表征［J］. 高分子材料科学与工程，2014，30（3）：1-5.

［2］　ZOU J，ZHU H，WANG F，et al. Preparation of a new inorganic-organic composite flocculant used in solid-liquid separation for waste drilling fluid［J］. Chemical Engineering Journal，2011，171（1）：350-356.

［3］　WU Y F，LIU W，GAO N Y，et al. A study of titanium sulfate flocculation for water treatment.［J］. Water Research，2011，45（12）：3704-3711.

［4］　ZHAO Y X，GAO B Y，ZHANG G Z，et al. Coagulation and sludge recovery using titanium tetrachloride as coagulant for real water treatment：A comparison against traditional aluminum and iron salts［J］. Separation & Purification Technology，2014，130（23）：19-27.

［5］　Sun Y J，Zhu C Y，Sun W Q，et al. Plasma-initiated polymerization of chitosan-based CS-g-P（AM-DMDAAC）flocculant for the enhanced flocculation of low-algal-turbidity water［J］. Carbohydrate Polymers，2017，164：222-232.

［6］　麦永发，朱宏，林建云，等. 阳离子聚丙烯酰胺的重要研究技术进展［J］. 高分子通报，2012（8）：105-110.

［7］　徐保明，张旺喜，柴周东，等. 阳离子混凝剂P（AM-DAC）的合成、表征及应用［J］. 环境科学与技术，2012（8）：154-157.

［8］　WANG B，ZHANG Y，MIAO C. Preparation of cationic chitosan-polyacrylamide flocculant and its properties in wastewater treatment［J］. Journal of Ocean University of China，2011，10（1）：42-46.

［9］　陈伟，郑怀礼，翟俊，等. 聚合硫酸铁钛混凝剂的制备及红外、紫外-可见光谱分析［J］. 光谱学与光谱分析，2016，36（4）：1038-1043.

［10］　GAO M，YANG Y L，XU Z Q. Preparation of Cationic Polyacrylamide Flocculant and its Application in the Treatment of Coal Slurry Wastewater［J］. Advanced Materials Research，2012，560-561（24）：591-594.

［11］　韩雪，娄大伟，连丽丽，等. PSAZ-CTS的制备及对松花江水的混凝效果［J］. 精细化工，2015，32（9）：1027-1031.

［12］　ZHU G C，ZHENG H L，ZHANG Z，et al. Characterization and coagulation-flocculation behavior of polymeric aluminum ferric sulfate（PAFS）［J］. Chemical Engineering Journal, 2011, 178（1）: 50-59.

［13］ 郑怀礼，张鹏，邓晓丽，等. CPAM的制备及其对环境激素DMP的去除［J］. 化工学报，2012，63（1）: 279-285.

［14］ CHEKLI L, ERIPRET C, Park S H, et al. Coagulation performance and floc characteristics of polytitanium tetrachloride （PTC） compared with titanium tetrachloride （$TiCl_4$） and ferric chloride （$FeCl_3$） in algal turbid water［J］. Separation & Purification Technology, 2017, 175: 99-106.

［15］ Zhao Y X, Phuntsho S, Gao B Y, et al. Comparison of a novel polytitanium chloride coagulant with polyaluminium chloride: coagulation performance and floc characteristics.［J］. Journal of Environmental Management, 2015, 147: 194-202.

［16］ ZHAO Y X, PHUNTSHOS, GAO B Y, et al. Preparation and Characterization of Novel Polytitanium Tetrachloride Coagulant for Water Purification［J］. Environmental Science & Technology, 2013, 47（22）: 12966.

［17］ CHEKLI L, GALLOUX J, ZHAO Y X, et al. Coagulation performance and floc characteristics of polytitanium tetrachloride and titanium tetrachloride compared with ferric chloride for coal mining wastewater treatment［J］. Separation & Purification Technology, 2015, 152: 94-100.

［18］ ZHAO Y X, GAO B Y, SHON H K, et al. Characterization of coagulation behavior of titanium tetrachloride coagulant for high and low molecule weight natural organic matter removal: The effect of second dosing［J］. Chemical Engineering Journal, 2013, 228（28）: 516-525.

［19］ HUANG X, GAO B, WANG Y, et al. Coagulation performance and flocs properties of a new composite coagulant: Polytitanium-silicate-sulfate［J］. Chemical Engineering Journal, 2014, 245（6）: 173-179.

［20］ CHEN W, ZHENG H L, GUO J S, et al. Preparation and Characterization of a Composite Coagulant: Polyferric Titanium Sulfate［J］. Water Air & Soil Pollution, 2016, 227（3）: 79.

第9章 高铁酸钾

高铁酸钾是一种集氧化、混凝、吸附、杀菌、消毒、除臭为一体的新型绿色高效水处理的无机药剂[1~3]，其标准氧化还原电位为2.20V，比常规强氧化剂臭氧、高锰酸钾和次氯酸盐的氧化还原电位为均高（臭氧的标准氧化还原电位为2.08V，高锰酸钾的标准氧化还原电位为1.659V，次氯酸盐的氧化还原电位为1.49V），所以高铁酸盐具有极强的氧化除污能力，同时高铁酸盐在水中还原后生成Fe^{3+}会水解形成各种新生态的羟基氧化铁的水合配合物，具有混凝剂的作用，通过吸附电中和与卷扫网捕作用将各种颗粒物与离子从水体中分离出来，起到很好的净水作用[4,5]，实际合成与应用中一般是其钠盐或钾盐（高铁酸钠、高铁酸钾）。对于含Mn(Ⅱ)废水，在pH<9.77条件下，Mn(Ⅱ)在水体中被氧化的速度很慢，所以能以Mn(Ⅱ)离子形态在水体中存在很长时间，表现相当的稳定性，常规的混凝法对Mn(Ⅱ)去除收效甚微；而Mn(Ⅳ)离子在pH为6.0～8.5的条件下溶解度很低，以水合二氧化锰（$MnO_2 \cdot H_2O$）沉淀的形式由水中析出[6]，再将二氧化锰由水体中分离出来，从而达到除Mn(Ⅱ)的目的。鉴于目前尚缺少简单直接去除水体中Mn(Ⅱ)的方法，因此将Mn(Ⅱ)氧化为Mn(Ⅳ)便成为去除Mn(Ⅱ)的前提。因此，采用高铁酸钾氧化—混凝去除含Mn(Ⅱ)废水便成为了有效研究方向。

9.1 高铁酸钾的制备

采用次氯酸钙氧化法制备高铁酸钾（K_2FeO_4）[7]。将一定体积的饱和氢氧化钾（KOH）溶液缓慢加入到一定量的次氯酸钙[$Ca(ClO)_2$]中，充分混合后静置20min过滤去除结晶沉淀，滤液转入三口烧瓶中备用。称取一定量的九水硝酸铁[$Fe(NO_3)_3 \cdot 9H_2O$]，缓慢加入到三口烧瓶中，在冰水浴条件下，持续搅拌反应60min后，缓慢加入一定体积的饱和氢氧化钾溶液继续反应10min，冰析静置30min后，抽滤获得高铁酸钾晶体粗产物，用3mol/L的氢氧化钾浸洗溶解，再抽滤，除去固体杂质，滤液用冰水浴冷却，重结晶30～60min，高铁酸钾晶体重新析出，抽滤后用有机溶剂正戊烷、甲醇、乙醚依次洗涤，最后置于真空干燥箱中 60～70℃下烘干，即得紫黑色高铁酸钾晶体产物。

混凝实验：本实验采用含 Mn(Ⅱ) 模拟水样，以硫酸锰与蒸馏水配制而成，高铁酸钾的投加量以有效成分 Fe 计。混凝搅拌先以 210r/min 快速搅拌 2min，再以 50r/min 慢速搅拌 10min，最后静置沉降 60min 后取距液面 2cm 处清液，进行水样分析，测其残余 Mn(Ⅱ) 的浓度。

9.2 高铁酸钾结构与形态表征

9.2.1 傅里叶红外光谱分析

图 9.1 为高铁酸钾的傅里叶红外光谱曲线。由图 9.1 可知，在 3500～3200cm^{-1} 的范围出现了比较宽的吸收峰是由—OH 基团伸缩振动引起；在 1382.34cm^{-1} 处出现一个尖强的吸收峰，可能是 Fe—O 键的振动频率的吸收波数引起的，这与刘汝锋等[8,9] 研究结果一致；在 970.81cm^{-1} 处出现的较弱的吸收峰，在 823.01cm^{-1} 处出现的强吸收峰和 618.57cm^{-1} 处出现的弱吸收峰，均为高铁酸钾晶体中 Fe—O 键的特征吸收峰。由以上傅里叶红外特征吸收峰可以证明该产品中高铁酸钾的纯度较高，具有很好的应用前景。

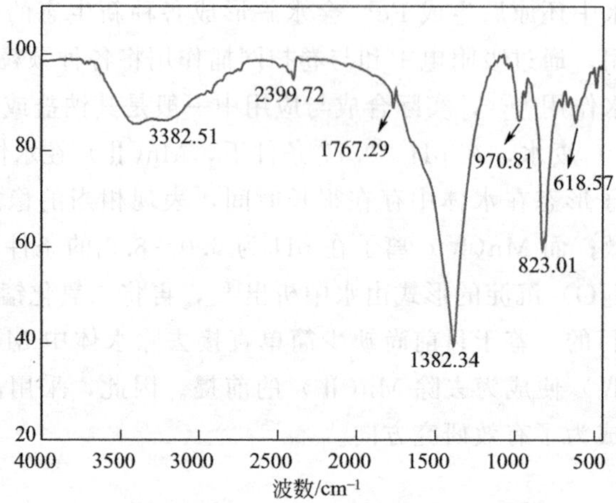

图 9.1 高铁酸钾傅里叶红外图谱

9.2.2 X 射线衍射谱图分析

将高铁酸钾样品进行 X 射线衍射分析，结果如图 9.2 所示。晶体物质可在确定的角度产生一系列物质的特征衍射峰，而非晶体物质只出现漫散的峰包，不产生敏锐的特征峰[10]。由图 9.2 可以知，检索出高铁酸钾样品 2theta(degree)＝20°～45°之间出现了一系列衍射峰，在 2theta(degree)＝28.325 处出现最强衍射峰，衍射强度为 3525，为高铁酸钾的特征衍射峰，这与郑怀礼等[11] 研究结果一致。同时 2theta(degree)＝20.858、23.529、30.041、33.821、40.489、41.120、50.254、58.624 等处也出现了特征衍射峰，其特征峰与文献[12] 一致。

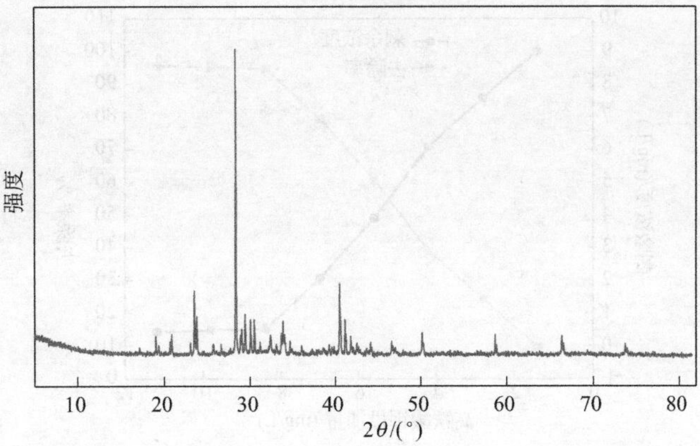

图 9.2　高铁酸钾的 X 射线衍射谱图

9.2.3　扫描电镜分析

将高铁酸钾粉末样品覆于电导胶上，经喷金处理后置于扫描电子显微镜下观察样品的表面形貌。如图 9.3 所示，高铁酸钾晶体的形态饱满，呈不规则状态，表面凹凸不平，形成了错综复杂的蜂窝状孔隙，吸附空位增多；这说明高铁酸钾在氧化—混凝一体化工艺处理模拟含 Mn(Ⅱ) 废水过程中，使其在氧化-混凝过程中更有利于吸附氧化 Mn(Ⅱ)，增强其对 Mn(Ⅱ) 的去除效果。

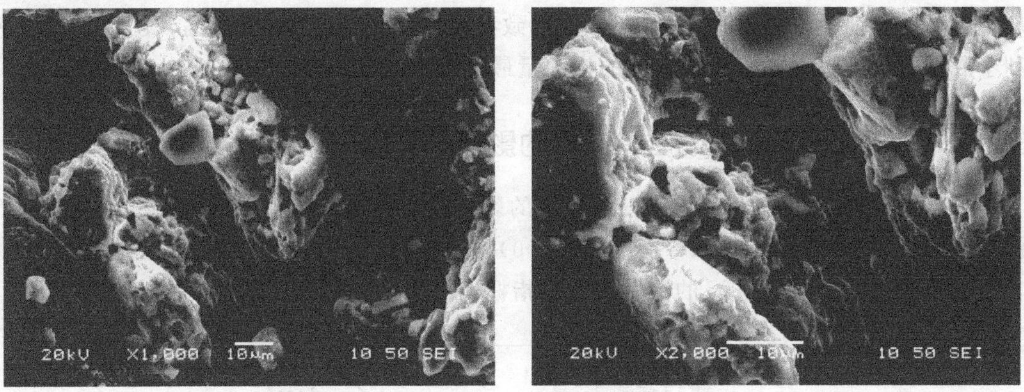

图 9.3　高铁酸钾的扫描电镜图

9.3　高铁酸钾对Mn(Ⅱ)的去除

9.3.1　高铁酸钾投加量对去除效果的影响

为研究高铁酸钾的投加量对 Mn(Ⅱ) 去除效果的影响，改变高铁酸钾的投加量，固定 Mn(Ⅱ) 的初始浓度为 10mg/L，pH=(7.50±0.10)，静止时间为 60min，控制其他影响条件不变，混凝效果以残余 Mn(Ⅱ) 的浓度为考察指标，结果如图 9.4 所示。

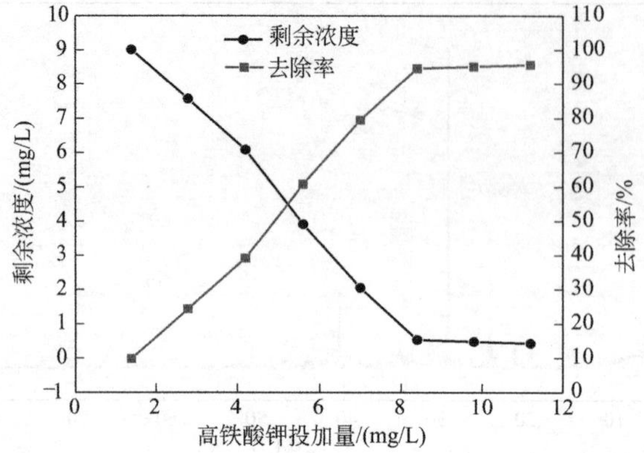

图 9.4　高铁酸钾投加量比对 Mn（Ⅱ）去除效果的影响

由图 9.4 可知，在高铁酸钾的投加量分别为 1.4mg/L、2.8mg/L、4.2mg/L、5.6mg/L、7.0mg/L、8.4mg/L、9.8mg/L、11.2mg/L 八个投加量条件下，随着高铁酸钾的投加量的增加，Mn(Ⅱ) 的残余浓度越来越低，当高铁酸钾的投加量为 8.4mg/L、9.8mg/L、11.2mg/L 时，Mn(Ⅱ) 残余浓度分别为 0.5325mg/L、0.4805mg/L、0.4315mg/L，对 Mn(Ⅱ) 的去除率分别达到 94.68%、95.20%、95.69%。实验表明，高铁酸钾的投加量为 9.8mg/L 时，Mn(Ⅱ) 的残余浓度以达到 0.5mg/L 以下，再增加高铁酸钾的投加量对 Mn(Ⅱ) 的去除影响很小，这是由于模拟水样中 Mn(Ⅱ) 的浓度有限，当高铁酸钾的投加量达到一定浓度时，足以将模拟水样中 Mn(Ⅱ) 氧化反应进行完全。继续增加高铁酸钾的投加量，高铁酸钾会自身分解产生 Fe^{3+}，导致处理后水中 Fe^{3+} 浓度偏高，出水呈现黄色，不利于混凝后续处理，故选高铁酸钾的投加量最佳值为 9.8mg/L。

9.3.2 Mn（Ⅱ）初始浓度对去除效果的影响

为了研究初始浓度对 Mn(Ⅱ) 去除效果的影响，改变 Mn(Ⅱ) 的初始浓度，固定高铁酸钾的投加量为 9.8mg/L，pH=(7.50±0.10)，静置时间为 60min，控制其他影响条件不变，混凝效果以残余 Mn(Ⅱ) 的浓度为考察指标，结果如图 9.5 所示。

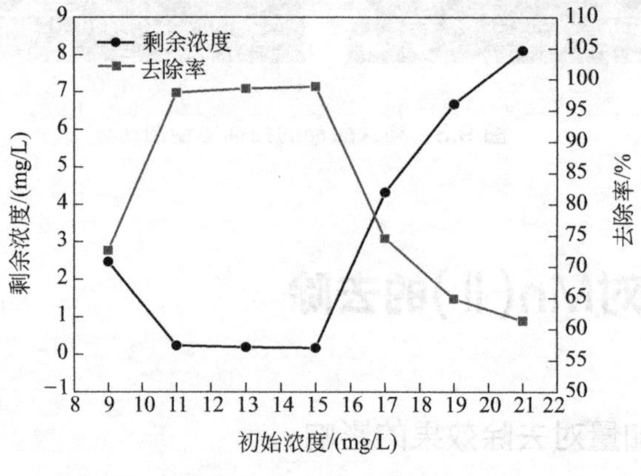

图 9.5　初始浓度对 Mn（Ⅱ）去除效果的影响

由图 9.5 可知，在 Mn(Ⅱ) 的初始浓度分别为 9mg/L、11mg/L、13mg/L、15mg/L、17mg/L、19mg/L、21mg/L 七个浓度条件下，Mn(Ⅱ) 的残余浓度呈现先减小后增大趋

势。这是由于在固定高铁酸钾投加量为 9.8mg/L 时，高铁酸钾只能完全将一定浓度 Mn(Ⅱ) 离子氧化成 Mn(Ⅳ) 离子形成氢氧化锰的沉淀，同时高铁酸根离子分解产生的 Fe^{3+}，其水解产物会形成各种形态的水合羟基配合物，作为吸附剂吸附各种阴阳离子、重金属离子等，起到很好的净水作用。实验表明，固定高铁酸钾的投加量为 9.8mg/L 时，在 Mn(Ⅱ) 的初始浓度为 11mg/L、13mg/L、15mg/L 的三个浓度条件下，Mn(Ⅱ) 残余浓度分别为 0.2350mg/L、0.1925mg/L、0.1745mg/L，对 Mn(Ⅱ) 的去除率分别达到 97.86%、98.52%、98.84%；而当 Mn(Ⅱ) 的初始浓度 17mg/L 时，Mn(Ⅱ) 的初始浓度为上升至 4.3245mg/L。故当固定高铁酸钾投加量为 9.8mg/L 时，Mn(Ⅱ) 的初始浓度分别为 15mg/L，高铁酸钾对 Mn(Ⅱ) 的去除效果最优。

9.3.3 初始 pH 值对去除效果的影响

为了研究初始 pH 值对 Mn(Ⅱ) 去除效果的影响，改变初始 pH 值，固定 Mn(Ⅱ) 的初始浓度为 15mg/L，高铁酸钾的投加量为 9.8mg/L，静置时间为 60min，控制其他影响条件不变，混凝效果以残余 Mn(Ⅱ) 的浓度为考察指标，结果如图 9.6 所示。

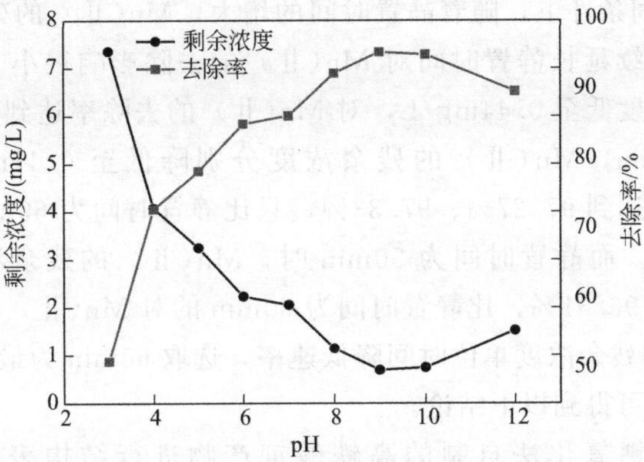

图 9.6 pH 对 Mn(Ⅱ) 去除效果的影响

由图 9.6 可知，在 3、4、5、6、7、8、9、10、12 九个 pH 值条件下，Mn(Ⅱ) 的残余浓度呈现先减小后增大的趋势。在 pH 值为 3～9 的范围内，Mn(Ⅱ) 的残余浓度在 pH 值为 9 时达到最低值的 0.6915mg/L，比 pH 值为 3 时的 7.349mg/L 降低了约 6.658mg/L，去除率提高了 44.39%。这是由于在酸性条件下高铁酸钾不稳定，自分解严重，氧化性不能得到全部发挥，实际中如原水 pH 值过低，应调至中性或弱碱性。在 pH 值为 9～12 的范围内，随着 pH 值的增大。Mn(Ⅱ) 的残余浓度缓慢增大，当 pH 值增至 12 时，Mn(Ⅱ) 的残余浓度增大至 1.530mg/L，比 pH 值为 9 时提高了 0.8385mg/L，这是由于高铁酸钾将 Mn(Ⅱ) 氧化后，其在溶液中被还原生成 Fe^{3+}，而 Fe^{3+} 水解形成各种羟基铁水合配合物，在强碱性条件下，会生成氢氧化铁的沉淀失去混凝性能，从而导致对 Mn(Ⅱ) 去除效果的降低。因此，在 pH 值为 9 是最佳值。

9.3.4 静置时间对去除效果的影响

为了研究静置时间对 Mn(Ⅱ) 去除效果的影响，改变静置时间，固定 Mn(Ⅱ) 的初始浓度为15mg/L，高铁酸钾的投加量为9.8mg/L，pH=(9.00±0.10)，控制其他影响条件不变，混凝效果以残余Mn(Ⅱ)的浓度为考察指标，结果如图9.7所示。

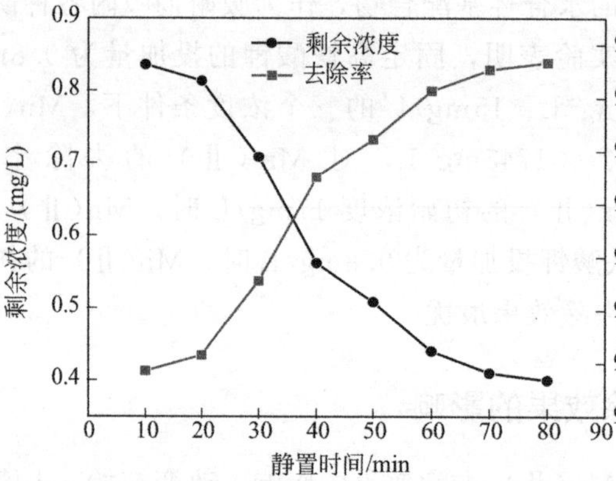

图9.7 静置时间对Mn(Ⅱ)去除效果的影响

由图9.7可知，在静置时间为10min、20min、30min、40min、50min、60min、70min、80min八个时间条件下，随着静置时间的增大，Mn(Ⅱ)的残余浓度逐渐降低，最后趋于平缓的趋势，继续延长静置时间对Mn(Ⅱ)的去除影响很小。当静置时间为60min时，Mn(Ⅱ)的残余浓度低至0.44mg/L，对Mn(Ⅱ)的去除率达到97.07%。继续延长静置时间至70min、80min，Mn(Ⅱ)的残余浓度分别降低至0.41mg/L、0.40mg/L，对Mn(Ⅱ)的去除率分别达到97.27%、97.33%，只比静置时间为60min的Mn(Ⅱ)去除率提高了0.2%、0.26%。而静置时间为50min时，Mn(Ⅱ)的残余浓度为0.51mg/L，对Mn(Ⅱ)的去除率达到96.61%，比静置时间为60min的对Mn(Ⅱ)的去除率低了0.46%。因此，考虑Mn(Ⅱ)的残余浓度单位时间降低速率，选取60min为最佳静置时间。

由以上实验及分析可得到以下结论。

① 对采用次氯酸钙氧化法自制的高铁酸钾产物进行结构表征，傅里叶红外光谱(FTIR)对产物中的化学键进行鉴别，证明了产物中含有Fe—O键的高铁酸钾特征吸收峰；X射线衍射(XRD)对产物的晶体结构进行表征，证明了产物在2theta(degree)=20°~45°之间出现了一系列高铁酸钾的特征衍射峰；扫描电镜(SEM)显示，该产物表面凹凸不平，形成了错综复杂的蜂窝状孔隙，具有较多的吸附空位，能够有效地吸附氧化目标污染物。

② 通过高铁酸钾氧化-混凝一体化新工艺将含Mn(Ⅱ)模拟废水处理后沉淀分离，最佳工艺条件为：投加量为9.8mg/L，Mn(Ⅱ)的初始浓度为15mg/L，初始pH值为9，静置时间为60min。在上述条件下可将废水中Mn(Ⅱ)从15mg/L降低至0.4400mg/L，去除率达到97.07%，取得了良好的去除效果，为应用高铁酸钾处理含Mn(Ⅱ)废水提供了一种新思路。

参考文献

[1] Ciabtt I, Tognotti F, Lombardi L. Treatment and reuse of dyeing effluents by potassium ferrate [J]. Desalination, 2010, 250 (1): 222-228.

[2] Ma J, Liu W. Effectiveness and mechanism of potassium ferrate (VI) preoxidation for algae removal by coagulation [J]. Water Research, 2002, 36 (4): 871-878.

[3] Zheng L, Deng Y. Settleability and characteristics of ferrate（Ⅵ）-induced particles in Advanced wastewater treatment [J]. Water Research, 2016, 93: 172-178.

[4] Lan B, Wang Y, Wang X, et al. Aqueous arsenic（As）and antimony（Sb）removal by potassium ferrate [J]. Chemical Engineering Journal, 2016, 292: 389-397.

[5] Jiang J Q, Wang S, Panagoulopoulos A. The exploration of potassium ferrate（Ⅵ）as a disinfectant/coagulant in water and wastewater treatment [J]. Chemosphere, 2006, 63（2）: 212-219.

[6] 张立珠，陈晓东，马军，等. 新生态 MnO_2 强化混凝去除苯酚的影响因素研究 [J]. 环境科学，2011，32（10）：2926-2930.

[7] 邓琳莉. 高铁酸钾制备新方法及对藻类废水的应用 [D]. 重庆：重庆大学，2010.

[8] 刘汝锋，刘婷灵，尚小琴，等. 高铁酸钾的制备工艺研究与表征 [J]. 化工进展，2013，32（8）：1902-1904.

[9] 蒋国民，王云燕，柴立元，等. 高铁酸钾处理含砷废水 [J]. 过程工程学报，2009，9（6）：1109-1114.

[10] 王颖馨，周雪婷，卜洪龙，等. 高铁酸钾的制备及其对水中 As（Ⅲ）、Pb（Ⅱ）的去除效能研究 [J]. 华南师范大学学报（自然科学版），2015（4）：80-87.

[11] 郑怀礼，邓琳莉，吉方英，等. 高铁酸钾制备新方法与光谱表征 [J]. 光谱学与光谱分析，2010，30（10）：2646-2649.

[12] 姜洪泉，金世洲，王鹏. 多功能水处理剂高铁酸钾的制备与应用 [J]. 工业水处理，2001，21（2）：4-6.

第10章

聚合硫酸铝铁

聚合铁基混凝剂具有水解强、沉降快、絮体体积大且密实等优点，但残余色度大[1~3]。聚合铝基混凝剂具有水解弱、絮体体积小、沉降速度慢、残余色度小等特点[4~6]。因此考虑，将两者复合形成新型高聚混凝剂，使得聚合硝酸铝铁同时兼具铝盐混凝剂和铁盐混凝剂的特点，克服了两者不足，使新型混凝剂的混凝性能得到较大的提升。

10.1 聚合硫酸铝铁的制备

合成步骤（图 10.1）：准确称取 0.02mol 的 $FeSO_4 \cdot 7H_2O$ 用一定体积的浓硝酸将其充分氧化，按照 Al/Fe 摩尔比为（0.1～0.6）∶1 向其中加入一定体积的 $Al_2(SO_4)_3$ 溶液，充分溶解后按照 P/Fe 摩尔比为（0.1～0.6）∶1 加入稳定剂 Na_2HPO_4，充分搅拌控制反应体积在 50.0mL，将反应物放入微波消解仪中，在微波功率为 40W 的条件下反应 5min，微波引发后，在 30～80℃ 的水浴锅中反应 2h 后将产物取出，按 OH/(Fe＋Al) 摩尔比为（0.1～0.6）∶1 加入 NaOH 调节碱化度促进混凝剂聚合、静置，常温熟化 24h，得到液体混凝剂 PAFS。

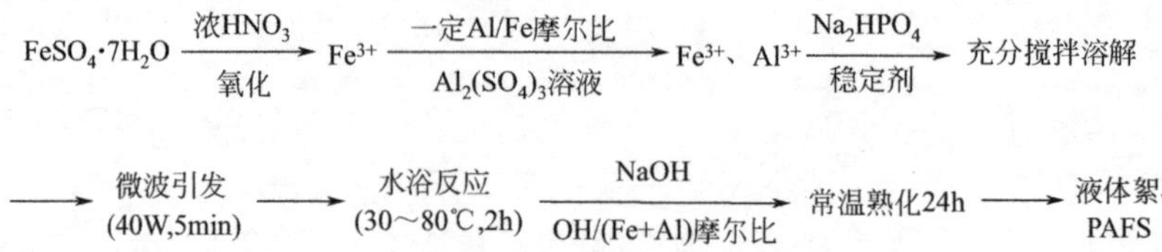

图 10.1 PAFS 的合成步骤

混凝试验：各取 1000.0mL 模拟废水样品溶液分别置于 1000.0mL 混凝烧杯中，在快搅速度为 210r/min、快搅时间为 3min、慢搅速度为 50r/min、慢搅时间为 12min、模拟水样 pH 为 7.4、投加量为 32.0mg/L（混凝剂投加量以 Fe_2O_3 计）的条件下研究反应温度、合成时间、Al/Fe 摩尔比、P/Fe 摩尔比和 OH/(Fe＋Al) 摩尔比对产品混凝性能的影响。

腐殖酸浓度测定：测样前将水样通过 0.45μm 的滤膜（滤膜使用前用去离子水浸泡 24h 以去除其中的溶解性杂质）过滤，量取适量体积滤后预处理水样置于 DOC 消解管中，用 TOC 分析仪测量水样中的溶解性总碳（TC）与无机碳（TIC）含量，得到腐殖酸的浓度。

$$DOC_{水样} = TC - TIC \tag{10.1}$$

10.2 聚合硫酸铝铁合成条件确定

10.2.1 反应温度的影响

控制合成时间为 2h，Al/Fe 摩尔比为 0.3，P/Fe 摩尔比为 0.4，OH/(Fe+Al) 摩尔比为 0.3，产物性能以剩余浊度为考察指标，研究不同反应温度条件下合成的 PAFS 对模拟水样混凝性能的影响，实验结果如图 10.2 所示。

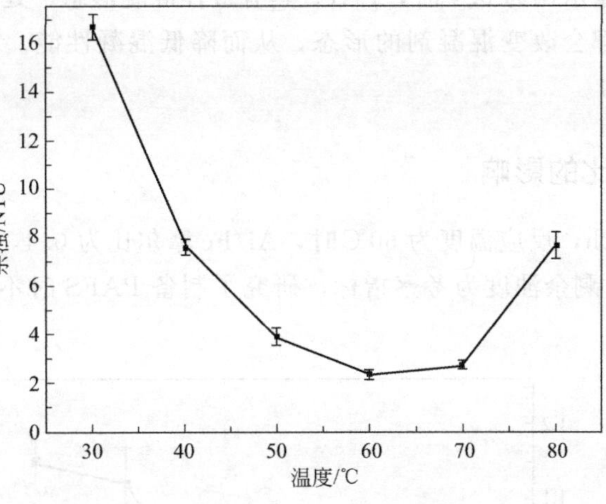

图 10.2 不同反应温度对 PAFS 混凝性能的影响

如图 10.2 可知，当反应温度为 30～60℃时，余浊随着反应温度的升高而降低，在反应温度为 60℃时，混凝剂处理效果达到最优值，余浊为 2.32NTU。随着温度继续升高，余浊反而增大，在 80℃时余浊升高到 7.65NTU。这是因为在温度较低时，Fe(Ⅲ) 的水解速度较慢，分子间的热运动效率较弱，导致混凝剂的聚合速度较慢，聚合程度不高，而当反应温度过高时，混凝剂的聚合速度过快，导致过度水解降低了聚合效率，影响了混凝剂的混凝性能。因此选取混凝剂 PAFS 的反应温度为 60℃。

10.2.2 Al/Fe 摩尔比的影响

控制合成时间为 2h，反应温度为 60℃时，P/Fe 摩尔比为 0.4，OH/(Fe+Al) 摩尔比为 0.3，产物性能以对剩余浊度为考察指标，研究不同 Al/Fe 摩尔比对 PAFS 混凝性能的影响，实验结果如图 10.3 所示。

如图 10.3 可知，在 Al/Fe 摩尔比为 0.1～0.6 的范围内，当混凝剂的 Al/Fe 摩尔比为

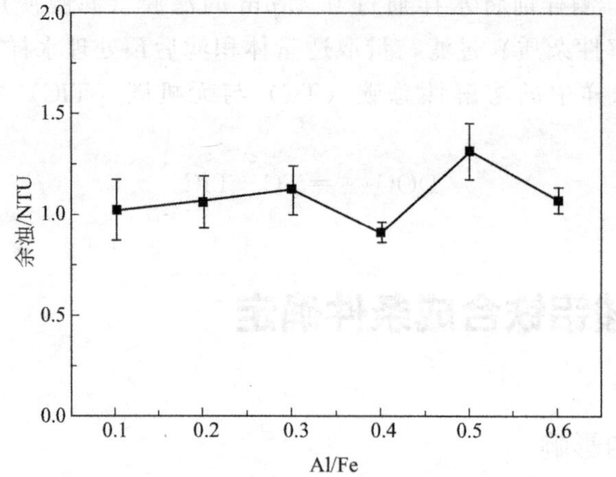

图 10.3 Al/Fe 摩尔比对 PAFS 混凝性能的影响

0.4 时，具有最佳混凝效果余浊达到最低值 0.91NTU。这是因为 Al(Ⅲ) 的存在会改变混凝剂的形态，当 Al/Fe 摩尔比为 0.4 时，PAFS 具有最佳混凝形态，处理性能最强。而过高或过低的 Al/Fe 摩尔比都会改变混凝剂的形态，从而降低混凝性能。因此选取混凝剂 PAFS 中 Al/Fe 摩尔比为 0.4。

10.2.3 P/Fe 摩尔比的影响

控制合成时间为 2h，反应温度为 60℃时，Al/Fe 摩尔比为 0.4，OH/(Fe+Al) 摩尔比为 0.3，产物性能以对剩余浊度为考察指标，研究了制备 PAFS 时不同的 P/Fe 摩尔比对混凝性能的影响。

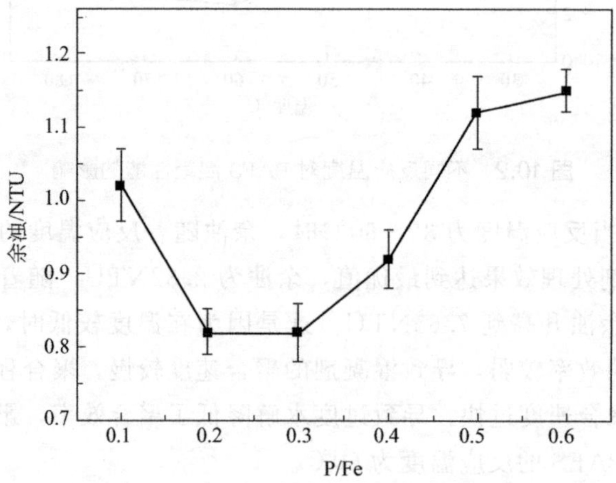

图 10.4 P/Fe 摩尔比对 PAFS 混凝性能的影响

由图 10.4 可知，当混凝剂的 P/Fe 摩尔比为 0.2～0.3 时，混凝剂获得的最佳处理效果，剩余浊度为 0.82NTU。这是由于在铁基混凝剂的制备中，一定的 PO_4^{3-} 的加入会有利于 Fe—P—Fe 键的形成，能够促进生成高聚合度混凝剂的同时又能防止混凝剂的过度水解，提高铁基混凝剂的稳定性，优化混凝效果。因此综合考虑选取混凝剂 PAFS 中 P/Fe 摩尔比为 0.2。

10.2.4 OH/(Fe+Al)摩尔比的影响

碱化度是影响混凝剂稳定性和混凝效果的最重要参数之一，如图 10.5 所示控制合成时间为 2h，反应温度为 60℃时，Al/Fe 摩尔比为 0.4，P/Fe 摩尔比为 0.2，产物性能以对剩余浊度为考察指标，研究了制备 PAFS 时不同的 OH/(Fe+Al) 摩尔比对混凝性能的影响。

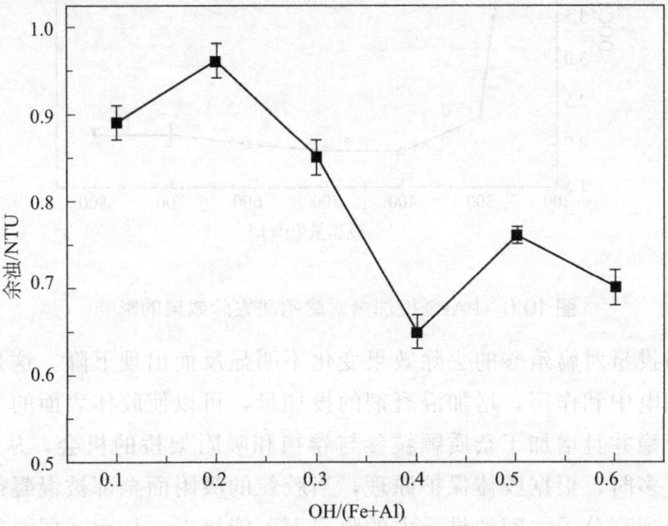

图 10.5 OH/(Fe+Al)摩尔比对 PAFS 混凝性能的影响

当 OH/(Fe+Al) 摩尔比为 0.1～0.6 时，混凝剂的除浊效率都较高，余浊都在 1NTU 以下，在 OH/(Fe+Al) 摩尔比为 0.4 时，剩余浊度达到最低值 0.65NTU。这是因为此时混凝剂中的 Fe(Ⅲ) 的形态以低聚物为主，胶粒电荷量大，充分发挥了混凝剂的电性中和作用，降低胶粒间的 ξ 电位消除排斥能峰，进而凝聚脱稳，且随着 Fe(Ⅲ) 的快速水解聚合，可发挥较佳吸附架桥能力和网捕卷扫能力，因此有较好的除浊效果。综合考虑选取混凝剂 PAFS 中 OH/(Fe+Al) 摩尔比为 0.4。

10.3 聚合硫酸铝铁对腐殖酸去除效果研究

混凝剂投加量和水样的 pH 是混凝过程中影响混凝效率是的重要参数，本节研究了混凝剂投加量和模拟水样 pH 对混凝效果的影响，同时还考察了重金属离子 Mn(Ⅱ) 以及腐殖酸浓度对混凝效果的影响。

10.3.1 投加量的影响

在不调节模拟水样初始 pH 值的条件下，控制腐殖酸初始浓度为 10.0mg/L（以 DOC 计）进行混凝实验，考察不同投加量对混凝效果的影响，结果如图 10.6 所示。

由图 10.6 可知，随着混凝剂投加量的增加腐殖酸的去除效果不断提高，当投加量为 400μL/L 时（以 Fe_2O_3 计，12.8mg/L），获得最佳去除效果处理水样的 DOC 为 1.92mg/L，

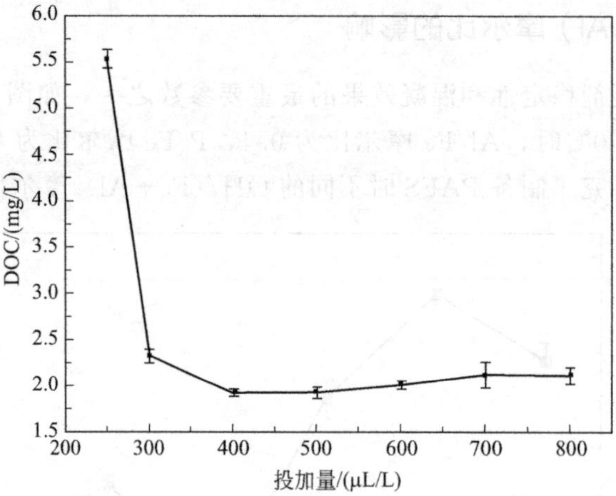

图 10.6　PAFS 投加量对腐殖酸去除效果的影响

继续增加混凝剂的投量对腐殖酸的去除效果变化不明显反而出现下降。这是因为混凝剂主要表现出吸附架桥和电中和作用，增加混凝剂的投加量，可以使胶体表面的负电荷逐渐被中和而导致胶体颗粒脱稳并且增加了杂质颗粒参与卷扫和吸附架桥的机会，从而提高混凝效果；当混凝剂投加量过多时，根据胶体保护原理，当胶粒的吸附面全部被混凝剂覆盖后，当两胶体接近时，就会受到高分子之间的排斥力的阻碍而不能接近，从而减弱混凝效果[7]。

10.3.2　pH 对腐殖酸去除效果的影响

调节实验模拟水样 pH 为 4～10，控制 PAFS 的投加量为 12.8mg/L，腐殖酸初始浓度为 10.0mg/L（以 DOC 计）进行混凝实验，结果如图 10.7 所示。

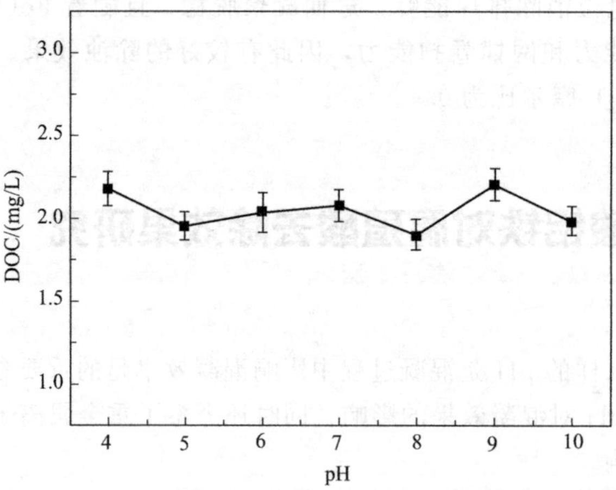

图 10.7　pH 对腐殖酸去除效果的影响

由图 10.7 可知，当 pH 值在 4～10 时，腐殖酸去除率变化趋势趋于平缓，DOC 去除率均达到 78.0%以上，当 pH 为 8.0 时，DOC 的去除效果达到最优，腐殖酸的去除率达到 81.0%。这说明 PAFS 在处理水中腐殖酸时对原水 pH 值的适用范围较广。由于 PAFS 为高分子阳离子混凝剂，在最优投加量的条件下混凝剂的高分子链主要通过吸附架桥的作用把水中的胶粒桥连起来，絮体不易脱落，提高了混凝效果。但当水中pH过高或过低时，不利于发挥混凝剂电性中和的作用，在一定程度上影响了混凝性能。

10.3.3 腐殖酸浓度的影响

在不调节模拟水样初始pH值的条件下，控制PAFS的投加量为12.8mg/L进行混凝实验，考察不同浓度的腐殖酸对混凝效果的影响，结果如图10.8所示。

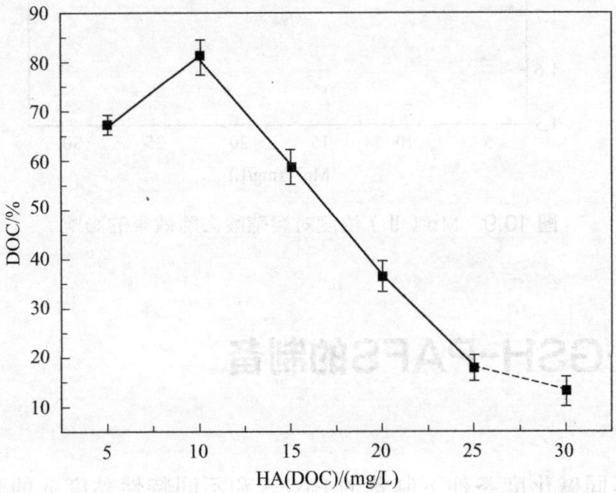

图10.8 腐殖酸浓度对去除效果的影响

由图10.8可知，当腐殖酸浓度低于10.0mg/L时，随着腐殖酸浓度的升高，DOC的去除率提高，这是因为在混凝剂投加量一定的情况下随着底物浓度的增大，反应驱动力增强，混凝效果提高；而当腐殖酸浓度为升高到30.0mg/L时，PAFS对腐殖酸的去除率由81.0%降至13.3%。这是由于随着有机物浓度的不断提高，水体中带有大量负电荷，由于电荷的同性相斥而趋向形成一个分散稳定的体系，导致胶粒无法聚结。在混凝剂投量一定的情况下，随着有机物浓度的提高，单位有机物所分得的电荷数减少，因而其去除效果变差[8,9]。

10.3.4 Mn(Ⅱ)浓度对腐殖酸去除效果的影响

在不调节模拟水样初始pH值的条件下，控制PAFS的投加量为12.8mg/L，腐殖酸初始浓度为10.0mg/L（以DOC计）进行混凝实验，考察不同浓度的Mn(Ⅱ)对混凝效果的影响，结果如图10.9所示。

由图10.9可知，随着Mn(Ⅱ)浓度的增加，PAFS对腐殖酸的去除效果有一定提升且作用较缓。在Mn(Ⅱ)浓度为10.0mg/L时，DOC去除率最高达到81.9%；当Mn(Ⅱ)浓度增加到30.0mg/L时，对于水中腐殖酸的混凝去除基本没有影响，DOC去除率为80.4%。Mn(Ⅱ)本身没有混凝作用，当Mn(Ⅱ)浓度较低时，它能与腐殖酸形成金属络合物，有助于颗粒脱稳，增强混凝剂的混凝特性，当Mn(Ⅱ)浓度较高时，由于PAFS为阳离子混凝剂，水中阳离子浓度过高相互间产生排斥力，阻碍了胶体间的团聚，从而影响混凝效果。

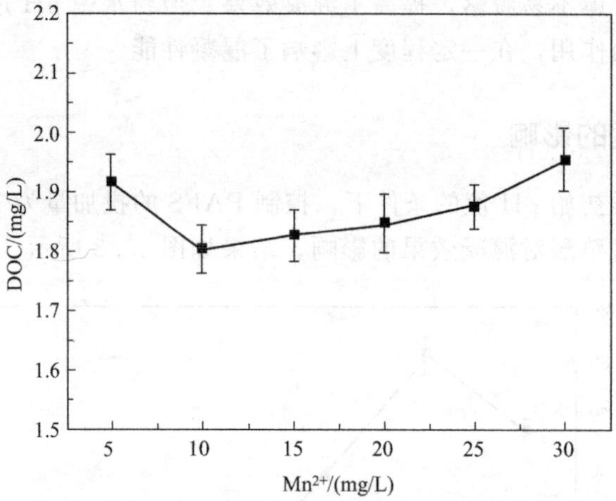

图 10.9 Mn(Ⅱ)浓度对腐殖酸去除效果的影响

10.4 PAM-GSH-PAFS的制备

分别取一定量不同碱化度条件下制备的PAFS和不同特性黏度 η 的PAM-GSH，转移至100.0mL的三颈烧瓶中，然后在氮气的保护下将密封的三颈烧瓶置于恒温振荡器中，控制反应温度为35℃反应6h，制备出具有不同PAM-GSH/Fe质量比（用 W_P 表示，分别为5.0%、10.0%、15.0%）、不同碱化度（B 值）和不同黏度系数（η 值）的复合混凝剂PAM-GSH-PAFS。具体指标见表10.1。

表 10.1 混凝剂 PAM- GSH- PAFS 的基本指标

序号	W_P/%	B	η/(dL/g)
1	5.0	0.2	22.82
2	5.0	0.4	22.82
3	5.0	0.6	22.82
4	10.0	0.2	22.82
5	10.0	0.4	22.82
6	10.0	0.6	22.82
7	15.0	0.2	22.82
8	15.0	0.4	22.82
9	15.0	0.6	22.82
10	10.0	0.2	12.05
11	10.0	0.4	12.05
12	10.0	0.6	12.05
13	10.0	0.2	21.99
14	10.0	0.4	21.99
15	10.0	0.6	21.99

10.5 PAM-GSH-PAFS结构与形态表征

10.5.1 Fe-Ferron 形态分析

（1）W_P 对铁形态分布的影响

以 $\eta=22.82$dL/g 的 PAM-GSH 与不同 B 值的 PAFS 按不同配比制备一系列 PAM-GSH-PAFS复合混凝剂为代表进行实验，实验结果如图 10.10 所示。对于 Fe_a 和 Fe_c 而言，随着 B 值的增高，Fe_a 和 Fe_c 的含量逐渐降低；对于 Fe_b 组分来说，复合混凝剂中 Fe_b 的含量随着 B 值的增加而缓慢增加，而在相同的 B 值条件下，W_P 值越大 Fe_b 的含量越小。

B 值代表了铁盐混凝剂的预水解程度，随着预水解度增大，铁盐混凝剂中 Fe(Ⅲ) 形态逐渐从单体向聚合态转化，这就意味着当体系的 B 值逐渐增大时，Fe_a 将随之逐渐转化为 Fe_b。Fe_b 被认为是铁盐混凝剂的最有效形态。当 PAM-GSH 加入量过大会使 Fe_b 含量降低，从而降低了铁盐的混凝性能[10]。所以适当的 W_P 值能提高复合铁基类混凝剂的混凝性能。

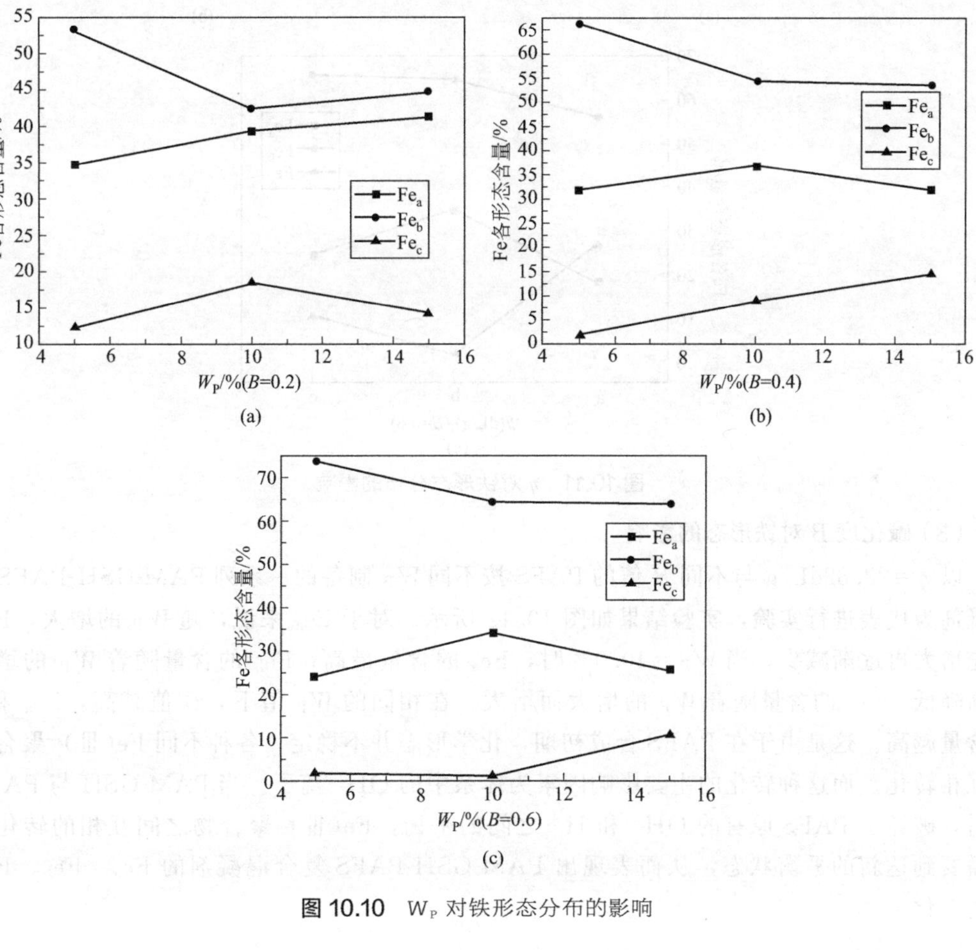

图 10.10 W_P 对铁形态分布的影响

(2) η 对铁形态分布的影响

用不同 B 值的 PAFS 与不同 η 值的 PAM-GSH 按 $W_P=10.0\%$ 复合，考察了有机组分(PAM-GSH)的黏度系数(η 值)对复合混凝剂中铁的形态分布的影响。实验结果如图 10.11 所示。结果表明，PAM-GSH 的 η 值对复合混凝剂中铁的各种水解聚合形态有一定的影响，随着 η 值的增加，Fe_a 的含量逐渐增高，在相同黏度下，B 值越小 Fe_a 的含量越高。对于 Fe_b 而言，Fe_b 的含量随着 η 值的增加先增大后减小，在相同黏度下，B 值越高，Fe_b 的含量越高。由此说明，PAM-GSH 的黏度对铁盐的形态分布有影响，仅从 Fe_b 含量高低来判断，当 $\eta=21.99$dL/g 时，复合混凝剂具有最高的 Fe_b 含量。

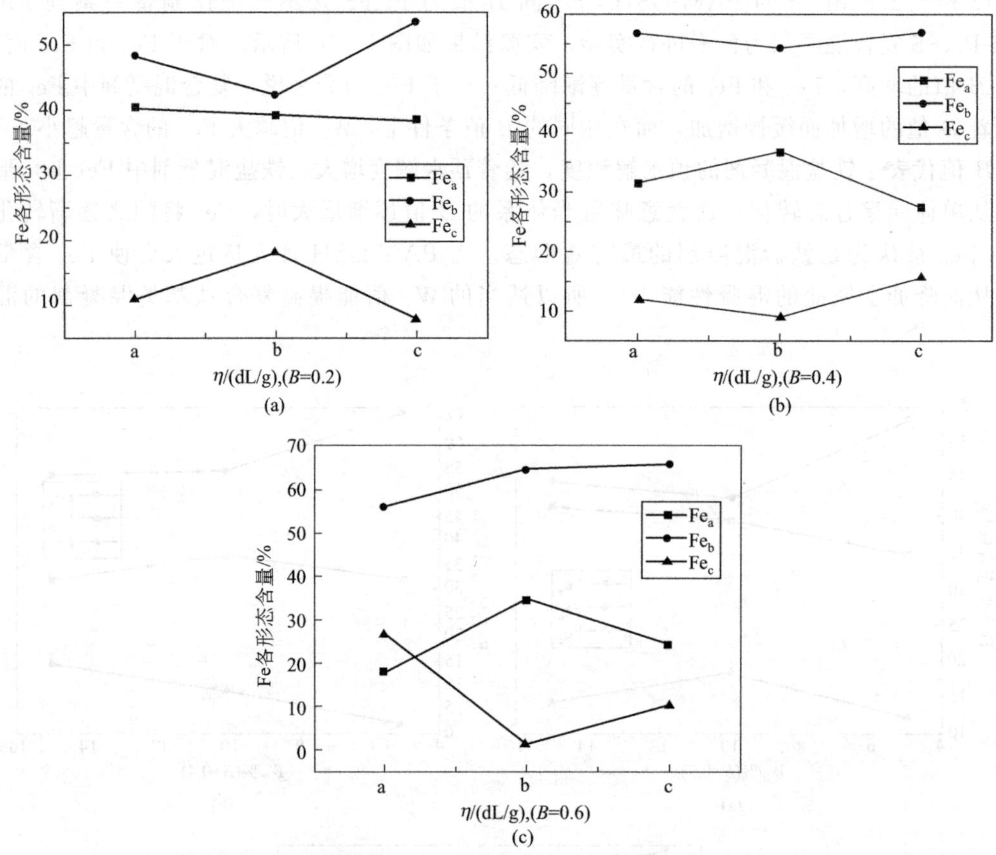

图 10.11　η 对铁形态分布的影响

(3) 碱化度 B 对铁形态的影响

以 $\eta=22.82$dL/g 与不同 B 值的 PAFS 按不同 W_P 制备的一系列 PAM-GSH-PAFS 复合混凝剂为代表进行实验，实验结果如图 10.12 所示。对于 Fe_a 来说，随 W_P 的增大，Fe_a 含量先增大再逐渐减少，当 $W_P=10.0\%$ 时，Fe_a 的含量最高；Fe_b 的含量随着 W_P 的增大而逐渐降低，Fe_c 的含量随着 W_P 的增大而增大。在相同的 W_P 值下，B 值越高，Fe_a 和 Fe_b 的含量越高。这是由于在 PAFS 合成初期，化学形态并不稳定，各种不同 Fe(Ⅲ) 聚合物之间互相转化。而这种转化的主要影响因素为体系中的 OH^- 离子。当 PAM-GSH 与 PAFS 复合后，破坏了 PAFS 原有的 OH^- 和 H^+ 之间的平衡，Fe(Ⅲ) 聚合物之间互相的转化也随之需要到达新的平衡状态，从而表现出 PAM-GSH-PAFS 复合混凝剂的 Fe_a、Fe_b、Fe_c 含量的变化。

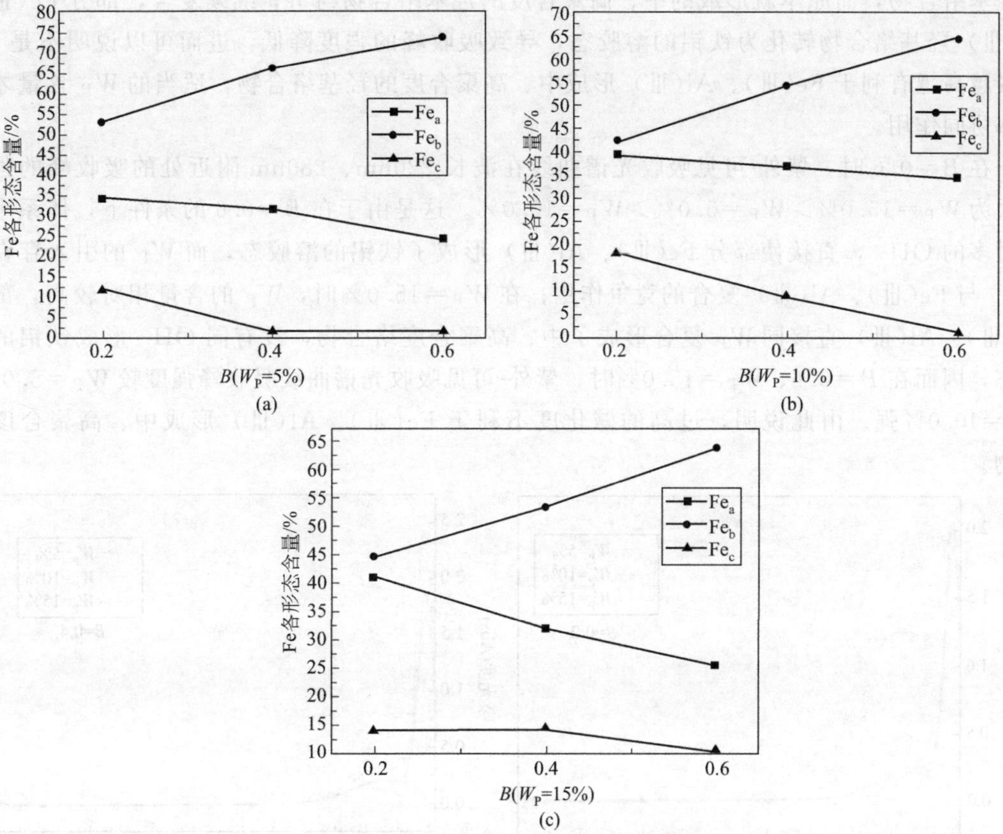

图 10.12 碱化度对铁形态分布的影响

10.5.2 紫外光谱分析

（1）W_P 对 PAM-GSH-PAFS 紫外吸收光谱的影响

图 10.13 所示为 PFAS（碱化度 $B=0.2$、0.4、0.6）的紫外-可见吸收光谱曲线在碱化度 $W_P=5.0\%$、10.0%、15.0%三个条件下的变化情况，固定 $\eta=22.82$dL/g。如图 10.13 所示，混凝剂 PAM-GSH-PAFS 在波长 220nm 附近有一个尖强的吸收峰，在波长 280nm 附近有一个弱的吸收峰。

在 $B=0.2$ 时，紫外-可见吸收光谱曲线在波长 220nm、280nm 附近处的吸收峰的强度随着 $W_P=5.0\%$、$W_P=10.0\%$、$W_P=15.0\%$的增大也逐渐增大。这可能是由于在 $B=0.2$ 的条件下，体系中存在的 OH^- 含量较低，不足以使溶液中存在的 Fe(Ⅲ)、Al(Ⅲ) 水解聚合形成中、高聚合度的羟基络合物。而 W_P 的引入，有效的弥补了 OH^- 含量存在的不足，并且随着 W_P 含量的提升，使溶液中存在的 Fe(Ⅲ)、Al(Ⅲ) 水解聚合形成中、高聚合度的羟基络合物含量也上升，从而在紫外-可见吸收光谱曲线中表现出吸收峰的强度大小为 $W_P=15.0\%>W_P=10.0\%>W_P=5.0\%$。

在 $B=0.4$ 时，紫外-可见吸收光谱曲线在波长 220nm、280nm 附近处的吸收峰的强度依次为着 $W_P=10\%>W_P=5\%>W_P=15\%$。这是由于在 $B=0.4$ 的条件下，体系中存在的 OH^- 相对充足，能够有效地促使溶液中存在的 Fe(Ⅲ)、Al(Ⅲ) 水解聚合形成中、高聚合度的羟基络合物，W_P 的引入使低聚合度的 Fe(Ⅲ)、Al(Ⅲ) 进一步复合形成中、高聚合度的羟基络合物，而原本就形成的中、高聚合度的羟基络合物与 W_P 继续复合，部分 Fe(Ⅲ)、Al(Ⅲ) 羟基络合物转化为铁铝的溶胶态，导致吸收峰的强度降低，进而可以说明不是 W_P 含量越高越有利于 Fe(Ⅲ)、Al(Ⅲ) 形成中、高聚合度的羟基络合物，适当的 W_P 含量才能发挥协同作用。

在 $B=0.6$ 时，紫外-可见吸收光谱曲线在波长 220nm、280nm 附近处的吸收峰的强度依次为 $W_P=15.0\%>W_P=5.0\%>W_P=10.0\%$。这是由于在 $B=0.6$ 的条件下，体系中存在过多的 OH^-，直接使部分 Fe(Ⅲ)、Al(Ⅲ) 形成了铁铝的溶胶态，而 W_P 的引入存在同 OH^- 与 Fe(Ⅲ)、Al(Ⅲ) 复合的竞争作用；在 $W_P=15.0\%$ 时，W_P 的含量相对较高，部分 Fe(Ⅲ)、Al(Ⅲ) 直接同 W_P 复合形成了中、高聚合度络合物，没有同 OH^- 形成铁铝的溶胶态，因而在 $B=0.6$、$W_P=15.0\%$ 时，紫外-可见吸收光谱曲线吸收峰强度较 $W_P=5.0\%$、$W_P=10.0\%$ 强。由此说明，过高的碱化度不利于 Fe(Ⅲ)、Al(Ⅲ) 形成中、高聚合度络合物。

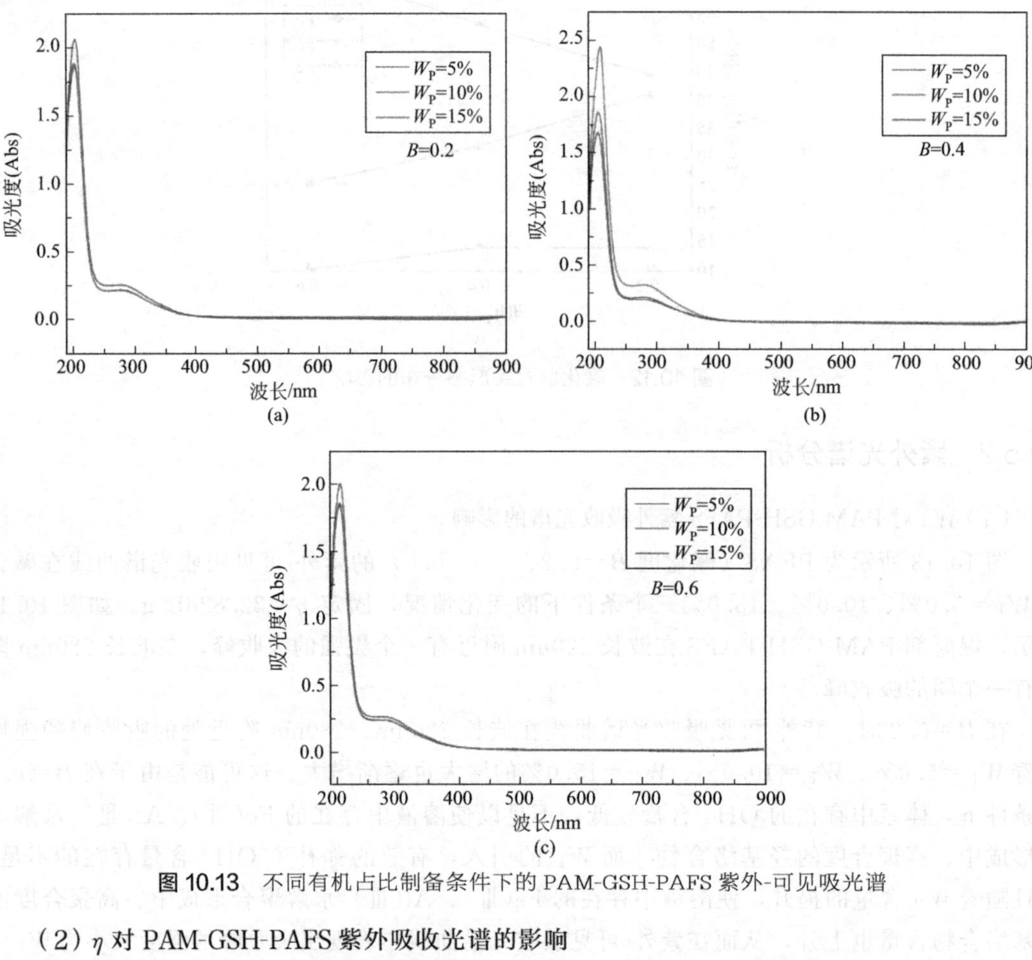

图 10.13 不同有机占比制备条件下的 PAM-GSH-PAFS 紫外-可见吸光谱

（2）η 对 PAM-GSH-PAFS 紫外吸收光谱的影响

图 10.14 所示为 PFAS（碱化度 $B=0.2$、0.4、0.6）的紫外-可见吸收光谱曲线在黏度系数 $\eta=12.05$、21.99、22.82 三个条件下的变化情况，按 $W_P=10.0\%$ 复合。如图 10.14 所示，混凝剂 PAM-GSH-PAFS 在波长 220nm 附近有一个尖强的吸收峰，在波长 280nm 附近有一个弱吸收峰。

在 $B=0.2$ 与 $B=0.6$ 时，紫外-可见吸收光谱曲线在波长 220nm、280nm 附近处的吸收

峰强度随着 $\eta=12.05$、21.99、22.82 变化不明显，而在 $B=0.4$ 时，在波长 220nm、280nm 附近处，吸收峰出现较大的差异。这可能是由于在较低碱化度（$B=0.2$）与较高碱化度（$B=0.6$）条件下，体系中存在的 OH^-，都不利于使溶液中的 Fe(Ⅲ)、Al(Ⅲ) 水解聚合形成中、高聚合度的羟基络合物，从而吸收峰强度不随 $\eta=12.05$、21.99、22.82 三种黏度系数的变化而改变。只有在适宜碱化度（$B=0.4$）时，才有助于 Fe(Ⅲ)、Al(Ⅲ) 水解聚合形成中、高聚合度的羟基络合物，并且随着 $\eta=12.05$、21.99、22.82 三种黏度系数的改变导致吸收峰强度呈现出 $\eta-12.05>\eta-21.99>\eta-22.82$，说明 η 对 Fc(Ⅲ)、Al(Ⅲ) 水解聚合形成中、高聚合度的羟基络合物存在一定的影响，较小的黏度系数有利于 Fe(Ⅲ)、Al(Ⅲ) 形成中、高聚合度的羟基络合物。

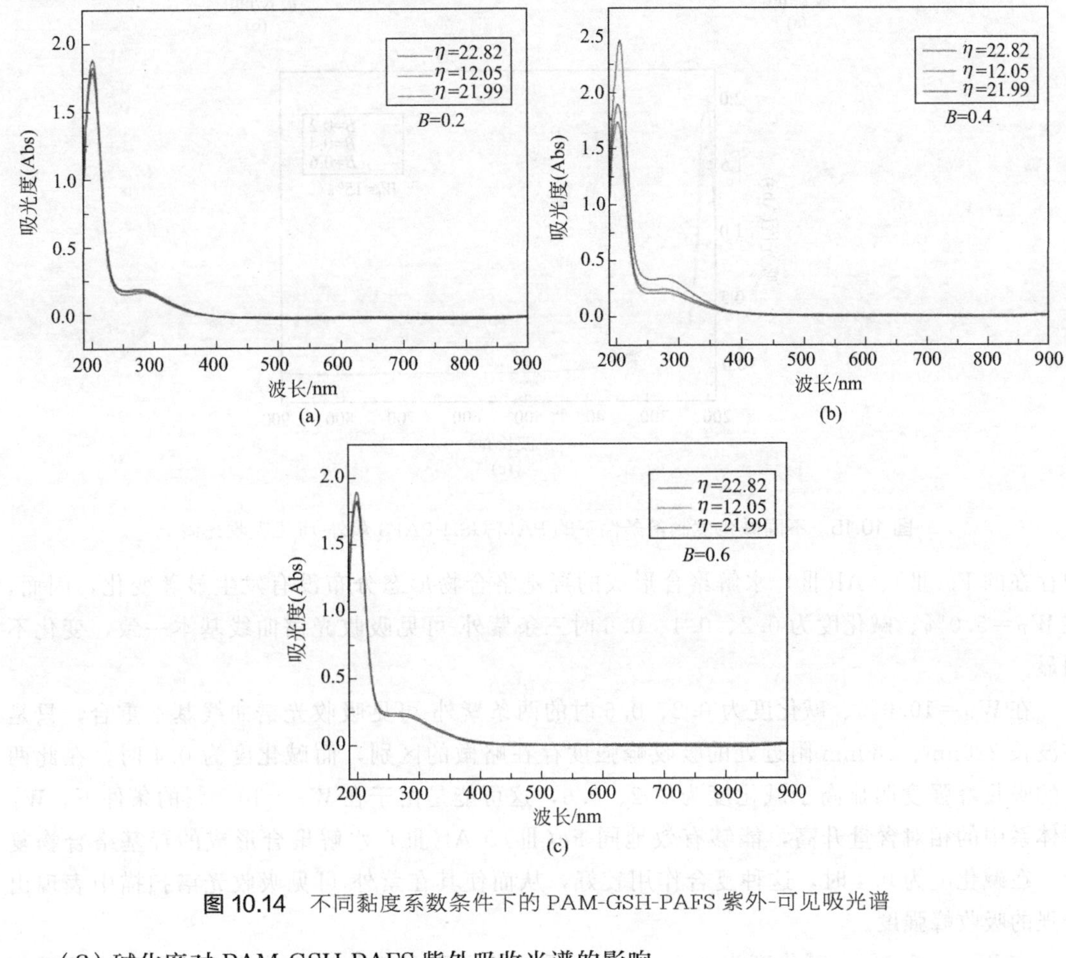

图 10.14 不同黏度系数条件下的 PAM-GSH-PAFS 紫外-可见吸光谱

（3）碱化度对 PAM-GSH-PAFS 紫外吸收光谱的影响

图 10.15 所示为 PFAS（$W_P=5.0\%$、$W_P=10.0\%$、$W_P=15.0\%$）的紫外-可见吸收光谱曲线在碱化度（$n(OH)/n(Al+Fe)$）为 0.2、0.4、0.6 三个条件下的变化情况，固定 $\eta=22.82$dL/g。如图所示，混凝剂 PAM-GSH-PAFS 在波长 220nm 附近有一个尖强的吸收峰，在波长 280nm 附近有一个弱的吸收峰。

在 $W_P=5.0\%$、碱化度为 0.2、0.4、0.6 三条紫外-可见吸收光谱曲线基本重合，只是在波长 220nm、280nm 附近处的吸收峰的强度存在细微的区别。这可能是由于在 $W_P=5.0\%$的条件下，W_P 在体系中的相对含量较低，不足以同 Fe(Ⅲ)、Al(Ⅲ) 复合，使溶液

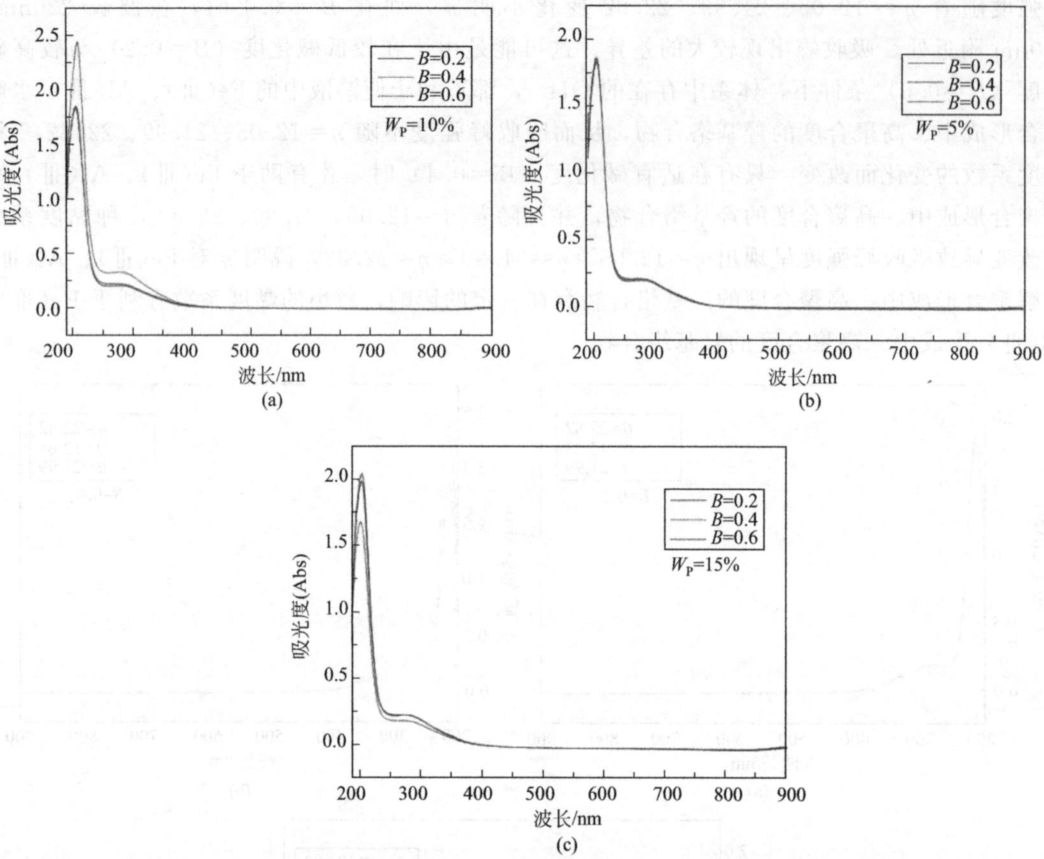

图 10.15 不同碱化度制备条件下的 PAM-GSH-PAFS 紫外-可见吸收光谱

中存在的 Fe(Ⅲ)、Al(Ⅲ) 水解聚合形成的羟基络合物形态分布没有发生显著变化，因而，在 W_P＝5.0％、碱化度为 0.2、0.4、0.6 时三条紫外-可见吸收光谱曲线基本一致，变化不明显。

在 W_P＝10.0％、碱化度为 0.2、0.6 时的两条紫外-可见吸收光谱曲线基本重合，只是在波长 220nm、280nm 附近处的吸收峰强度存在略微的区别，而碱化度为 0.4 时，在此两处的吸收峰强度明显高于碱化度为 0.2、0.6，这可能是由于在 W_P＝10.0％的条件下，W_P 在体系中的相对含量升高，能够有效地同 Fe(Ⅲ)、Al(Ⅲ) 水解聚合形成的羟基络合物复合，在碱化度为 0.4 时，这种复合作用较好，从而使其在紫外-可见吸收光谱扫描中表现出较强的吸收峰强度。

在 W_P＝15.0％、碱化度为 0.2、0.6 的两条紫外-可见吸收光谱曲线吸收峰强度较碱化度为 0.4 强。在波长 220nm 附近处，吸收峰强度大小依次为碱化度为 0.2、0.6、0.4，且碱化度为 0.2 的吸收峰强度较碱化度为 0.6 的吸收峰强度差别不大。而在 280nm 附近处的吸收峰强度发生了一定变化，碱化度为 0.2、0.6 在 280nm 处的吸收峰强度基本相同，碱化度为 0.4 的吸收峰强度较 0.2 与 0.4 弱，这可能是由于在 W_P＝15.0％的条件下，W_P 在体系中的相对含量进一步加大，能够有效地在低碱化度（0.2）与高碱化度（0.6）的条件下，同 Fe(Ⅲ)、Al(Ⅲ) 水解聚合形成的羟基络合物复合；在碱化度为 0.4 时，由于在 W_P＝10.0％的条件下能够有效地同 Fe(Ⅲ)、Al(Ⅲ) 水解聚合形成的羟基络合物复合，而当

W_P＝15.0％时过多的 W_P 同 Fe(Ⅲ)、Al(Ⅲ) 水解聚合形成的羟基络合物复合，导致其羟基络合物复合转化为铁铝的溶胶态，从而在紫外-可见吸收光谱曲线表现出吸收峰强度的降低。

10.5.3 傅里叶红外光谱分析

聚合硫酸铝铁（PAFS）主要是通过铝离子和铁离子与羟基键结合形成。如图 10.16(a) 中所示 3027～3600cm^{-1} 间形成的宽频带峰是由是 Fe—OH、Al—OH 及配位水 H—OH 三种羟基的伸缩振动叠加产生的。此吸收峰强而宽，所以表明在样品中羟基含量较高[11]。在 1647cm^{-1} 附近出现的较强的吸收峰是由结合水（H—O—H）的弯曲振动引起的吸收峰[12]。1111～1384cm^{-1} 附近出现的吸收峰为 Fe—OH—Fe、Al—OH—Al 的伸缩振动，归属分子表面的金属—OH 弯曲振动，说明 PAFS 中既有 Fe—OH—Fe 化学键的铁的聚合物，又有 Al—OH—Al 化学键的铝的聚合物[13,14]。红外图谱中 1047cm^{-1} 附近出现的是 SO_4^{2-} 的伸缩振动吸收峰[15]，在 834cm^{-1} 处是由于 Fe—OH—Fe 的弯曲振动而出现的吸收峰，594cm^{-1} 附近出现的吸收峰为 Fe—O 的伸缩振动峰[16]。

而由图 10.16(b) 可知，与 PAFS 的红外光谱相似在 3450cm^{-1}、1654cm^{-1}、1385cm^{-1}、1122cm^{-1}、594cm^{-1} 附近均出现了较强的吸收峰，说明制备的复合混凝剂 PAM-GSH-PAFS 是以无机混凝剂 PAFS 为基础的。在 3450cm^{-1} 处 PAM-GSH-PAFS 的吸收峰强于 PAFS，这是由于仲酰胺基团特征吸收峰与羟基的共振引起的。2478cm^{-1} 附近出现的较弱的吸收峰，归属于巯基的弯曲振动，受无机混凝剂与有机混凝剂之间杂化作用和分子间氢键作用力的影响，巯基吸收峰向低波段发生了偏移。与 PAFS 红外光谱图相比，在 1654cm^{-1} 处的吸收峰发生的振动偏移与混凝剂中引入的 PAM 中的仲酰胺基—C═O 有关。

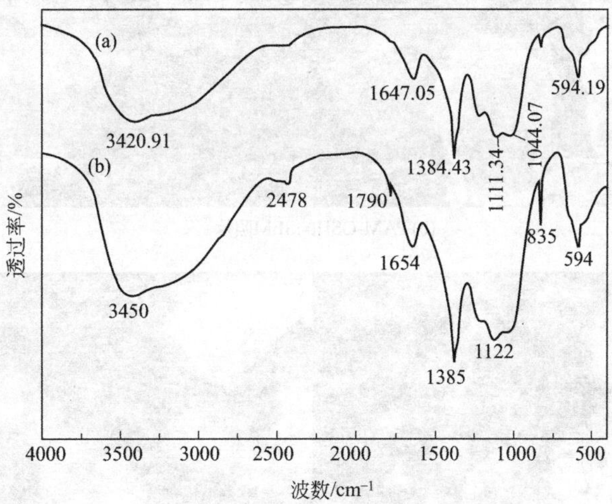

图 10.16 PAFS 与 PAM-GSH-PAFS 红外光谱图：(a) PAFS，(b) PAM-GSH-PAFS.

通过对 PAFS 与 PAM-GSH-PAFS 的红外光谱图的对比分析，证明了 PAFS 与 PAM-GSH 之间发生了相应的化学作用，进而形成了更加复杂的聚合物。

10.5.4 扫描电镜分析

通过对混凝剂 PAFS、PAM-GSH 和 PAM-GSH-PAFS 的电子显微镜扫描，能观察到三种混凝剂的形貌结构差别较大。从图 10.17(a) 中能看出，无机混凝剂 PAFS 表面相对比较光滑，呈现块状，颗粒较为紧密，但具有一定的空间立体网状结构。而高分子有机混凝剂 PAM-GSH 颗粒粒度较大，从图 10.17(b) 能观察到其表面具有明显的层叠折皱结构，以及复杂的孔洞结构，这有利于吸附水中的微小离子及其他细小粒径的污染物进而形成紧密絮体快速沉降。相较于 PAFS 和 PAM-GSH 而言，由图 10.17(c) 可以看出复合混凝剂 PAM-

(a) PAFS的SEM照片

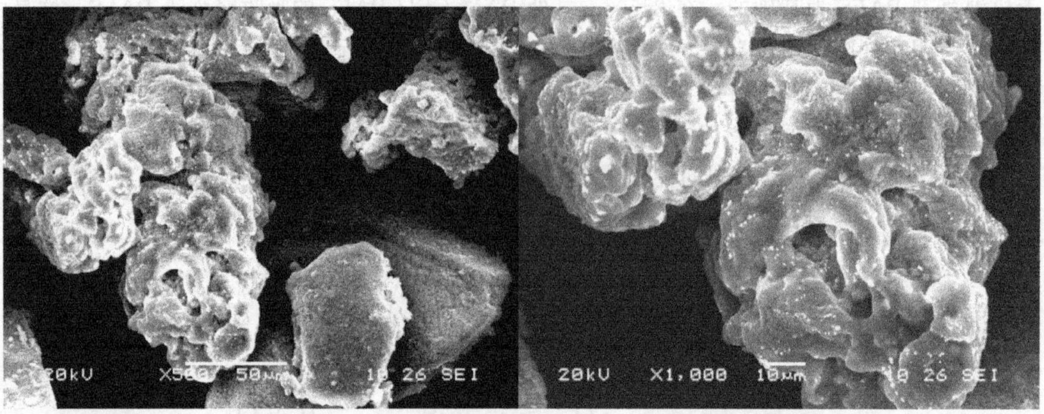

(b) PAM-GSH的SEM照片

(c) PAM-GSH-PAFS的SEM照片

图 10.17 PAM-GSH-PAFS 的 SEM 照片

GSH-PAFS 则具有更小的颗粒粒径，从形态结构上可以看出它兼具无机与有机两种混凝剂的形貌特征。PAM-GSH-PAFS 与 PAFS 相比较表面更为粗糙，富含凸起的无定形结构，比较面积较大，而和 PAM-GSH 相比则颗粒体积更小，结构更为复杂紧密，形成了众多错综复杂的孔隙，这使得在 PAM-GSH-PAFS 混凝过程中兼具两种混凝剂的优势性能，具有更好的混凝微小颗粒、架桥吸附能力和网捕卷扫能力。PAM-GSH-PAFS 均由小颗粒的块状物质和缠绕在块状物上的折皱物质组成，这些缠折皱物质的小颗粒物质并不是独立存在的，而是镶嵌在块状物的细微孔洞或层插于细缝中，即无机混凝剂 PAFS 和有机混凝剂 PAM-GSH 之间的活性基团之间的相互作用。这证明了 PAFS 与 PAM-GSH 之间并非单独存在或者只是简单的混合，而是互相反应发生化学作用，这种作用必然影响其特性，进而影响其混凝效果。

10.5.5 X 射线衍射分析

图 10.18 为 PAM-GSH-PAFS 的 X 射线衍射谱图。图 10.18(a) 为应用 MDI Jade 软件对 PAM-GSH-PAFS 进行 X 射线衍射标准卡片软件库进行匹配分析，由图可知，样品中的晶相与 $NaNO_3$ 最为接近，匹配率（FOM）为 13.4，不存在 $FeSO_4$、$Al_2(SO_4)_3$、Na_2HPO_4 衍射峰，证明 Fe(Ⅲ)、Al(Ⅲ)、PO_4^{3-} 参加了反应，共同形成了无定形的多核聚

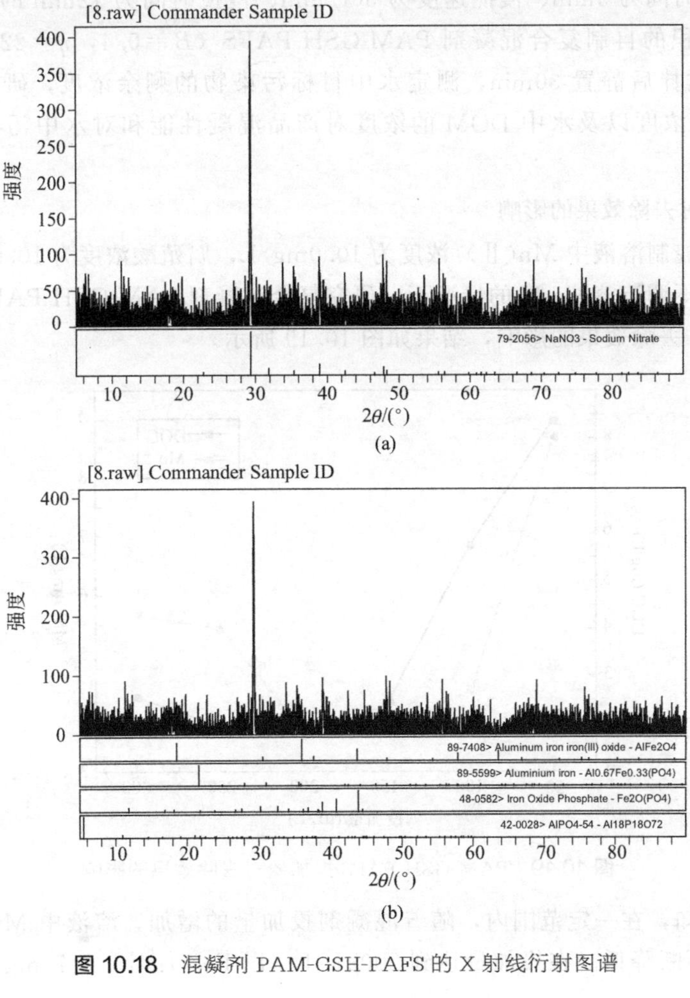

图 10.18 混凝剂 PAM-GSH-PAFS 的 X 射线衍射图谱

合物，否则在样品的X射线衍射谱图中会出现相应的衍射峰。

图10.18(b)为应用MDI Jade软件对PAM-GSH-PAFS进行X射线衍射标准卡片软件库进行匹配分析，由图可知，对比PDF标准卡片出现了一些新的晶体结构如$AlFe_2O_4$、$Al_{0.67}Fe_{0.33}(PO_4)$、$Fe_2O(PO_4)$、$Al_{18}P_{18}O_{72}$以及一些无定形态的晶体结构。结果证明，Al(Ⅲ)和PO_4^{3-}的引入生成了一些复杂的物相结构，形成新基团键（如Al—P—Al、Fe—P—Fe、Fe—O—Al）。有研究表明聚合物中复杂的络合物结构有利于混凝剂在混凝过程中对颗粒的网捕和架桥作用发生，从PAM-GSH-PAFS的电镜扫描图10.18(c)亦可知，PAM-GSH-PAFS结构单元呈现交联紧密的空间立体网状结构，具有较强的网捕与架桥能力。总之，PAM-GSH-PAFS的X射线衍射图谱表明包含Fe、Al和P元素的新晶体结构在PAM-GSH-PAFS中有生成。

10.6 PAM-GSH-PAFS对Mn(Ⅱ)与DOM去除的影响

各取200.0mL Mn(Ⅱ)与DOM模拟水样分别置于250mL洁净烧杯中，在快搅速度为210r/min、快搅时间为3min、慢搅速度为50r/min、慢搅时间为12min的条件下，按一定梯度加入适量体积的自制复合混凝剂PAM-GSH-PAFS（$B=0.4$，$\eta=22.82$dL/g，$W_P=10.0\%$），混凝搅拌后静置30min，测定水中目标污染物的剩余浓度，研究投加量、水样pH、锰离子初始浓度以及水中DOM的浓度对产品混凝性能和对水中污染物去除效果的影响。

（1）投加量对去除效果的影响

在室温下，控制溶液中Mn(Ⅱ)浓度为10.0mg/L，腐殖酸浓度为10.0mg/L（DOC为10.0mg/L），在不调节溶液pH的情况下，研究复合混凝剂PAM-GSH-PAFS投加量对水中Mn(Ⅱ)和DOC去除效果的影响，结果如图10.19所示。

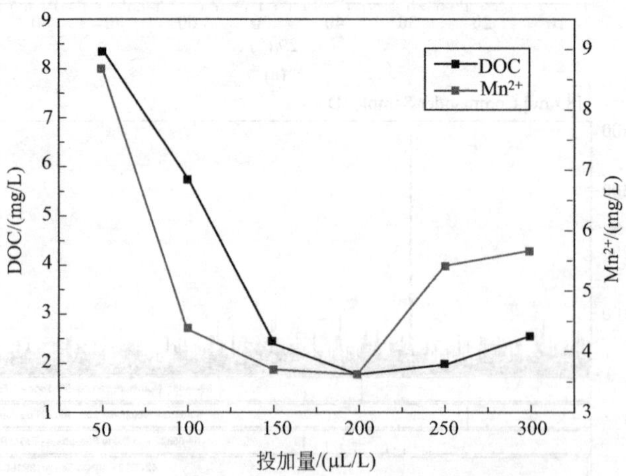

图10.19 PAM-GSH-PAFS投加量对去除效果的影响

由图10.19知，在一定范围内，随着混凝剂投加量的增加，溶液中Mn(Ⅱ)的剩余浓度和DOC含量不断降低。在投加量达到200μL/L（以Fe_2O_3计，5.76mg/L）附近时，溶液中 Mn(Ⅱ) 和 DOC 的剩余浓度最低，Mn(Ⅱ) 含量降低至 3.643mg/L，DOC 浓度为 1.763mg/L，Mn(Ⅱ) 和 DOC 的去除率分别达到 63.5%和 82.4%。当继续增加混凝剂投加量时，Mn(Ⅱ) 和 DOC 的去除率反而呈现出逐渐降低进而趋于平缓的现象。造成这种现象主要是因为：当混凝剂投加量过低时，混凝剂在水中表现的吸附架桥和电中和作用不足以使大部分胶体颗粒脱稳产生混凝沉淀；当投加量达到最佳值后，继续增加混凝剂的投加量，溶液中的高分子物质过多，混凝剂与 Mn(Ⅱ) 和 DOM 中的活性基团产生的螯合胶体表面被大分子全部覆盖，这些大分子之间存在排斥势能或电性斥力，进而产生"胶体保护"作用，阻碍絮体团聚、沉降，从而影响混凝剂的效果。与单独使用无机混凝剂 PAFS 去除水中 DOC 的效果相比较，复合混凝剂 PAM-GSH-PAFS 在去除效果相差无几的情况下，投加量大幅度降低，这主要由于引进的有机混凝剂，加快了水中细小胶体颗粒的团聚，加速混凝沉降，提高了混凝效果。综合考虑，选取混凝剂 PAM-GSH-PAFS 的最优投加量为 200μL/L。

(2) pH 对去除效果的影响

在室温下，控制溶液中 Mn(Ⅱ) 浓度为 10mg/L，腐殖酸浓度为 10mg/L（DOC 为 10.0mg/L)，混凝剂投加量为 200μL/L（以 Fe_2O_3 计，5.76mg/L)，研究反应体系 pH 对复合混凝剂 PAM-GSH-PAFS 投加量以及对中水 Mn(Ⅱ) 和 DOC 的去除效果影响，结果如图 10.20 所示。

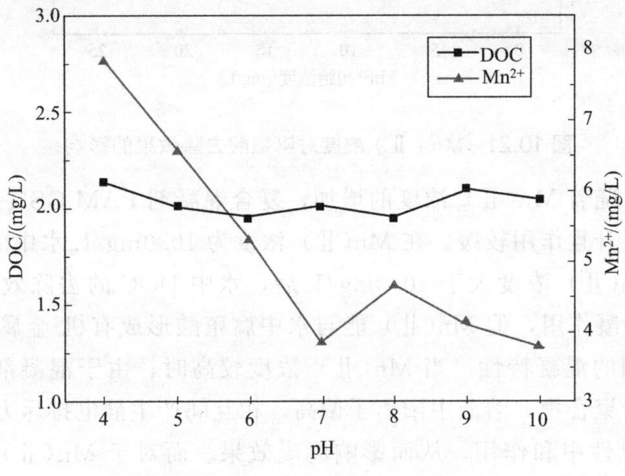

图 10.20 pH 对去除效果的影响

由图 10.20 知，当 pH 值在 4.0～10.0 的范围内，水中 DOC 去除率变化趋势趋于平缓，去除率均达到 78%以上，当 pH 为 8 时，DOC 去除效果达到最优，去除率达到 81.0%。这说明复合混凝剂 PAM-GSH-PAFS 在处理水中 DOC 时对原水 pH 值的适用范围较广。反观 Mn(Ⅱ)，pH 对其去除效果有较大的影响。在 pH 较低时，水中 Mn(Ⅱ) 去除率仅有 20%～30%，此时溶液中存在大量的 H^+ 与 Mn(Ⅱ) 竞争混凝剂官能团上的活性位点。同时 pH 过低也会抑制混凝剂中金属离子的氢氧化物生成，影响絮体沉淀，导致 Mn(Ⅱ) 去除率不高。随着 pH 值的升高，溶液中剩余 Mn(Ⅱ) 浓度先降低，在 pH 为 7 左右时，水中 Mn(Ⅱ) 的去除率达到一个峰值为 62.5%，当 pH 继续升高，溶液中剩余 Mn(Ⅱ) 浓度又出现回升，这是由于在碱性条件下复合混凝剂 PAM-GSH-PAFS 上的巯基容易被氧化而失效，使得 Mn(Ⅱ) 的去除率降低。当 pH 达到 9.0 以后，溶液中 Mn(Ⅱ) 的剩余浓度大幅降低，这时因为 Mn(Ⅱ) 在强碱性条件下以氢氧化锰的形式析出，导致去除率升高。所以复合混凝剂 PAM-GSH-PAFS 在 pH 值过高或者过低的条件下都不利于混凝剂发挥吸附架桥和电中和作用，从而影响混凝效果。

（3）Mn（Ⅱ）浓度对去除效果的影响

在室温下，控制溶液中腐殖酸浓度为 10mg/L（DOC 为 10.0mg/L）、混凝剂投加量为 200μL/L（以 Fe_2O_3 计，5.76mg/L），在不调节溶液 pH 的情况下，研究在不同的 Mn(Ⅱ) 初始浓度的条件下复合混凝剂 PAM-GSH-PAFS 对中水 Mn(Ⅱ) 和 DOC 的去除效果影响，结果如图 10.21 所示。

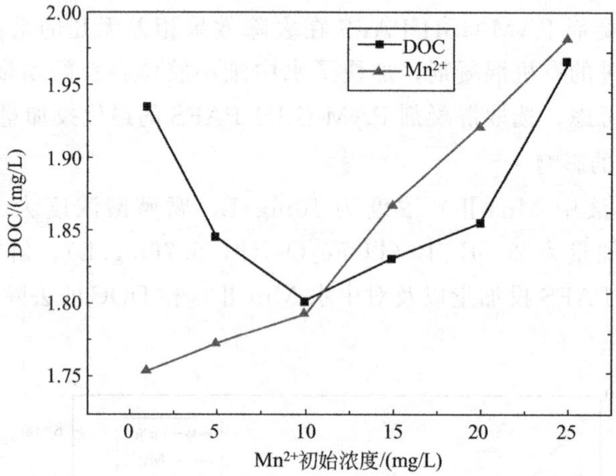

图 10.21 Mn（Ⅱ）浓度对腐殖酸去除效果的影响

由图 10.21 知，随着 Mn(Ⅱ) 浓度的增加，复合混凝剂 PAM-GSH-PAFS 对水中 DOC 的去除效果有一定提升且作用较缓，在 Mn(Ⅱ) 浓度为 10.0mg/L 水中的 DOC 去除率最高达到 81.9%，当 Mn(Ⅱ) 浓度大于 10.0mg/L 后，水中 DOC 的去除效果反而降低。由于 Mn(Ⅱ) 本身没有混凝作用，但 Mn(Ⅱ) 能与水中腐殖酸形成有机-金属络合物，有助于颗粒脱稳，增强混凝剂的混凝特性。当 Mn(Ⅱ) 浓度较高时，由于混凝剂 PAM-GSH-PAFS 水解会产生为阳离子聚合物，溶液中阳离子偏高，相互间产生静电排斥力，不利于发挥混凝剂的压缩双电层与电性中和作用，从而影响混凝效果。而对于 Mn(Ⅱ) 的去除效果而言，去除率则呈现出先降低后增大再降低的趋势：在 Mn(Ⅱ) 浓度较低时，Mn(Ⅱ) 与水中 DOM 结合成较大粒径的有机-金属络合物有利于混凝沉淀，且腐殖酸被混凝沉淀的过程中对水中 Mn(Ⅱ) 有一定的吸附效果，带走了部分金属离子，所以表现为在低浓度时具有较高的去除率。当 Mn(Ⅱ) 浓度为 1.0mg/L 时去除率达到 82.3%；随着 Mn(Ⅱ) 浓度升高以后，溶液中又表现出混凝剂投加量不足、有效颗粒的活性位点不够，无法达到较好的去除效果。综合考虑 Mn(Ⅱ) 浓度在 10.0mg/L，复合混凝剂对水中的 Mn(Ⅱ) 有较好的去除效果，去除率达到 63.1%。

（4）腐殖酸浓度对去除效果的影响

在室温下，控制溶液中 Mn(Ⅱ) 浓度为 10mg/L，混凝剂投加量为 200μL/L（以 Fe_2O_3 计，5.76mg/L），在不调节溶液 pH 的情况下，考察了不同的 DOM 初始浓度（以 DOC 计）下复合混凝剂 PAM-GSH-PAFS 对中水 Mn(Ⅱ) 和 DOC 的去除效果影响，结果如图 10.22 所示。

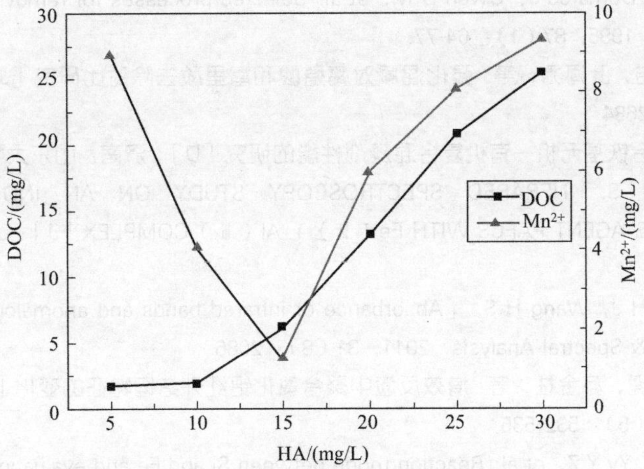

图 10.22　腐殖酸浓度对去除效果的影响

当初始 DOM 浓度低于 10mg/L 时，随着 DOM 浓度的升高，去除率不断增大，这是因为在混凝剂投加量一定的情况下随着底物浓度的增大，反应驱动力不断增强，混凝效果得到提高；而当 DOM 浓度升高到 30.0mg/L 时，DOC 的去除率降至 14.9%，由于溶液中有机物的含量不断增大，水体中带有大量负电荷，投加的混凝剂不足以中和水中的电荷，底物浓度过大也导致了发挥的混凝作用显现的很微弱，导致去除效果变差。Mn(Ⅱ) 的去除效果随着水中 DOM 浓度的增大呈现出先增大后降低的趋势。当 DOM 浓度为 15.0mg/L 时，水中 Mn(Ⅱ) 的去除率最高达到了 91.7%。这是由于水中 DOM 上所携带的活性官能(—COOH，—OH 等) 能与 Mn(Ⅱ) 通过络合或螯合作用产生有机-金属配合物，复合混凝剂 PAM-GSH-PAFS 通过网补卷扫将水中有机物、Mn(Ⅱ) 和有机-Mn 配合物同时去除。当 DOC 浓度继续增大后，水中有机物增多，水中的 Mn(Ⅱ) 与混凝剂 PAM-GSH-PAFS 接触的概率降低，大量的有机质包裹在混凝剂颗粒的表面阻碍了混凝剂对 Mn(Ⅱ) 的抓捕，因此高浓度的 DOM 时抑制了混凝剂 PAM-GSH-PAFS 对水中 Mn(Ⅱ) 的去除效果。

参考文献

[1] 高宝玉. 水和废水处理用复合高分子混凝剂的研究进展 [J]. 环境化学，2011，30 (1)：337-345.

[2] 潘碌亭. 新型聚硅铝铁混凝剂强化处理低温低浊水 [J]. 水处理技术，2006，32 (10)：63-65.

[3] 郑怀礼. 聚铁基复合混凝剂的研究 [D]. 重庆：重庆大学，2003.

[4] Yang Z L, Gao B Y, Yue Q Y. Coagulation performance and residual aluminum speciation of $Al_2(SO_4)_3$ and polyaluminum chloride (PAC) in Yellow River water treatment [J]. Chemical Engineering Journal, 2010, 165 (1): 122-132.

[5] Wang Y, Gao B, Yue Q, et al. The characterization and flocculation efficiency of composite flocculant iron salts-polydimethyldiallylammonium chloride [J]. Chemical Engineering Journal, 2008, 142 (2): 175-181.

[6] 孙翠珍. 新型聚合铝铁-有机复合混凝剂的混凝性能及其絮体特性研究 [D]. 济南：山东大学，2012.

[7] 郑怀礼，陈文源，张智，等. 无机高分子复合混凝剂聚合硫酸铝铁的制备与应用 [J]. 重庆大学学报，2013，36 (7)：114-120.

[8] Jacangelo J G, Demarco J, Owen D M, et al. Selected processes for removing NOM: an overview [J]. Journal, 1995, 87 (1): 64-77.

[9] 周玲玲，张永吉，叶河秀，等. 强化混凝对腐殖酸和富里酸去除对比研究 [J]. 环境科学，2012, 33 (8): 2680-2684.

[10] 王燕. 新型聚合铁基无机—有机复合混凝剂性能的研究 [D]. 济南：山东大学，2007.

[11] Liu W, Wu S. INFRARED SPECTROSCOPY STUDY ON AN INORGANIC POLYMERIC AGGREGATING AGENT PAFCS WITH Fe (Ⅲ) + Al (Ⅲ) COMPLEX [J]. Journal of Ningxia University, 1996.

[12] Yang Y H, Li H J, Wang H S. [Absorbance of infrared bands and anomalous absorption] [J]. Spectroscopy & Spectral Analysis, 2011, 31 (8): 2086.

[13] 周风山，王世虎，苏金柱，等. 增效反应中聚合氯化铝红外结构特征的变化 [J]. 光谱学与光谱分析，2004, 24 (5): 532-535.

[14] Fu Y, Yu S L, Yy Y Z, et al. Reaction mode between Si and Fe and evaluation of optimal species in poly-silicic-ferric coagulant [J]. 环境科学学报（英文版），2007, 19 (6): 678-688.

[15] 刘智安，王娜，刘启旺，等. 不同 Fe^{3+}/Al^{3+} 比复合阳离子混凝剂聚合硫酸铝铁的合成及性能研究 [J]. 中国电机工程学报，2011, 31 (5): 90-95.

[16] Zeng Y, Park J. Characterization and coagulation performance of a novel inorganic polymer coagulant—Poly-zinc-silicate-sulfate [J]. Colloids & Surfaces A Physicochemical & Engineering Aspects, 2009, 334 (1): 147-154.